KB022837

INDIA MAP

짐무 까쉬미르
Jammu & Kashmir

히마찰 쁘라데쉬
Himachal Pradesh

뻔잡
Punjab

우따라칸드
Uttarakhand

하리아나
Haryana

아루나찰 쁘라데쉬
Arunachal Pradesh

라자스탄
Rajasthan

우따르 쁘라데쉬
Uttar Pradesh

시낌
Sikkim

아쌈
Assam

나갈랜드
Nagaland

바하르
Bihar

메갈라야
Meghalaya

마니뿌르
Manipur

구자라뜨
Gujarat

마디아 쁘라데쉬
Madhya Pradesh

자르칸드
Jharkhand

뱅갈
Bengal

뜨리뿌라
Tripura

치띠스가르
Chhattisgarh

미조람
Mizoram

오디샤
Odisha

마하라슈뜨라
Maharashtra

뗄랑가나
Telangana

고아
Goa

안드라 쁘라데쉬
Andhra Pradesh

까르나따까
Karnataka

따밀나두
Tamil Nadu

께랄라
Kerala

스파이시
인드

스파이시 인도

향, 색, 맛의 향연,
역사와 문화로 맛보는 인도 음식 이야기

초판 1쇄 발행 | 2017년 11월 30일

지은이   글·홍지은
           사진·조선희

펴낸곳   도서출판 따비
펴낸이   박성경
편집   신수진, 차소영
디자인   김종민

출판등록   2009년 5월 4일 제2010-000256호
주소   서울시 마포구 월드컵로28길 6(성산동, 3층)
전화   02-326-3897
팩스   02-337-3897
메일   tabibooks@hotmail.com
인쇄·제본   영신사

ISBN 978-89-98439-38-5 03980

값 28,000원

이 책은 한국출판문화산업진흥원의 2017년 〈우수출판콘텐츠 제작 지원〉
사업 당선작입니다.

spicy india

스파이시 인도

향, 색, 맛의 향연,
역사와 문화로 맛보는 인도 음식 이야기

글 홍지은 | 사진 조선희

따비

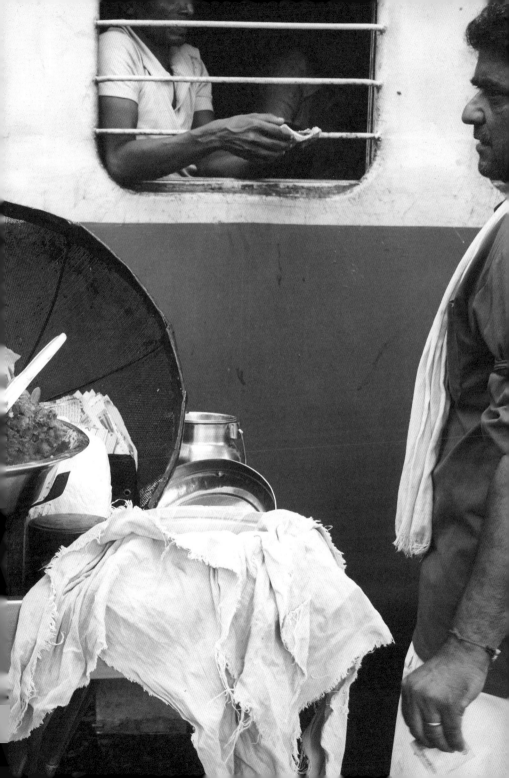

새로운 도전에 오랜 시간 버팀목이 되어준,
때로는 에너지가, 때로는 돌파구가, 때로는 연결고리가 되어준,
나의 사랑하는 이들에게 고마움을 전합니다.

Special thanks to

Mr. Anuj Miglani and Mrs. Archana Miglani

for your selfless love and support.

차례

〰〰〰

인도 음식 탐험의 시작

"그대로 넘치게 두어야 해."

우유가 끓어 넘치자 본능적으로 움찔하는 나를 나긋한 목소리로 저지하며 그녀는 말했다. 힌두 브라만임을 나타내는 '샤르마 Sharma'가 성姓인 그녀는 이사하면 올려야 하는 의식이 있다며 일부러 시간을 내준 터였고, 우유가 담긴 냄비를 가스불 위에 올린채 우리는 나란히 서서 몇 분째 이를 쳐다보는 중이었다. 끓기 시작한 우유는 순식간에 맹렬한 거품을 뿜어내며 냄비 밖으로 넘쳐흘렀다.

'으윽, 저거 가스레인지에 완전 엉겨 붙을 텐데⋯⋯. 어떻게 닦아내지, 어휴.'

주책맞은 생각으로 머릿속이 복잡해진 나와 달리, 그녀는 나지막하게 몇 마디를 읊조렸다. 넘쳐흐르는 우유처럼 이 집에 음식이 넘쳐나기를, 부와 번영이 깃들기를 신께 기원하는 것이라고 했다. 짧은 의식이 끝나고 우리는 남은 우유를 컵에 따라 나눠 마셨다.

그리고 그 덕분인지는 몰라도 오래지 않아 나의 부엌 찬장은 온갖 인도 식재료로 넘쳐났다. 인도 쌀과 잡곡, 여남은 가지의 콩, 견과류, 온갖 가루, 풋망고 장아찌에 더해, 대여섯 가지에 불과했던 향신료는 서랍 하나가 비좁을 정도로 불어났다. 햇빛 좋은 창가 자리를 고수며 페누그릭 화분, 커리 나무, 뚤시tulsi 나무, 라임 나무 화분에 양보할수록 인도 음식에 대한 나의 호기심과 탐험심은, 봉헌물을 바칠 때마다 더욱 거세지는 불의 신 아그니Agni가 된 듯 활활 타올랐다.

점심시간이면 인도인 동료들이 싸온 도시락을 들여다보며 이것저것 물어보느라 귀찮게 굴었는데, 그들은 이런 나를 신기해하며 찬찬히 설명해주곤 했다. 어떤 동료는 아예 어머니에게 레시피를 물어 적어주기도 했고, 요리에 열정적이기로 유명한 꼴까따 출신 동료는 고향 음식들로 도시락을 만들어주기도 했다. 한없이 손이 가는 볶은 렌틸, 내가 어린 시절 먹었던 뽀빠이 과자처럼 생긴 짭짤한 달모트dalmoth, 매콤한 소스를 바른 찜케이크 도끌라dhokla 등 그들이 오후에 먹는 간식거리 역시 내 레이더망에 걸려들곤 했다. 추석을 앞두고 송편을 나누어주었더니 자신들도 비슷한 것을 먹는다고 해 서로 신기해하기도 했다.

다른 한국인들은 타지 생활이 길어질수록 한식에 집착하게 된다는데 난 반대로 인도 요리에 점점 빠져들었다. 식당에서 먹는 것만으로는 성에 차지 않아 인도 요리책을 사 모으기 시작했고,

알아듣지 못하는 요리 프로그램을 마냥 쳐다보다 향신료 이름들을 힌디어로 먼저 알게 됐다. 아는 것만으로는 충분치 않았다. 요리란 모름지기 먹기 위함이 아니던가. 휴일이면 몇 시간에 걸쳐 장을 보고, 또다시 몇 시간을 찜통 같은 주방에 틀어박혀 있기 일쑤였다. 겨우 커리 한 가지에 쌀밥이나 짜빠띠가 전부였지만 매번 그 성취감에 뿌듯해하곤 했다. 어떤 요리가 더 있을지 호기심은 커져만 갔고 무엇보다도 뚝딱뚝딱 만들어 먹는 정도가 되고 싶었다. 직접 만들어 먹어보고 비교해가며 작성한 레시피가 늘어갈수록 이런 음식들을 만들고 먹어온 '사람'에 대한 이야기도 쌓여갔다.

그러던 어느 날 깨달은 것은, 그 음식들이 앨리스를 이상한 나라로 이끈 토끼 같다는 사실이었다. 이방인의 시선은 아랑곳없이 이제까지 살아오던 방식을 이어가는 사람들, 그 일상이 뿜어내는 형용할 수 없을 만큼 강렬하고 거대한 흡입력, '이게 현실'이라는 자각도 흐릿해지면서 그 이상한 나라에 당도한 나는, 방향감각도 시간관념도 사라지는 듯한 느낌에 사로잡히곤 했다. 하지만 어느 순간 그런 삶을 일상생활로 받아들일 수 있게 됐고, 나의 태도도 '일방적인 관찰자'에서 '참여하는 관찰자'로 옮겨 갔다. 음식은 그 어떤 것보다도 서로 간의 장벽을 쉽게 허물어뜨렸다. 자신들이 일상적으로 먹는 음식에 진심 어린 호기심을 보이면, 그들은 기꺼이 문을 열어주었다. 신에게 하듯 손님을 대접하는 인도 사람들의 넉넉한 마음은 산골 마을에서나 대도시에서나 마찬가지였다.

아마도 그래서였을 것이다. 인도에 관한 책을 쓰겠다고 마음

먹었을 때부터 머릿속에서 떠나지 않던 주제가 인도 음식이었던 것은. 아무리 애써도 손에 잡히지 않고 복잡하고 이해하기 어려웠던 인도라는 사회가, 음식을 통해 다가가니 그 결을 드러내 보여주었다. 많은 유적지를 돌아보고 영적인 아우라로 가득한 성지도 가보았지만, 나를 인도라는 '이상한 나라'에 가까이 다가갈 수 있게 해준 것은 바로 음식이었다. 끊임없이 무언가를 갈구하는 듯한 수행자들의 얼굴보다 길거리에서 까초리를 튀기는 장사꾼의 얼굴이 더 해탈한 듯 보였고, 하나에 우리 돈으로 100원도 채 안 되는 빠라타paratha 한 장을 만들어내는 숙련된 손길들은 박물관의 그 어떤 전시품보다도 나를 감동시켰다.

음식의 현지 명칭을 쓰는 이유에 관하여

이 책에는 수많은 음식의 '현지 이름'이 등장한다. 인도에는 나라를 대표하는 공용어가 존재하지 않는다. 힌디어와 영어가 인도 중앙정부의 공식 언어로 지정되어 있을 뿐, 각 지역(자치주 및 연방령)마다 사용하는 마라트어, 깐나다어, 말라얄람어, 따밀어, 뗄루구어, 벵갈어 등 무려 22개의 (사투리가 아닌) 공식 언어가 있다.[1]

인도 음식을 소개할 때 1, 2부에서는 주로 힌디어 명칭을 썼지만, 3부에서는 각 지역에서 쓰는 현지어 명칭을 각주에 붙였다. 처음 읽을 때에는 생소하고 낯선 단어가 복잡하고 사족처럼 느껴질 수 있지만, 실제로 여행하다 보면 (특히 힌디어가 잘 통하지 않는

---

1) 이들은 크게 인도아리아어계(북인도)와 드라비다어계(남인도), 즉 아예 다른 언어 계통으로 나뉜다. 인접한 지역의 언어일 때는 상대방이 무슨 말을 하는지 알아들을 수 있는 정도지만, 보통은 같은 계통에 속하는 언어를 쓸 때에도 '어느 지역의 언어'라는 정도만 알 수 있다고 한다. 반면 (계통마저 다른 언어를 쓰는) 북인도 사람과 남인도 사람이 만나면, 의사소통이 전혀 불가능하다.

남인도에서나 영어로도 소통이 쉽지 않은 상황에서는) 이러한 현지 이름이 얼마나 유용한지 절감하게 될 것이다.

하지만 다른 무엇보다 중요한 이유는, 이 책이 목표하는 바 중 하나가 그 지역 별미를 현지에서 먹어보는 데 도움을 주는 것이기 때문이다. 현지에서 통하는 음식 이름을 알아두면 선택의 폭이 현저하게 넓어진다. 특정한 음식을 잘하는 식당을 소개받을 수도 있고, 먹고 싶은 메뉴를 골라 주문할 수도 있다. 비슷비슷해 보여도 주된 양념 하나, 부재료 하나에 따라서도 각기 다른 특징을 가진 음식들이 만들어지기 때문에 단순히 '커리'라는 이름만으로는 음식의 지평을 넓히는 데 한계가 있다. 낯선 이들 눈에는 순두부찌개나 김치찌개, 고추장찌개가 비슷비슷하게 보여도, 직접 먹어보면 각각이 전혀 다른 음식임을 깨닫는 것처럼 말이다.

더욱이 현지인들 사이에서 맛있다고 소문 난 식당이나 노포老鋪에는 메뉴판에 영어로 일일이 설명된 경우가 드물고, 현지 이름만 덜렁 쓰여 있는 경우가 많다(이는 우리나라도 마찬가지다). 영어 알파벳으로 발음을 표기해놓은 메뉴판은 읽을 수라도 있어 훨씬 낫지만, 이 경우에도 어떤 음식인지 알아야 주문할 수 있다는 것은 매한가지다.

발음 표기에 관하여

이 책에서는 이러한 현지 이름을 영어 알파벳으로 병기했다(현지에서 통용되는 표기 방식을 따랐다). 이를 옮긴 우리말 표기는 현지 발음에 가깝게 쓰고자 했지만, 가독성을 고려하지 않을 수 없었다. 따라서 절충적으로 적용한 것이 다음 세 가지 원칙이다.

먼저 국립국어원 외래어 표기법을 따르지 않은 경우인데, 주로 된소리로 쓰인 단어다. 예컨대 인도 북서부에 위치한 '뻔잡' 주는 알파벳으로 Punjab이라고 쓴다. 이를 외래어 표기법에 따르면 '펀자브'라고 써야 하지만, '쁘'와 '뜨'를 알파벳 p와 t로, '프'와 '트'는 알파벳 ph와 th로 적는 현지 발음에 가깝게 표기했다(th는 영어처럼 /θ/ 발음이 아니다). 다른 예로, 인도 빵 중 하나인 '빠라타'는 알파벳으로 paratha라고 표기하는데, 앞의 p는 된소리 '쁘'로, 뒤의 th는 '트'로 발음하여 '빠라타'라고 읽는다. 마찬가지로 k는 '끄'로 kh는 '크'로 발음한다. 알파벳 v도 인도에서는 w에 가깝게 발음한다. 따라서 렌틸을 갈아 만든 반죽을 도넛 모양으로 튀겨 낸 vada라는 먹을거리는 '바다'가 아니라 '와다'라고 발음한다. 뭄바이 등지에서 빵을 뜻하는 pav도 마찬가지다. '빠브'가 아니라 '빠오'라고 발음한다. 우리말 표기도 이에 따랐다. 물론 원어민처럼 발음하는 것이 목적은 아니지만, 앞서 말했듯 현지에서 직접 먹어보기를 권하기 때문에 어쩔 수 없는 선택이기도 했다. 이 정도 구분만 해주어도 현지에서 의사소통하는 데 훨씬 수월하다.

두 번째는 오히려 현지 발음을 따르지 않은 경우인데, 알파벳으로 a와 aa 표기 사이의 차이를 무시했다. a는 '어'에 가까운 짧은 발음이고 aa는 입을 크게 벌리는 '아' 소리를 낸다. 게다가 단어 맨 끝에 오는 a는 발음이 생략된다. 즉 paratha를 좀 더 정확히 표기하자면 '뻐러트'가 되는 것이다. 그렇지만 가독성이 현저하게 떨어져 이 발음 규칙은 결국 적용하지 않았다. 그 밖에도 단모음 이(i)와 장모음 이(i), 단모음 우(u)와 장모음 우(u)는 알파벳 표기든 한글 표기든 달리 구분하지 않았다. ai, e, au는 현지 발음에 가깝게 각각 애, 에, 오우로 썼다. 다만 알파벳 표기가 ai더라도 한글 표기는 /아이/나 /애/로 서로 다른 경우가 있는데, 이는 알파벳 표기가 같더라도 현지어로는 다르기 때문이다. 예를 들어 크림을 뜻하는 malai는 '말래'가 아닌 '말라이'다.

세 번째는 자음의 발음에 관해서다. 먼저 예를 들어 설명하자면, 우유를 뭉근하게 끓여 걸쭉한 연유 상태로 만든 '라브리'라는 스위트가 있다. 본문에서는 rabri라고 표기했지만, 현지에서는 'rabdi(라브디)'라고 쓰는 경우도 흔하다. 이는 현지어에 r과 d의 중간처럼 발음하는 글자가 있기 때문이다. 이를 알파벳으로 쓸 때 혹자는 r로, 혹자는 d로 쓴다. 어떤 쪽으로 발음하든 의사소통에는 문제가 없다. 남인도 언어 표기에 사용되는 알파벳 zh도 조금 특이하다. 이는 ('즈'로 읽을 것 같지만) 혀끝이 뒤로 강하게 말리는 '르'와 '드'의 중간 발음이다. 우리말 표기에서는 '르'로 통일했다. 가령 따밀나두Tamil Nadu 음식인 kuzhambu는 '꾸람부'로 표기했지만 '꾸담부'처럼 들릴 때도 있다.

'커리'라는 단어에 관하여

인도 음식에서 가장 논란이 되는 단어, '커리'는 무엇일까? 결론부터 말하자면 식민 통치 시기에 인도에 거주하던 영국인들 사이에서 쓰이기 시작한 단어다. 이들은 (각종 향신료를 기본으로 사용하는) 인도 요리 중에서도 국물이나 걸쭉한 소스가 있는 음식을 스튜stew 또는 커리curry라 불렀고, 그 밖에 국물이 없는 구이 요리나 볶음 요리는 로스트roast라고 했다.

스튜나 로스트는 원래 영국인이 사용하던 단어지만, 도대체

'커리'라는 단어는 어떻게 쓰이기 시작해서 오늘날 인도 요리의 대명사로 자리 잡게 된 것일까? 서양에서 통용되는 '커리'의 정의를 살펴보면, '소스'를 뜻하는 따밀어 '까리kari'에서 유래되었다는 설명이 빠지지 않고 따라온다. 온라인 백과사전인 위키피디아 영문판에도 이와 비슷하게 '여러 향신료가 들어간 소스'를 뜻하는 따밀어 '까리'가 그 유래라고 설명한다.

여기서부터 이야기는 미세하게 복잡해진다. 정작 따밀어를 쓰는 남인도 따밀나두 사람들은 이 이야기에 고개를 가로젓는다. '까리'라는 단어는 분명 존재하며 그로부터 '커리'라는 단어가 파생됐을 가능성에는 동의하지만, 그 의미는 다르기 때문이다. 따밀어 사전에 의하면 '까리கறி'는 고기를 뜻한다. 동시에 채소를 뜻하기도 한다.

전혀 다른 두 식재료가 '까리'라는 한 단어로 지칭될 수 있는 것은 카스트 계층에 따라 그 의미가 달라지기 때문이었다. 예컨대 따밀어로 '꼬리 까리kozhi kari'는 닭고기, '아뚜 까리aatu kari'는 염소 고기, '민 까리meen kari'는 생선, '까이 까리kai kari'는 채소를 뜻한다. 엄밀하게 구분하면 이렇지만, 채식을 해 고기 살 일이 없는 브라만에게는 '까이 까리'가 아닌 '까리'라고만 해도 채소를 의미했다.

어쨌든 핵심은, 의아한 일이지만, '까리'에 '소스'라는 뜻은 없다는 사실이다. 결국 영국인들은 '까리'를 넣어 끓인 국물 음식을 '커리'라고 불렀던 것이다. 다양하게 세분된 고유의 음식들을 한 단어로 뭉뚱그려 표현하는 데 불편한 반응을 보이는 인도 사람들도 많지만, '커리'는 참으로 편리한 단어임에 분명하다. 오늘날 이 커리의 개념은 역수입되어, 따밀나두에서는 국물 있게 끓인 음식들을 통칭할 때 까리라는 단어를 쓰곤 한다. "점심으로 까리에 밥을 먹었다"거나 "그 탈리(백반 정식)에는 세 가지 까리가 나온다" 등처럼 말이다. 따밀 지방만이 아니라 이제 인도 전역에서 커리라는 말은 일상적이다. 이 책에서도 '국물 요리'라는 의미로 '커리'라는 단어를 가볍게 혼용하고 있다.

다만 인도인들에게 '커리'는 어떤 특정한 요리를 꼬집어 가리키는 단어가 아니라는 사실만은 명심하자. 치킨 커리를 달라고 말하면 인도인들은 십중팔구 이렇게 반문할 것이다. "어떤 치킨 커리?" 닭고기라는 같은 재료를 가지고도 어떤 양념과 어떤 부재료를 넣어서 어떤 조리법으로 만드는 음식인지, 국물을 얼마나 잡아 어떤 농도로 끓일 것인지에 따라 전혀 다른 요리가 되기 때문이다. 이러한 이유로, 인도 음식을 제대로 즐기기 위해서는 현지 명칭을 알아두자는 것이 (앞서 말했듯이) 이 책의 모토이기도 하다.

성공과 재물을 가져다 준다 하여 인도인들이 좋아하는 힌두 신 가네쉬. 그의 한 손에 들린 둥근 라두(스위트)는 속세의 부와 안락을 의미한다.

Vodafone SuperNet™ 4G | **DOUBLE DATA**

GET DOUBLE THE DATA AT THE SAME PRICE

MRP	4G / 3G Benefit	Double Data on 4G	Total Data	Validi
₹ 265	1GB	1GB	2GB	28 Da
₹ 349	2GB	2GB	4GB	28 D
₹ 465	3GB	3GB	6GB	28 D
₹ 649	5GB	5GB	10GB	28 D
₹ 859	7GB	7GB	14GB	28 D

4G Benefits can be used on 4G networks & 4G sim card only

Enjoy free roaming across India
Now get all incoming calls free

Enjoy 1GB @ ₹49, all year long
Recharge as often as you need

PART
01

유명한
인도 음식,
더 많은 이야기

우리는 인도의 파란만장한 역사에 대해서 수없이 읽고 들어왔다. 고대 인더스 문명에서부터 마우리아 왕조, 굽따 왕조, 무굴 제국, 영국의 식민 통치까지. 역사뿐만이 아니다. 수학, 과학을 비롯해 종교, 철학, 건축, 예술은 또 얼마나 화려한 이야기를 들려주고 있는가. 그렇다면 어느 나라 사람들 못지않게 음식에 열정적인 나라, 인도의 요리는 어떨까? 이제는 가까이에서 딴두리 치킨이며 버터 치킨(치킨 마카니)에 난을 곁들여 먹을 수 있지만, 막상 '인도 요리란 무엇인가'를 머릿속에 떠올리려 하면 그 그림을 채울 정보들이 너무나 부족함을 느끼지 않을 수 없다. 인도 음식에 대한 이야기는 중세 유럽에 퍼져 있던 '동방의 향신료' 이야기처럼 '커리가 있다, 없다'는 식의 논란만을 남겨둔 채 여전히 신비함과 모호함, 그 중간 어디쯤에 머물러 있는 듯하다.

이 책 1부는 이러한 미지의 영역으로 발걸음을 내딛는, 거창하게 말하면 탐구의 과정이다. 이미 세계적으로 잘 알려진 음식들로 가득한 메뉴판을 쫙 펼쳐놓고 말이다. 베스트셀러인 딴두리 치킨이나 버터 치킨에서부터 애피타이저로 등장하는 석쇠에 구운 께밥, 머튼 꼬르마, 빠니르로 만든 요리, 군것질거리의 대명사인 사모사와 잘레비, 인도의 다양한 빵이며 쌀 요리, 짜이와 라씨 같은 마실거리까지. 이들은 전부 수십, 수백 년 혹은 수천 년의 역사를 거쳐 지금까지 이어져왔고 또 오늘날 많은 사람의 침샘을 자극하고 있다. 과연 그 속에는 어떠한 이야기가 담겨 있을까? 인도 사람들은 언제부터 이런 음식을 먹기 시작했고 또 어떻게 먹게 된 걸까? 무엇이 이들을 유명하게 만들었을까?

지금부터 잘 알려진 인도 음식들, 그 뒤에 숨어 있던 이야기를 직접 맛보러 떠나보자.

01

✧✧✧✧✧

딴두르 요리

: 난에서 치킨 띠까 마살라까지

인도 레스토랑에 가면 가장 많이 들리는 말이 "난 하나 더 주세요"일 것이다. **난**naan은 우리에게 가장 익숙한 인도 빵 중 하나이자 예로부터 인도 북서부 뻰잡Punjab 지방에서 먹던 빵이다. 인도 빵은 (앞으로 소개하겠지만) '빵'이라고 말할 때 우리 머릿속에 떠오르는 양감을 가진 덩어리가 아니라 납작한 형태인데, 그중에서도 난은 효모 발효 과정을 거친 밀가루 반죽을 화덕에 구워 만든다. 난을 굽는 데 사용하는 뻰잡 지방 전통 화덕을 **딴두르**tandoor라고 부르며, 여기에 매콤한 향신료에 재워두었던 닭고기를 구우면 **딴두리 치킨**tandoori chicken이 만들어진다.

한국뿐만 아니라 전 세계적으로도 유명한 인도 음식인 난과 딴두리 치킨을 비롯해 버터 치킨, 치킨 띠까 마살라는 모두 뻰

껍질 벗긴 닭고기를 양
념해 딴두르에 구워낸
딴두리 치킨

잡 지방의 요리 전통을 바탕으로 한 것이다. 남한의 33배에 달하는 넓은 면적을 가진 인도이건만, 왜 유독 뻰잡 지방 음식이 이토록 세계적인 인기를 얻게 된 걸까? 더구나 이 중 난을 빼면 모조리 1900년대에 '개발'되어 유행한 음식이라는 사실은 놀랍다. 이들은 어떻게 수백, 수천 년 전통을 가진 수많은 음식을 제치고 인도를 대표하는 음식이 된 걸까? 이 의문을 좇아 거슬러 올라가면 우리가 가장 먼저 마주치는 것이 바로 딴두르 이야기다.

딴두르, 그 오래된 비밀

대략 어른 허리께까지 오는 높이에 길쭉한 항아리처럼 생긴 딴두르는, 흙으로 빚어 고온의 가마에서 7~10시간 구워냄으로써 섭씨 400도가 넘는 열을 견딜 수 있게 만든 것이다. 현대식 딴두르는 점토와 금속판으로 각각 몸통과 바깥 틀을 제작하는데, 그 사이에 특수한 단열재를 넣어 내부의 열이 외부로 빠져나가지 않도록 한다. 반면 전통적인 옹기 딴두르는 주변에 흙과 벽돌을 두껍게 쌓거나 땅속에 묻음으로써 열이 보존되게 했다.

우리에게 생소한 모양새만큼이나 사용하는 방식도 독특한데, 딴두르 밑바닥에 장작을 놓고 불을 피워 내부를 가열한 다음 (석쇠나 팬을 놓을 자리가 없으므로) 긴 쇠꼬챙이에 고기며 채소 등을 줄줄이 끼워 딴두르 안에 비스듬히 걸쳐놓는다. 그러면 고기나 채소는 아래에 놓인 불에 직화로 구워지는 동시에 딴두르 내부 열기를 받아 단시간에 속까지 잘 익는다. 무엇보다 딴두르만의 장점은, 이따금 양념이나 기름이 불 위로 떨어지는 순간에 있다. 양념에 들어 있던 향신료가 불에 닿으면서 강한 향을 품은 연기가 피어오르기 때문이다. 딴두르 속 고기와 채소는 노릇하게 구워지면서 향신료에 나무 훈연 향까지 한껏 머금게 된다.

딴두르가 특별한 또 하나의 이유는 화덕 내벽에 수분을 보유하는 성질이 있다는 점이다. 벽에 나 있는 (흙으로 빚어 생겨난) 수많은 미세한 구멍이 이를 가능케 한다. 딴두르는 위로 뚫려 있는 구조이기 때문에 고기나 채소, 빵이 구워질 때 재료로부터 증발된 수분이 그대로 날아가기 쉬운데, 열에 의해 건조해진 내벽이 수분을 계속 흡수함으로써 딴두르 내에 일정한 습도가 유지된다. 결국 고기나 채소는 촉촉하게, 빵은 봉긋하게 잘 부풀어 오르는 최상의 상태로 구워진다.

딴두르에 빵을 굽는 전통

딴두르 바닥 가까운 곳에서 음식이 익는 동안, 뜨겁게 달궈진 딴두르 상단 흙벽에서는 납작한 인도 빵이 구워진다. 딴두르에 굽는 빵 종류는 난 이외에도 다양하다. 백밀가루 반죽인지 통밀가루 반죽인지, 반죽에 향신료나 허브, 견과류 등이 들어가는지, 빵 안에 감자나 양파 등 속재료가 들어가는지에 따라 다양한 빵이 만들어진다. 가장 기본적인 빵이 난으로, 숙성된 반죽을 얇게 만들어 납작한 쿠션(또는 탁본할 때 쓰는 솜방망이)처럼 생긴 도구 가디 gadhi를 이용해 딴두르 벽에 붙인다. 이때 반죽이 떨어지지 않게 하려면 요령이 필요하다. 우선 화덕 내부 온도를 잘 맞춰야 하며, 반죽을 다루는 손에 물기를 축여서 반죽 면에 적절한 수분을 주어야 한다. 잘 붙은 반죽은 열기로 인해 금세 부풀어 오르는데, 표면에 점점이 검게 탄 자국이 생길 정도로 구우면 쫄깃한 식감이 매력적인 난이 완성된다.

중동과 중앙아시아에서도 전통 화덕에 빵 굽는 광경을 흔히 볼 수 있다. 이들 지역에서 화덕은 따누르, 딴누르, 딴디르, 또니르 등 비슷한 이름으로 불리는데(고대 메소포타미아어 단어인 '띠누루 tinuru'에서 유래했다고 한다), 이러한 전통 화덕에서 나라마다 이름은 달라도 모양은 상당히 비슷한 빵이 구워진다. 학자들은 페르시아나 아프가니스탄 지역에서 인도로 화덕이 전해지면서 이름도 함께 들어왔을 것이라고 말한다. 실제로 이들 나라에서 화덕에 빵 굽는 광경을 살펴보면, 같은 뿌리에서 나왔다고밖에 생각할 수 없을 정도로 닮았다.

카스피해 인근 국가들과 아프가니스탄의 빵집에서는 바닥을 높인 작업장에 (인도 딴두르와 같은) 항아리 형태의 화덕을 묻어놓고 사용한다. 식사 시간이 가까워지면 납작한 빵 반죽을 뜨거운 화덕 벽에 붙여 굽는 광경을 쉽게 볼 수 있다. 이란(옛 페르시아)에서 사용하는 전통 화덕은 이 같은 구조가 아니지만, 이란 사람들도 매일 갓 구워져 나온 납작한 빵을 동네 빵집에서 사다 먹는다. '난'이 인도에서는 빵의 한 종류를 가리키는 것과 달리 이란에서는 빵을 총칭하는 일반명사인데, 그중에서도 난-에 바르바리 nan-e barbari라는 빵은 인도 난과 꼭 닮았다.

이렇게 놓고 보면 뻔잡의 딴두르 빵은 중동이나 중앙아시아의 빵과 비슷하고, 인도 다른 지역에서 먹는 빵과는 상당히 다르다. 다른 북인도 지역에서 주로 먹는 빵인 짜빠띠chapatti는 효모 발효 과정을 거치지 않을뿐더러 화덕이 아니라 팬에 굽는다.

혹자는 (페르시아와 중앙아시아 문화가 유입됐던) 중세의 델리 술딴 왕조[1] 및 무굴 제국[2] 같은 무슬림 지배기에 이슬람 문화와 함께 딴두르가 들어왔을 것이라고 주장한다. 이런 이유로 딴두르 요리를 무슬림들의 음식으로 보는 시각도 꽤 많다. 분명 무슬림 통치자들의 식단에는 딴두르에 구운 빵이 포함되어 있었다. 이들이 본래 속해 있던 땅(오늘날의 아프가니스탄, 우즈베키스탄)에서도 딴두르에 구운 빵이 주식이었다. 하지만 무굴식 요리는 무굴 제국이

---

[1] 1206년부터 1526년까지 델리를 중심으로 북인도에 이어진 다섯 개의 이슬람 왕조를 묶어서 부르는 이름이다. 투르크와 아프가니스탄 태생의 술딴들이 통치했으며, 다섯 왕조는 각각 노예 왕조(1206~1290), 칼지 왕조(1290~1320), 뚜글룩 왕조(1320~1413), 사이이드 왕조(1414~1451), 로디 왕조(1451~1526)다. 이후 무굴 제국이 들어선다.
[2] 1526년부터 1857년까지 330여 년을 존속했던 이슬람 왕조로, 제국의 전성기에는 인도 대륙을 넘어 아프가니스탄까지 아우르는 광대한 영토를 다스렸다. 18세기 들어 차츰 쇠해가던 무굴 제국은 영국에 맞선 1857년 항쟁에 패하면서 역사 속으로 사라졌다. 그 이듬해에 마지막 무굴 황제는 버마로 추방당했고, 영국령 인도 제국British Raj이 세워졌다.

딴두르 벽면에 붙여 구운 난을
쇠꼬챙이로 찍어 꺼내고 있다.

번성했던 북인도 전역에 자리 잡은 반면, 딴두르를 사용하는 전통은 유독 뻰잡 지방에만 강하게 남았다. 이는 분명 다른 요인이 작용했을 것임을 의미한다.

고대 인더스 문명이 번영했던 지역에서 발굴 작업을 하던 고고학자들은 기원전 2000년경의 것으로 추정되는 딴두르 유적을 발견했다. 인더스 문명 도시는 인더스강과 그 지류가 위치했던 오늘날 인도의 뻰잡주, 구자라뜨Gujarat주, 라자스탄Rajasthan주, 그리고 파키스탄에 걸쳐 분포했다. 학자들은 인더스 문명이 북서부 아프가니스탄으로부터 온 이주자들에 의해 발전했으리라고 이야기하는데, 이 말인즉 중동 및 중앙아시아에서 인더스 강변으로 이주해 온 이들이 빵을 굽는 데 이미 딴두르를 사용하고 있었다는 의미다.

 실제로 인더스 문명이 발달했던 도시들 중 딴두르 유적이 발견된 건 인더스 강변의 하라빠Harappa[3]와 항구 도시였던 로탈Lothal[4] 두 곳인데, 흥미로운 사실은 발굴된 딴두르의 생김새가 오늘날 뻰잡 지방에서 사용되는 것과 매우 흡사하다는 점이다.[5] 이들 고대 도시 거주민이 남긴 유적 중에는 곡물 창고를 비롯해 생밀이나 볶은 밀을 빻는 데 사용되었을 거대한 방아의 밑판도 있었다. 그렇다면 수확한 밀을 저장해놨다가 방아로 빻은 뒤 반

---

3) 파키스탄으로 분리된, 옛 뻰잡 지방에 위치한 도시다. 인더스 문명이 발달한 도시들 중 가장 먼저 발굴된 곳이다.
4) 하라빠, 모헨조다로와 더불어 인더스 문명의 주요 도시 중 하나로 구자라뜨주, 캄바뜨만Gulf of Khambhat에 위치한다.
5) K. T. Achaya, *The Story of Our Food*, Universities Press, 2000

죽을 만들어 딴두르에 구워 먹던 인더스인의 방식은 무려 4,000년을 넘어 오늘날 뻔잡에 그대로 이어진 셈이다. 인더스 문명이 개화한 시기는 인도 땅에 힌두교가 자리 잡기 훨씬 이전이므로, 결국 딴두르는 무슬림도 힌두도 없었던 시대로부터 전해 내려온 유산이라는 의미다.

공동 딴두르에서 길어낸 외식 문화

뻔잡은 '인도의 빵 바구니Bread basket of India'라 불릴 만큼 밀을 많이 재배하는 곡창지대다. 이곳에는 오랫동안 전해져온 특별한 풍습이 하나 있는데, 바로 마을마다 공동 딴두르를 만들어 사용했다는 것이다. 딴두르를 집집이 설치하는 경우는 극히 드물었다. 아마도 딴두르 내부가 충분히 달궈질 때까지 불을 피우는 데 땔감과 시간, 노력이 많이 들뿐더러 불과 열이 알맞은 상태가 되면 꽤 오랫동안 유지되므로 공동으로 사용하는 게 훨씬 효율적이라는 사실을 알았기 때문이리라.

물론 저마다 집 부엌에는 (인도 여느 지역과 마찬가지로) 나뭇가지와 가는 장작을 땔감으로 쓰는 작은 화덕 출레chulle가 있지만 이는 볶거나 끓이는 음식을 만들 때 썼다. 뻔잡 사람들, 즉 뻔자비들의 주식인 밀로 만든 납작한 빵은 뜨거운 딴두르에서 재빨리 구워내야 제맛이다. 1950년대 초 델리에 만들어진 뻔잡 이주민 마을에서의 삶을 기록한 한 에세이는 그 광경을 생생하게 그려내고 있다.

라진더 나가르Rajinder Nagar는 두말할 것 없이 뻔자비 끌로니c'lony였다('라진더 나가르'는 마을 이름이며, '뻰자비 끌로니'는 뻰잡 사람들의 마을을 뜻한다). 뻰잡 지방 도시며 마을에는 어디나 빵을 굽기 위한 공동 딴두르가 있었다. 여인들은 집에서 만든 빵 반죽을 이 공동 화덕으로 가져갔다. 이곳 라진더 나가르에도 골목마다 딴두르가 생겼다. 오후나 이른 저녁 무렵이 되면 나의 할머니는 아따atta(통밀가루)로 빵 반죽을 만들어 딴두르왈라tandoorwala[6]에게 가져가셨다.[7]

공동 딴두르는 뻰자비들 삶에서 단순한 조리 기구가 아니었다. 우리네 우물이나 빨래터가 그러했듯이, 이웃 간 관계가 자연스럽게 형성되고 유지되는 이른바 사회적인 장소였다. 삼삼오오 모인 여인네들은 한두 푼의 이용료를 지불한 뒤 자기 빵이 구워지기를 기다리는 동안 가십거리를 공유하고 속 이야기를 털어놓았으며 대화를 나누던 중 혼사가 이뤄지기도 했다.

이렇듯 사교적인 조리 환경은 오랜 시간에 걸쳐 뻰잡에 독특한 식문화를 만들어냈는데, 바로 일상적인 외식 문화가 일찍부터 자리 잡은 것이었다. 이란과 터키, 아프가니스탄에서 사람들이 집에서 먹을 난을 동네 빵집에서 사거나 배달시키듯이, 뻰잡에도 점차 빵을 만들어 파는 사람들이 생겨났다. 그리고 빵이 전문적으로 만들어짐에 따라 여기에 뻰자비 특유의 재치와 사업적 기질이 발휘되기 시작했다.

그렇게 해서 만들어진 것이 반죽 속에 양념한 삶은 감자, 양파

6) 왈라wala는 '~을 업으로 하는 사람'이라는 뜻을 가진 힌디어 접미사다. 예컨대 우유를 뜻하는 두드doodh에 왈라를 붙인 '두드왈라'는 우유 배달부나 우유 파는 이를 가리킨다. 딴두르왈라는 딴두르로 빵 굽는 일을 업으로 삼은 사람이다.
7) Naintara Maya Oberoi, "Inheritance", *Chillies and Porridge*, Haper Collins, 2015

등을 채운 꿀짜kulcha다. 여기에 간단한 채소 반찬이나 콩 커리를 곁들이면 훌륭한 한 끼 식사가 됐다. 앉아서 먹을 수 있게 자리까지 마련해놓은 간이식당이 자연스럽게 생겨났다.

뻔자비들에게는 식당에서 외식을 하거나 음식을 포장해 가는 문화가 익숙하다. 뻔잡 곳곳에서 쉽게 발견할 수 있는 작은 식당인 **다바**dhaba는 이른 새벽부터 장사를 시작한다. '뻔자비 다바'라는 말이 고속도로변에 위치한 간이식당의 대명사가 되면서 뜨내기 운전자나 관광객만 들를 것 같은 이미지가 강해졌지만, 뻔잡에 있는 '원조' 다바는 깔끔하게 차려 입은 직장인과 중산층 가족이 주 고객층이다. 어떤 이들은 아침에 먹을 꿀짜를 조간신문과 함께 집으로 배달시키기도 한다.

이는 다른 북인도 지역, 특히 갠지스강 유역의 문화와는 상당히 대조되는 광경이다. 역사학자들은 유적지 발굴을 통해 인더스강 유역의 문명 도시들이 사라진 뒤 인더스 거주민들이 북인도 중심부, 갠지스강 유역으로 이동했음을 밝혀냈다. 기후 변화로 인해 인더스강의 흐름이 크게 바뀌었기 때문이라는 주장이 가장 설득력 있게 받아들여지고 있는데, 어쨌든 새로운 곳에 정착한 인더스인은 그곳에서도 마찬가지로 딴두르를 이용해 빵을 구웠을 것이다. 그런데 오늘날 우따르 쁘라데쉬Uttar Pradesh주에서 딴두르를 사용하는 모습은 전혀 찾아볼 수 없다. 20~21세기 현대판 딴두리 요리 열풍을 타고 근래에 설치된 딴두르를 제외하고 말이다.

이는 서방세계로부터 거듭 영향을 받으면서 개방적인 문화를 갖게 된 뻔잡 지방[8]과, 힌두 문화가 지배적이었던 갠지스강 유

역 간의 문화 차이를 단적으로 보여준다. 원래 힌두들은 식습관
이 매우 폐쇄적이어서 집 밖에서 식사하는 일이 흔치 않았다. 공
동 화덕에서 빵을 굽는 것, 외식을 하는 것은 이들에게 결코 문
화로 자리매김할 수 없는 일이었다. 같은 카스트가 아닌 이들, 더
엄격하게는 같은 커뮤니티[9]에 속해 있지 않은 이들과는 한곳에
서 식사하지 않았다. 자신보다 낮은 계급이 만든 음식을 먹는 것
은 그 계급으로 강등되는 행동이었으므로, 누가 조리했는지 알
수 없는 음식을 사 먹는 일은 굳이 감수할 이유가 없는 위험이었
다. 오늘날에도 전통적인 사고방식이 강한 이들은 아침과 저녁
에 집에서 만든 음식을 집에서 먹어야 한다고 여기는 것은 물론,
점심까지도 집에서 만든 도시락을 먹는다.

　말하자면 '뻔자비 다바'가 고속도로변 간이식당의 대명사가 된
이유는 (집에서 만든 음식을 강조하면서 가정식 위주로 발전한 다른 지역의 식문
화와 달리) 뻔잡의 오랜 외식 문화에 있다고 할 수 있다. 이에 더해
뻔잡 음식이 '뻔잡'이라는 지역 바깥으로 나올 수밖에 없었던 정
치사회적 요인이 있었으니, 뻔잡을 반으로 가른 국토 분단, 바로
파키스탄의 독립이었다.[10]

---

8) 뻔잡 지방은 인도 서쪽 세력들이 육로로 인도 대륙에 들어가려면 꼭 거쳐야 하는 관문이었다. 기
원전 3세기부터 무굴 제국이 세워진 16세기까지, 고대 그리스 제국의 알렉산더 대왕을 필두로
페르시아·아랍·투르크·아프가니스탄의 숱한 말발굽 세례를 받아야 했던 뻔잡 지방은 이방인들
에게 가장 가까운 약탈 대상이 되기도 했고 때로는 그들에게 복속되어 인도 침략의 전진기지가
되기도 했다.

9) 인도에서는 자띠jaati라고 한다. 종교, 직업(카스트), 혈통(인종) 등을 공유하는 이들을 묶어서 부
르는 개념이다. 자세한 내용은 3부를 참조하자.

10) 인도 분단은 크게 세 지역(뻔잡 서쪽, 벵갈 동쪽, 스리랑카)에서 행해졌다. 그중 뻔잡 서쪽 지역
과 벵갈 동쪽 지역은 무슬림 인구 비율이 높았던 곳으로, 제2차 세계대전 이후 인도 독립을 논
하던 중 무슬림과 힌두 사이의 갈등이 첨예해지면서 끝내 분리됐다(현재 인도에 남아 있는 벵
갈 지역이 '웨스트벵갈'인 것은 이 때문이다). 각각은 서파키스탄, 동파키스탄으로, 나중에는 파
키스탄, 방글라데시가 됐다.

피난민들의 삶터, 뻔자비 다바

1947년, 무슬림만의 나라를 원했던 인도인들이 파키스탄이라는 독자적인 나라로 분리, 독립을 선언하면서 두 나라를 경계 짓는 래드클리프 선[11]이 그어졌다. 이전까지 영국 식민 통치하에서 북서변경주North-West Frontier Province라는 행정 명칭으로 불리던 뻔잡은 동서로 나뉘었다. 동부 뻔잡에 살던 무슬림은 서쪽 파키스탄을 향해, 서부 뻔잡에 살던 힌두 및 시크교도들은 동쪽을 향해, 고향을 등지고 집과 토지와 일터를 남겨놓은 채 피난을 떠날 수밖에 없었다. 무차별적인 살육과 탄압을 피해 목숨을 부지하기 위해서였다. 피난민은 자그마치 1,400만 명이 넘었고 피난 중 5만 명에 달하는 이들이 목숨을 잃었다.

많은 피난민이 델리로 쏟아져 들어왔다. 불과 몇 달 사이에 급격한 변화가 일어났다. 일순간 뻔자비의 도시가 된 델리는 피난민 정착지를 마련하기 위한 대대적인 도시 계획을 시행하면서 지금처럼 남쪽으로 넓게 확장됐다(이전에는 현재 면적의 절반에 불과했다). 한데 이들 피난민이 바꿔놓은 것은 델리의 사회적, 지리적 경계만이 아니었다. 당시 새로운 음식이었던 뻔자비 요리는 델리 사람들을 매료시켰고, 델리 요리 지도에 눈에 띌 만한 변화를 가져왔다(훗날에는 인도를 넘어 세계 요리 지도에까지 변화를 가져왔다).

그렇게 될 수 있었던 데에는 한순간에 바닥으로 내동댕이쳐진 삶을 다시 일으켜 세우기 위해 불태웠던 이들 실향민의 삶에 대

---

11) 인도 분단 당시 인도와 동파키스탄, 인도와 서파키스탄 사이에 그어진 경계선의 명칭이다. 경계선의 위치를 결정하는 임무를 맡았던 국경 위원회Border Commissions의 수장이었던 시릴 래드클리프Cyril Radcliffe의 이름을 따서 붙여졌다.

한 의지, 사업가적인 개척 정신, 그리고 밤낮없는 노력과 노동이 있었다. 이들이 안정된 삶을 다시 누리게 되기까지 겪었을 고통은 무엇을 상상하든 그 이상이었을 것이다. 파키스탄이 된 옛 뻔잡에서 대지주였던 이들조차 입에 풀칠하기 위해서는 델리의 길거리에 좌판을 깔고 비누라도 팔아야 했던 시절이었다.

많은 피난민이 생계를 꾸리기 위해 선택한 일 중 하나는 당시 델리의 유일한 운송수단이었던 마차 '통가tonga'를 모는 것이었다. 1960~70년대에 이들은 말고삐 대신 오토릭샤와 트럭, 버스 운전대를 잡았다. 한편 또 다른 많은 이가 선택한 일은 음식 장사였다. 이들은 외식에 익숙한 동향인들을 위해 뻔자비 음식을 만들어 팔았다. 앞서 말했듯, 북인도는 식습관이 보수적이었던 터라 (종교적인 순례자가 아니고서야) 집 없는 떠돌이 거렁뱅이들이나 바깥에서 음식을 먹는다고 여겼다. 그럼에도 뻔잡 피난민이 대거 정착한 (델리를 비롯해) 북인도 여러 도시에서는 1950년대 이후로 뻔자비 다바가 우후죽순 생겨났는데, 딴두르만 구하면 누구나 뻔자비 음식을 만들어 팔았다고 말할 수 있을 정도였다. 이러한 흐름을 전폭적인 유행으로 바꿔놓는 데 결정적인 기여를 한 것이 있었으니, 한 작은 뻔자비 다바였다.

두 번의 발상 전환, 딴두리 치킨과 버터 치킨

분단 이후 다른 나라가 되어버린 옛 뻔잡 도시이자 고향인 뻬쉬와르Peshwar를 떠난 한 사내는 델리를 제2의 고향으로 삼겠노라 결심한다. 무굴 제국 5대 황제 샤 자한Shah Jahan(1592~1666)[12]이 370년 전 델리에 지은, 흔히 '올드 델리Old Delhi'라 불리는 성

곽 도시 샤자하나바드Shajahanabad의 한구석에서 이 사내는 고향에서 하던 일을 되살려 작은 뻔자비 다바 '모띠 마할Moti Mahal'을 열었다. 꾼단 랄Kundan Lal이라는 이름을 가진 이 사내가 만든 딴두리 치킨[13]은 이미 뻬쉬와르에서도 유명했다고 한다. 오늘날 그의 사업을 이어받은 후손들은 단지 유명했던 정도가 아니라, 꾼단 랄이 1920년경에 딴두리 치킨 자체를 처음 만들었다고 말한다. 설마 딴두르에 구운 닭고기 요리가 이전까지 존재하지 않았다는 말일까?

놀랍게도, 조사한 자료들에서는 모두 딴두르에 고기를 굽기 시작한 것이 20세기 들어서라는 사실에 동의하고 있다.[14] 그러고 보면 아프가니스탄, 우즈베키스탄 등지에서는 화덕에 빵만 굽는다. 고대 페르시아부터 현대 이란 음식까지 방대하게 기록한 이란 요리책[15] 역시 따누루에 구운 빵을 소개하는 데 한 챕터를 할애하고 있지만 따누루에 구운 고기 요리에 대해서는 언급이 없다. 앞서 소개한 에세이에서도 "뻔잡 지방 도시며 마을에는 어디나 '빵을 굽기 위한' 공동 딴두르가 있었다"는 한정적인 서술

---

12) 샤 자한은 아내 뭄따즈가 죽자 아그라Agra에 '따즈 마할Taj Mahal'을 지은 인물이다. 샤자하나바드의 중심 건물은 '붉은 성Red Fort' 또는 '랄 낄라Lal Qila'라고 불리는 궁성으로, 오늘날 델리의 주요 유적지 중 하나이다.

13) 그런데 딴두리 치킨은 왜 붉은색을 띨까? 딴두리 치킨 양념에는 주로 까쉬미르에서 나는 까쉬미르 칠리 가루가 들어가는데, 이는 매운맛이 강하지 않으면서도 선명한 붉은색을 띤다. 여기에 강황 가루를 넣어 노란색이 섞여 들어가 딴두리 치킨 특유의 주황빛을 낸다. 즉 딴두리 치킨 양념은 매운맛을 내기 위해서가 아니라 먹음직스럽게 보이기 위한 것이다. 하지만 많은 식당에서 내놓는 딴두리 치킨의 짙은 붉은색은 식재료만으로는 낼 수 없는 빛깔로, 식용 색소를 쓴 것이다.

14) 그중 출판된 서적으로는 콜린 테일러 센Colleen Taylor Sen의 《잔치와 절식Feasts and Fasts》 (Reaktion Books, 2015)이 있다. 항간에는 무굴 제국 황제 아우랑제브가 사냥터에 이동식 딴두르를 가지고 가 사냥에서 잡은 메추라기 등을 구워 먹은 것이 딴두리 치킨의 시초였다는 이야기도 있지만 이를 뒷받침할 구체적인 자료는 없다.

15) Najmieh Batmanglij, *Food of Life: Ancient Persian and Modern Iranian Cooking and Ceremonies*, Mage Publishers, 2015

을 하고 있다. 한 유명한 인도 요리사는 작게 자른 닭고기를 딴두르에 구운 **치킨 띠까**chicken tikka가 전통적인 방식에 따른 음식이 아니므로 자신은 절대 만들지 않는다고 했다. 요컨대, 딴두르는 애초부터 내벽에 반죽을 붙여 빵을 굽게 설계된 것이지, 벽에 붙일 수 없는 다른 무언가를 쇠꼬챙이에 꿰어 굽는 것은 20세기 초에 이루어진 기발한 착상이라는 것이다.

이를 처음 떠올린 사람이 정말 꾼단 랄인지는 확인할 수 없지만, 분명한 것은 델리에 딴두리 치킨 유행을 불러온 진원지가 모띠 마할이었다는 점이다. 인도 초대 수상인 자와할랄 네루Jawaharlal Nehru가 모띠 마할의 딴두리 치킨을 기내식으로 먹을 수 있도록 특별히 요청했다는 일화도 유명세를 더한다. 그렇지만 꾼단 랄이 개발한 음식이라는 이름표가 보다 분명하게 붙어 있는 음식은 따로 있다. 딴두르 요리 선풍을 일으킨 주역으로, 지금부터 이야기할 **버터 치킨**butter chicken이다.

인도 음식에 관한 책을 쓴 쁘리띠 나라인Priti Narain은 어린 시절 모띠 마할에서 식사했던 어느 날을 묘사했다.[16] 가족들이 식사하고 있던 테이블에 꾼단 랄이 종업원을 시켜 요리 하나를 가져오도록 해서는 "바로 전날 개발한 신메뉴"라고 소개했는데, 그것이 버터 치킨과의 첫 만남이었다고 말이다. 이는 향신료에 익숙한 인도인들 입맛에도 상당히 이색적인 조합이었던 듯하다. 인도 동북부 벵갈Bengal 출신 음식 작가인 치뜨리따 바네르지Chitrita Banerji

---

16) Priti Narain, "The Real Cuisine of Delhi", *Celebrating Delhi*, Penguin Books India, 2010

는 버터 치킨을 처음 맛보던 순간이 "향신료를 사랑하는 인도인
에게조차 미각 세포의 혼란 그 자체였다"고 표현하기도 했다.[17]

'버터 치킨'이라는 영어식 이름으로 더 잘 알려져 있는 '무르
그 마카니murgh makhani'(힌디어로 무르그murgh는 닭을, 마칸makhan은 버터
를 뜻한다. 한국의 인도 음식점에서는 '치킨 마카니'라는 이름으로 내놓고 있다)는
말 그대로 '버터를 넣은 치킨'이라는 뜻으로, 꾼단 랄이 딴두리
치킨을 활용한 다른 요리를 연구하던 중 구운 닭을 작게 잘라 소
스에 넣어 끓이다가 탄생했다고 한다.

버터 치킨이 유명해진 것은 딴두르에서 구워 불맛을 입은 닭
고기의 풍미 덕분이기도 하겠지만, 무엇보다도 향신료와 토마토,
버터, 생크림이 섞여 만들어낸 소스의 맛 덕분이다. 약한 불에 오
래 볶은 양파, 마늘, 생강에 향신료, 말린 페누그릭 잎,[18] 캐슈넛
과 호박씨를 갈아 만든 페이스트, 토마토, 거기다 버터와 크림을
넣은 소스를 사용하는 조리법은 사실 뻔잡, 그중에서도 특히 암
릿사르Amritsar 지역에서 즐겨 쓰던 방식이다. 그러나 토마토크림
소스와 딴두리 치킨을 조합한 것은 분명 발상의 전환이었고, 가
히 획기적이라고 할 만한 반응을 얻었다.

이 요리가 델리 대중으로부터 폭발적인 인기를 끌자 수백 곳
의 식당과 노점상에서 저마다의 버터 치킨을 내놓았다. 그로부
터 불과 50여 년이 지난 지금, 외국의 인도 음식점에서 무르그
마카니 혹은 버터 치킨은 빠지지 않는 주인공일 뿐만 아니라 이

17) Chitrita Banerji, *Eating India*, Bloomsbury, 2007
18) 페누그릭은 우리나라에서 호로파라고 부르는 콩과 식물이다(자세한 내용은 2부 8장을 참조하
자). 버터 치킨에는 말린 페누그릭 잎이 들어가야 특유의 풍미가 완성되는데, 한국의 인도 음식
점에서는 대부분 페누그릭 잎을 생략하고 있어 굉장히 아쉽다.

름에 '마카니'가 붙은 응용 요리들[19]이 메뉴판 대부분을 차지하기에 이르렀다. 한 세기 동안 인도를 지배했던 영국의 입맛을 사로잡은 것도 바로 버터 치킨이다.

영국인들이 사랑한 커리

영국에서는 해마다 커리 위크National Curry Week 행사가 열린다. 영국에서 커리가 누리는 인기는 상상 이상이다. 아니 인기를 넘어 일상적인 음식이 됐다고 해야 맞는 표현일 듯하다. 2001년 당시 영국 외무장관이었던 로빈 쿡Robin Cook은 한 연설에서 **치킨 띠까 마살라**chicken tikka masala가 "영국의 진정한 국민 음식"이라고 말했다. 그는 치킨 띠까 마살라가 인기 있는 음식이기도 하지만 무엇보다도 영국이 어떻게 외부의 문화를 흡수해 영국에 맞게 변화시켰는지를 보여주는 완벽한 사례이기 때문이라는 이유를 덧붙였다.

치킨 띠까 마살라를 '자신이 개발했다'고 주장하는 이민자 요리사들이 있지만, 제3자의 입장에서 볼 때 치킨 띠까 마살라는 (로빈 쿡이 말한 대로) 인도의 버터 치킨이 영국의 입맛과 상황에 맞게 바뀐 음식이다. 뼈째 토막 낸 닭을 구워 넣는 버터 치킨과 달리 치킨 띠까 마살라는 뼈를 발라낸 살코기를 띠까tikka, 즉 작은 조각으로 잘라 쓰며, 인도에서 사용하는 토마토는 푸른빛이 돌고 상대적으로 신맛이 강한 반면 영국의 인도 식당들은 대개 시판되는 새빨간 토마토퓌레를 사용한다. 버터 치킨은 버터가, 치킨 띠

---

19) 프로운 마카니, 빠니르 마카니, 달 마카니 등은 버터 치킨과 동일한 소스에 주재료로 각각 새우, 빠니르(인도식 생치즈), 콩을 넣어 끓인 것이다.

까 마살라는 생크림이 좀 더 강조된 데서 오는 맛의 차이도 있다.

주목할 만한 점은, 인도에서 옮겨 간 것이 분명해 보이는 이 요리가 영국에서 '국민 음식'이라 할 만큼 완전히 뿌리내리고 번성했다는 사실이다. 이는 영국에서의 인도 요리 인기가 단순히 영국에 정착한 수많은 인도·파키스탄·방글라데시 이민자들만의 것이 아님을 말해준다. 쿡 장관의 발언이나 커리 위크 행사가 보여주다시피 영국인들 사이에는 향신료가 듬뿍 들어간 인도의 맛에 대한 애정과 수요가 있다.

사실 유럽인이 동양 향신료에 매료된 건 하루 이틀 일이 아니다. 영국 왕이 인도 황제를 겸하던 영국령 인도 제국British Raj[20] 시절, 인도에 거주하던 영국인들은 하루 세 끼를 커리로 먹을 만큼 입맛이 '인도화'됐다고 한다. 그렇지만 영국인의 식탁 위에는 이미 중세 시대부터 향신료가 듬뿍 들어간 음식이 올라왔기 때문에, 정확히 표현하자면 인도에 거주하던 이 영국인들은 인도 식재료를 사용한 '향신료 요리의 조금 다른 형태'에 길들여진 것이었다.

잭 터너Jack Turner의 흥미로운 책《스파이스》에 따르면 16~17세기 인도에 상업 기지를 세우기 시작하면서 거주하게 된 네덜란드인, 영국인이 무굴 제국 왕궁에서 먹은 인도 음식은 (향신료나 조리 기교로 볼 때) 유럽에서 왕이나 귀족들이 먹는 음식과 크게 다

---

20) 라즈raj는 산스크리트어로 지배, 통치, 주권 등을 뜻한다. 즉 British Raj는 영국 왕/여왕이 인도 통치자로 군림했던 시기(1858~1947)를 일컫는다. 영국의 제국주의는 동인도회사라는 상업 조직으로 시작됐는데, 무굴 제국의 쇠퇴와 함께 정치적으로도 세력을 확장했다가 세포이 항쟁 등 인도 내 반발을 불러일으켰다. 이에 영국 정부는 직접 통치 형태로 바꿔 더욱 강한 군사력을 투입함으로써 식민 지배를 본격화했다.

르지 않았다. 다만 과시하기 위해 값비싼 향신료를 과다하게 사용하곤 했던 중세 유럽인들과 달리, 이들이 살아가는 인도에서 향신료란 음식 맛을 끌어올려주는 양념이었다. 가장 중요한 기준은 균형이었다. 어쩌면 그제야 향신료 요리의 참 매력을 발견했을지도 모를 이 유럽인들은 고국으로 돌아가서도 그 맛을 그리워했다. 귀국자들의 부엌에서는 인도에서 즐겼던 음식을 재현하기 위해 온갖 시도가 펼쳐졌고, 솜씨 좋은 어떤 이들은 자신의 레시피를 책으로 내기도 했다.[21] 이로써 많은 가정에서 뿔라우pulau(향신료가 들어간 쌀 요리)와 커리를 만들어 먹을 수 있게 됐다. 또한 다양한 향신료를 구하기 어려운 곳일지라도 (바로 이런 시장을 겨냥해서 나온) '커리 파우더'를 사용하면 손쉽게 인도 요리를 만들 수 있었다.

이는 곧 인도 거주 경험이 없던 영국인들 사이에서도 유행했다. 이러한 유행을 제일 앞장서서 선도한 이는 다름 아닌 빅토리아 여왕이었다. 영국 여왕인 동시에 인도 여왕이었던 그녀는 인도 요리를 대단히 좋아해 인도 요리사를 고용하여 매일 인도식 식사를 준비하게 했을 뿐만 아니라, 유명한 인도 건축가를 불러 궁내에 인도식으로 꾸며진 방을 만들게 했다. 한 19세기 영국 요리책은 "식탁 위에 커리가 하나라도 올라와야 완벽한 저녁상"이라고 쓸 만큼, 커리는 그야말로 굉장한 인기를 얻었다.

---

21) 영어로 쓰인 요리책 중에 인도 커리가 포함된 것은 1747년 영국의 한나 글라세Hannah Glasse가 쓴 《쉽고 간단한 요리의 기술The Art of Cookery made Plain and Easy》이 최초다. 이 책 초판에 실린 커리와 뿔라우 레시피는 아주 순한 버전으로, 코리앤더·후추 정도의 향신료만 쓰였다 (대신 유럽인들에게 익숙한 허브가 많이 들어갔다). 그러다 19세기에 들어서면서 생강·강황·커민·페누그릭 등 향신료가 좀 더 많이 들어가는 쪽으로 바뀌었다.

카레 가루의 기원, 커리 파우더

'커리 파우더'는 영국 동인도회사가 자국에 수출하기 위한 용도로 17~18 세기에 처음 만들어지기 시작한 것으로 추정된다. 동인도회사의 본거지 가 (오늘날 따밀나두주 주도인) 첸나이Chennai, 옛 마드라스Madras에 오 랫동안 있었던 영향으로, 커리 파우더 역시 따밀 지방의 '까리 뽀디kari podi(뽀디는 가루를 뜻하는 따밀어다)'에서 유래했을 것이라고 흔히들 말 한다.

따밀나두에서는 지금도 일상적으로 까리 뽀디를 만들어 먹는데, 그 성격 은 조금 다르다. 여러 가지 향신료, 말린 고추, 렌틸, '커리 잎'이라고 하는 나뭇잎을 바삭하게 볶은 뒤 가루로 빻은 것이다. 이는 조리 과정에 양념으 로 넣는 것이 아니라 그 자체로 (후리가케처럼) 쌀밥에 비벼 먹는다. 매우 고소하고 감칠맛 나는 밥반찬이다. '까리 뽀디'는 따밀어로 '까리베뻴라이 karivepilai'라고 부르는 커리 잎을 넣어 만들기 때문에 붙여진 이름이다. 여 기서 '까리(검다는 뜻)'는 커리라는 말의 유래가 된 '까리(고기 혹은 채소를 뜻함)'와는 다른 뜻임에도 같은 단어로 오해받아 '까리 뽀디'가 '커리 파우 더'의 원형이라는 섣부른 주장이 널리 통용되기에 이르렀다.

좀 더 합리적인 결론을 도출해보면 이렇다. '커리를 만드는 가루'라는 개 념은 인도의 가루 향신료에서 비롯된 것이 분명하다. 인도에는 '가람 마 살라'처럼 미리 가루로 빻아놓고 쓰는 향신료 배합이 있다. 하지만 이런 배합 향신료는 부수적인 역할일 뿐, 주된 향신료는 따로 넣는다. 더욱이 주재료가 채소인지 생선인지 육류인지에 따라, 또 그것이 어떤 종류인지 에 따라 주된 향신료가 달라질뿐더러 통째로 쓸 것인지 가루로 빻아 쓸 것인지도 달라진다.

반면 영국인들은 여러 향신료가 일정한 비율로 배합된 가루를 모든 인도 요리에 사용했는데, 갖가지 향신료를 일일이 갖추기 쉽지 않은 외국인에 게는 자연스러운 일이었을 것이다. 여기에 서양식 수프를 만들 때처럼 국 물을 걸쭉하게 만들어주는 밀가루, 고기 국물 맛을 내는 치킨 스톡 분말 을 넣어 '커리 파우더'를 만들었다.

이러한 분위기 속에서, 영국에 1세대 고급 커리 가게들이 문을 열었다. 영국인들을 주 고객층으로 삼은 식당이었다. 그러나 이들 1세대 커리 가게는 완벽한 인도 요리를 맛볼 수 있다고 광고했던 것과는 달리 소극적인 태도를 취했다. 영국인들에게 맛과 향이 강한 정통 인도 요리를 내놓기에는 부담스러웠던 것이다. 이들이 내놓은 '인도 요리'는 서양식 요리에 향신료를 첨가한 수준에 그쳤다. 애매했던 1세대 커리 가게는 오래가지 못했다.

영국에서의 커리 유행은 좀 더 대중적인 차원에서 이루어졌다. 제1차 세계대전 이후 영국 재건을 위한 인력으로서 벵갈 지방 동부(현 방글라데시) 인도인들이 영국에 대거 이주해 왔는데, 이들을 고객층으로 한 인도 식당들이 생겨났다(이 시기 런던에 문을 연 비라스와미Veeraswamy는 지금까지도 영업 중인데, 영국에서 가장 오래된 인도 식당이다). 인도 식당 사업은 인도 분단 이후 방글라데시 인구가 또다시 유입되면서 재차 활기를 띠었다. 경쟁이 치열해지자 식당들은 깔끔하고 분위기 있게 단장하고 합리적인 가격을 내세웠고 차츰 영국인들로부터도 인기를 얻기 시작했다. '펍 문화'를 가진 영국인들을 겨냥해, 다른 식당들이 문을 닫는 늦은 시간까지 커리 안주와 맥주를 파는 커리펍curry pub도 생겨났다.

그때까지 영국인들 입맛에는 커리 향과 맛이 너무 강할 것이라고 여기던 인도인들은, 자신들이 먹는 음식 그대로에 열광하는 영국인들을 보고 놀랐을지도 모르겠다(심지어 이제 어떤 음식은 인도 본토에서보다 훨씬 더 자극적이고 맵고 강렬한 맛으로 만들어지기도 한다). 더군다나 버터 치킨이 영국의 고전적인 메뉴가 될 거라고 생각한 사람은 한 명도 없었을 것이다.

첫 커리 가게가 문을 연 지 200년이 지난 지금, 한 조사에 따르면 영국 인구의 35% 이상이 커리를 일상적으로 먹는다고 한다. 이들은 식당에서 먹거나 포장해 가는 경우도 있지만 때로는 슈퍼마켓에서 반조리 제품이나 소스 등을 사 조리해 먹거나 때로는 향신료를 직접 로스팅하고 절구에 빻아 조리하기도 한다.[22] 유명한 영국 셰프인 릭 스타인Rick Stein과 고든 램지Gordon Ramsey는 인도 현지에서 배운 조리법들을 엮어 책으로 내기도 했는데, 이 역시 영국에서의 인도 요리 열기가 직접 만들어 먹는 정도에 이르렀음을 짐작게 한다. 특히 두 사람은 인도를 여행하며 촬영한 요리 다큐멘터리에서 어렸을 적 어머니가 집에서 만들어주던 커리의 맛, 커리펍에서 즐겼던 매콤한 쇠고기 커리나 바나나칩 등 인도 요리에 얽힌 추억들을 풀어놓곤 했다. 때문에 이들의 인도 여행은 이국적인 요리의 비밀을 찾아 떠난 것이라기보다 과거의 추억, 그 뿌리를 찾는 여행처럼 느껴지기도 하니, 참으로 아이러니한 일이다.

[22] 흥미로운 사실은 오늘날 영국인들이 커리 파우더를 잘 쓰지 않는다는 것이다. 이는 커리 파우더가 식민 통치 시절에 성급한 일반화로 만들어진 산물이며, '진짜 인도 요리'에는 그런 것을 결코 넣지 않는다는 사실이 반복 학습된 결과다.

02

〰〰〰

육류 요리 삼총사

: 꼐밥, 꼬르마, 꼬프따

우리를 비롯해 세계의 많은 이들이 즐기는 육류 요리는, 인도에서 복잡한 정서와 얽혀 있다. 종교에서 시작해 사회·문화적으로 뿌리 깊게 새겨진 정서다. 돼지고기 또는 쇠고기 한 덩어리가 단순한 식재료로 취급될 수 없는 나라가 인도다. 인도에서 고기는 종교뿐만 아니라 계급, 출신 지역에 따른 인식 및 규범의 차이, 고정관념과 편견, 그로 말미암은 역사 속의, 그리고 현재의 사건까지 많은 것이 얽혀 있다.

과연 인도에서 육식은 어떻게 이루어지고 있을까? 쇠고기는 정말 먹지 않는 것일까? 돼지고기는 어떨까? 인도 육류 요리의 많은 부분을 차지하는 머튼 요리는 무엇일까? 버터 치킨 말고 맛있는 닭고기 요리는 없을까? 이 장에서는 먼저 세계적으로 잘 알려져 있는 세 가지 육류 요리를 다룬다. 공교롭게도 모두 알파벳 K로 시작되는 께밥, 꼬르마 그리고 꼬프따가 그 주인공이다.

께밥의 기원을 따라가다

인도 대도심의 업무 지역, 퇴근한 직장인들로 북적북적한 식당 가에는 최근 몇 년 사이 시선을 끈 메뉴가 하나 있다. 번듯한 전문점들이 속속 생겨나면서 '바비큐'라는 이름으로 인기를 얻고 있는 **께밥**kebab이다. 그중에서도 단연 눈에 띄는 것은 향신료 양념을 입은 닭고기, 생선, 새우에서부터 빠니르(인도식 생치즈), 버섯, 옥수수, 파프리카, 양파 같은 채소까지 원하는 재료를 골라 테이블마다 설치된 숯불 화로에 직접 구워 먹을 수 있는 식당이다. 사람들은 요리 붓으로 정제 버터인 기ghee를 꼼꼼히 바르면서, 재료가 고르게 익도록 이리저리 돌려가면서, 입맛에 맞는 소스를 찍어 먹으면서 왁자지껄 대화를 나눈다. 우리에게는 이렇게 직접 구워 먹는 문화가 친숙하지만, 패스트푸드점이나 대형 카페를 제외하면 식당에서 손님이 직접 무언가를 한다는 '셀프' 개념이 없는 인도에서는 참으로 신기한 광경이다.

델리에서 제대로 된 무슬림 요리를 먹고 싶다면 올드 델리로 가야 하는데, 께밥도 마찬가지다. 샤 자한이 지은 이슬람 대사원 자마 마스지드Jama Masjid 주변에는 께밥을 비롯해 무슬림식 먹거리를 파는 크고 작은 가게들이 줄지어 서 있다(대부분이 3~4대째 이어져온 전통을 갖고 있다). 께밥은 대개 염소나 버팔로 고기[23]를 (작게 잘라 쓰기도 하지만) 잘게 다져서 쓴다. 이 다짐육을 양념해 굵은 쇠꼬챙이에 소시지 모양으로 둘러 붙여 석쇠에 굽거나 둥글납작

초벌구이를 마친 치킨 띠까. 인도에서 '께밥'이라 하면 다짐육으로 만든 것을 가리키지만, 띠까 역시 께밥의 범주에 속한다.

한 형태로 빚은 뒤 팬에 굽는다.

음식으로서의 께밥을 어떻게 정의할 것인가에 대한 학자들의 고민은 어원을 유추해내려는 노력에서 시작되었다. kebab이 아랍어의 kab과 cabob이 결합한 것이라는 주장, 아람어[24]의 kababu에서 유래했다는 주장, 페르시아어의 kabab이 어원이라는 주장도 있다. 무엇이 정답인지는 알 수 없지만, 그 뜻을 하나씩 살펴보면 자못 흥미롭다. '빙글빙글 도는 모양새', '육류나 생선 등의 조각', '불에 태우거나 그슬리다', '구운 고기'. 각각의 의미를 합쳐놓고 보면 고기 토막을 무언가에 꿰어 불 위에서 빙글빙글 돌려가며 굽는 장면이 그려진다.

고기를 불에 굽기 시작한 역사는 현생 인류의 진화 단계(호모 하빌리스에서 호모 에렉투스로 진화한 190만 년 전에서 180만 년 전)까지 거슬러 올라간다.[25] 께밥이 사냥한 고기를 불에 구워 먹던 것에서 발달한 형태라는 점만은 분명하다. 고대 병사들이 작게 자른 고기를 칼끝에 꽂아 모닥불에 구워 먹던 데서 유래했다거나, 조리에 쓸 연료가 충분치 않아 큰 고깃덩어리를 익히기 어려웠던 사막 같은 환경에서 유래했다는 이야기도 설득력 있다. 또한 다른 요리와 마찬가지로 맛과 질감을 향상시키기 위해 자연스럽게 양념

---

23) 인도인들이 영어 단어를 자기들만의 방식으로 활용하는 모습은 특히 음식 이름에서 두드러지는데, 가령 머튼 요리에는 (머튼이 뜻하는) 양고기가 아니라 염소 고기가 들어간다. 또 북인도 식당들에서는 놀랍게도 '비프 께밥'을 파는데, 이는 쇠고기가 아니라 물소인 버팔로 고기로 만든 것이다. 이렇듯 이름과 실체 사이에 격차가 있어 이 책에서는 머튼 요리, 비프 요리라는 용어를 양고기 요리, 쇠고기 요리로 옮기지 않고 그대로 사용하고 있음을 알려둔다.

24) 기원전 10세기부터 기원후 5~6세기까지 중동 지방에서 통용됐던 유대 셈족 언어 중 하나다.

25) 리처드 랭엄, 《요리 본능: 불, 요리, 그리고 진화》, 조현욱 옮김, 사이언스북스, 2011. 이 책에서 랭엄은 250만 년 전에서 160만 년 전까지 유인원이 인류로 진화하게 되는 계기가 육식, 그리고 불에 익혀 먹는 화식에 있다는 주장을 흥미롭게 풀어나간다.

이 더해졌으리라는 것을 충분히 짐작할 수 있다.

사전적 정의처럼 '작게 자른 고기를 양념하여 불에 구운 것'이라고 간주한다면, 께밥은 오늘날 중동과 중앙아시아, 동남아시아를 비롯해 아프리카에서도 다양하게 만들어지고 있다. 우리네 불고기와 산적도 께밥이라고 할 수 있다. 께밥의 역사적 자취는 동쪽으로는 몽골에서부터 서쪽으로는 스페인과 그 인근 지역까지 정복했던 칭기즈칸 군대의 이동 경로를 따라 선명하게 남아 있다. 오토만 제국의 유산이자 터키 음식에서 큰 부분을 차지하는 다양한 터키식 께밥에서부터 이란식 까밥kabab, 말레이시아의 사테satay, 중국 위구르족의 양고기 꼬치 양러우추안羊肉串에 이르기까지, 께밥은 겉보기에도 상당히 비슷하게 발전했다. 여전히 엄청난 인기를 누리고 있다는 점까지 닮았다. 그리고 인도 역시 세계 께밥 지도에서 빠질 수 없는 독특한 께밥 문화를 만들어왔다. 지금부터 그 이야기로 들어가보자.

무슬림 왕조, 인도에 께밥을 들이다

모로코 태생 이슬람 율법학자이자 여행가였던 이븐 바투타Ibn Battuta는 14세기 초반 인도에 8년을 머물면서 궁정 및 사회상에 관한 기록을 남겼다. 당시 북인도는 최초의 이슬람 왕조인 델리 술딴 왕조의 통치하에 있었다. 통치자 술딴과 지배 계층은 이슬람교를 신봉하던 투르크인과 아프가니스탄인이었는데, 바투타가 여행한 시기는 이들의 통치가 시작된 지 100년이 지난 즈음이었다. 궁정에서의 공적인 식사까지 생생하게 묘사한 바투타의 여행기[26]에서 우리는 께밥을 만날 수 있다. 이 여행기에

따르면,

1) 가장 먼저, 장미 셔벗이 담긴 잔이 앞에 놓인다.

2) 통째로 구운 머튼을 네 조각이나 여섯 조각으로 큼직하게 썰어 한 조각씩 나눈다. 여기에 얇은 빵을 곁들인다.

3) 그다음에는 곱게 간 아몬드와 꿀로 속을 채운 단빵이 나온다. 단빵은 밀가루와 설탕, 기로 만든 것이다.

4) 이어 '기, 양파, 생강으로 양념해 구운 고기 요리'가 쟁반에 담겨 나온다.

5) 고기 요리 다음에는 사무삭samusak이라는 음식이 나온다. "다진 고기에 아몬드, 호두, 피스타치오, 양파, 향신료를 섞은 다음 얇은 빵으로 감싸 기에 튀긴 것으로, 한 사람당 네다섯 개씩 준다."

6) 닭고기를 넣고 기에 조리한 밥이 나온다.

7) 식사의 끝으로 '루까이마뜨-알-까디'('법관의 간식'이luqaimat-al-qadi 라는 뜻이다)라는 일종의 튀김 도넛에 설탕 시럽을 묻힌 것과 가벼운 음료가 디저트로 나오고,

8) 그 뒤에는 맥주와 유사한 보리 음료 푸까fuqqa가 나오며,

9) 마지막으로, 입 안을 정리해주며 소화를 촉진시키는 베텔betel 잎 과 아레카 너트areca nut를 씹는다. 감사 기도를 올리고 나면 식사 가 끝난다.

---

26) 아랍어로 쓰인 이븐 바투타의 글은 간단하게 리흘라, 즉 여행기The Travels로 알려져 있지 만 원제목은 꽤 길다. 번역하자면 '도시들의 놀라움과 여행의 경이로움을 상상하는 자들에게 주는 선물A Gift to Those Who Contemplate the Wonders of Cities and the Marvels of Travelling'이다.

께밥은 네 번째로 나오는 '구운 고기 요리'다. 당시 고기 요리에는 전통적인 유목 민족이었던 중세 투르크인과 아프가니스탄인의 방식, 즉 사냥해 잡은 고기를 별다른 양념 없이 불에 구워 먹는 방식이 강하게 남아 있었던 듯 보인다. 그 예가 두 번째로 나오는 머튼 요리라면, 네 번째는 '정찬의 메인'이라는 위치에 걸맞게 공들여 만든 요리였을 것이다. '통째로 굽는다'는 말이 없는 것으로 보아 고기도 작게 잘라 구웠을 것이다. 하지만 양념은 생강과 양파뿐, 여기에 정제 버터인 기를 넣은 정도였다. 이는 당시 무슬림 요리가 아직 인도 현지 요리와 완전히 융화되지 않았음을 보여준다.

오늘날 대표적인 무슬림 요리로 여겨지는 께밥이 이 델리 술딴 왕조와 함께 정착한 음식임에는 이견의 여지가 없다. 그러나 인류의 음식에 완전히 새로운 것도, 섬처럼 완전히 고립된 것도 존재하지 않듯이, 이러한 초기 형태의 께밥은 인도에 이미 존재하고 있었다. 라자스탄에 여러 왕국을 세우며 지배 세력으로 자리 잡았던 힌두 라즈뿟[27] 커뮤니티가 먹던 술레sule라는 음식이 그것이다. 사냥은 당시 마하라자maharaja(힌두 왕)와 귀족들의 무술 훈련이자 취미 활동이었다. 특히 야생 사슴과 조류는 그들이 즐기던 별미 식재료였는데, 사냥터에서 바로 손질해 불에 구워 먹던 음식이 술레다.

그럼에도 께밥이 무슬림 요리로 여겨지게 만든 건, 델리 술딴

---

27) 북인도의 대표적인 커뮤니티로, 북인도 곳곳에 힌두 왕조를 세웠다. 특히 델리를 중심으로 한 서쪽 지역에서 강한 세력을 구축했는데, 이슬람 세력이 북인도를 차지하고자 할 때 가장 견제했던 이들이었다.

왕조를 멸망시키면서 등장한 무굴 제국 사람들이었다. 이들은 또 다른 인종의 무슬림이었다. 무굴 제국을 세운 바부르 황제는 칭기즈칸(모계)과 티무르(부계)의 혈통을 지녔다. 중앙아시아에 정착하면서 문화적으로는 페르시아의 영향을 받고 종교적으로는 이슬람화된 몽골족과 (이미 페르시아의 고급문화를 향유하던) 투르크족의 영향을 받은 것이었다.

무굴 제국 황제와 제후들이 먹던 궁중 요리는 귀족과 관료들의 요리에 영향을 끼쳤고, 차츰 서민들에게도 퍼져나갔다. 이 과정에서 무슬림 요리는 한층 다채롭고 복합적인 것으로 바뀌었다. 께밥 역시 그러했다. 무슬림들 손끝에서 만들어진 께밥은 미리 양념하여 숙성시킴으로써 훨씬 부드러워졌고 불에 구운 뒤에도 육즙을 머금고 있어 촉촉했다. 여기에 인도의 다양한 향신료와 조리 기법이 더해져 훨씬 풍부한 맛을 갖게 됐다. 동시에 페르시아의 영향으로 장미수, 견과류, 건과일을 사용하면서, 께밥은 풍미와 식감 면에서도 진화를 거듭했다.

무굴 황제들의 께밥

무굴 제국 황제들은 열에 아홉이 예술과 문학, 스포츠, 건축, 복식, 궁중 예법은 물론 음식에 대해서도 지대한 관심과 탁월한 감각을 지닌 이들이었다. 궁정 주방에는 페르시아, 아프가니스탄, 우즈베키스탄, 카자흐스탄 등지에서 온 실력 있는 요리사들이 있었다. 하낌Hakkim이라 불린 궁정 의사[28]가 황제의 건강 상태에 따라 식사 메뉴를 정했지만, 무엇보다 우선시한 것은 황제의 기호와 취향이었다.

궁정 주방은 황제의 안위와 직결되는 음식을 책임지는 곳인 만큼 이곳을 전담하는 재상급 고위 관료의 감독하에 엄격하게 관리됐다. 두 차례 기미를 거쳐 이상 여부를 일일이 확인했고, 황제의 식사 장소인 하렘까지 가져가는 동안 음식이 바뀌지 않도록 그릇을 덮은 천에 낙인을 찍었다. 식재료를 비롯해 만들어진 음식은 물론, 어떤 그릇에 담겨 나갔는지까지, 모든 일은 철저하게 기록됐다. 이러한 기록을 통해 흥미로운 사실들을 발견할 수 있다.[29] 황제들에게 진상됐던 음식 레시피에서 그들의 취향, 그들이 처했던 상황의 영향 등을 어느 정도 읽어낼 수 있기 때문이다. 무굴 황제들이 즐겨 먹었던 께밥은 어떤 것이었을지 따라가 보자.

아버지의 갑작스런 죽음으로 불안정한 제국을 이어받은 2대 황제 후마윤Humayun(1508~1556)은 전투에 패해 인도 대륙 밖으로 쫓겨난다.[30] 다시 왕위를 되찾기까지 15년간 페르시아에서 피신 생활을 했던 후마윤에게는 그곳 입맛이 강하게 남아 있었던 듯하다. 더욱이 페르시아 태생인 왕비 하미다 베굼Hamida Begum의 영향이 더해져, 황제의 식탁 위에 올라온 음식들은 (기존의 아프

---

28) 무굴 시대 궁중 의학은 12~13세기 델리 술탄 왕조가 세워지면서 인도에 소개된 페르시아 의학인 우나니Unani였다. 이는 히포크라테스의 가르침을 기반으로 페르시아 의사들이 체계화한 의학으로, 약은 부드럽고 조심스럽게 써야 한다는 것이 기본 정신이었다. 이 우나니 의학은 무굴 제국하에서 크게 유행했는데, 궁중에 상주한 우나니 의사를 하킴이라 했다.
29) 무굴 궁정 주방의 기록들은 여러 곳에 분산되어 남아 있는 데다 당시 궁중 공식 언어였던 페르시아어로 쓰였기 때문에 영문으로 접할 수 있는 자료는 상당히 적은 편이다. 여기에 소개된 음식들은 페르시아어 학자인 살마 후사인Salma Husain의 저서, 《황제의 식탁The Emperor's Table: The Art of Mughal Cuisine》(Roli Books, 2008)에서 발췌한 것이다.
30) 1540년부터 1555년까지는 셰르 샤 수리가 후마윤을 인도 밖으로 쫓아내고 수리 왕조Suri Empire를 세웠던 시기다.

가니스탄식, 터키식보다도) 페르시아적인 색채를 강하게 띠었다. 견과류, 사프론, 석류가 풍부하게 들어갔으며 더 섬세한 조리 방식이 요구됐다.

후마윤이 먹었던 께밥은 이름까지도 페르시아의 꾸비데 까밥 kabab-e kubideh과 똑같았다. 이란에서 여전히 즐겨 먹는 꾸비데 까밥은 고기를 곱게 다져 만드는데(페르시아어로 꾸비데는 '두들기다, 다지다'라는 뜻이다) 이렇게 하면 훨씬 연한 고기 요리를 먹을 수 있지만, 육즙이 잘 빠져나가 질감이 뻑뻑해질 수 있다. 후마윤의 레시피는 이를 고려해 고기 지방을 넣어 살코기와 함께 다질 것을 명시하고 있다. 여기에 바질, 실란트로 등의 허브, 양파, 소금, 후추를 넣어 반죽한다. 이 고기 반죽을 잠시 숙성시켰다가 폭이 넓고 납작한 금속 꼬챙이에 소시지처럼 길쭉한 모양새로 붙인 다음 숯불 위에 굽는다. 다진 고기는 익으면서 쉽게 부서질 수 있기 때문에 구울 때 빙글빙글 돌려가며 고루 익히는 요령이 필요하다. 잘 구워진 께밥은 꼬챙이에서 빼 레몬즙을 뿌린 다음 얇은 빵 위에 올렸다. 여기에 석류와 납작하게 썬 오이를 곁들인 것이 황제 앞에 놓였다.

꾸비데 까밥은 오늘날 인도에서 만들어지는 가장 일반적인 형태의 께밥으로 자리 잡았다. 이름은 바뀌었다. 페르시아어로 꼬챙이를 뜻하는 단어 '시크seekh'를 붙여 시크 께밥이라 부른다. 시크 께밥은 거의 모든 북인도 식당에서 (물론 채식 식당만 아니라면) 찾아볼 수 있다.

악바르Akbar 대제(1542~1605) 시대에 이르러 문화·정치적으로 꽃피우기 시작한 무굴 제국의 번영은 그의 아들인 자항기르

Jahangir 황제(1569~1627)의 치하에서도 이어진다. 식도락을 즐겼
던 자항기르는 음식에 상당히 까다로웠다고 한다. 특히 생선이
나 고기에 대해 그러했는데, 사냥 중에 잡은 야생동물이 제 입
맛에 맞는지 살코기를 맛보아 확인하곤 했다.

그렇듯 깐깐했던 자항기르가 좋아했던 머튼 께밥 레시피에는
그의 취향이 잘 반영되어 있다. 양파는 완전히 캐러멜화될 때까
지 오랫동안 볶은 뒤 곱게 갈아 고기 반죽에 녹아들게 했고, 무엇
보다도 고기와 뼈를 진하게 우려낸 육수에 푹 삶은 병아리콩을
으깨어 께밥 반죽에 섞었다. 그럼으로써 살코기만으로는 낼 수
없는 깊은 풍미를 살렸다. 이렇듯 곱게 다진 고기에 병아리콩, 향
신료, 요거트, 양파를 섞어 만든 반죽을 햄버거 패티처럼 둥글납

작하게 빚어 팬에 굽는다. 야크니 께밥yakhni kebab(야크니는 뼈를 끓여 우려낸 육수를 가리킨다)이라 기록된 이 께밥은, 오늘날 무슬림 가정에서 즐겨 먹는 샤미 께밥shami kebab이 됐다.

무굴 제국 역사상 가장 무르익은 태평성대를 맞이했던 샤 자한은 델리의 새 궁성에 북적이는 외국 사신들이며 귀빈들, 속주의 제후들을 대접하면서 제국의 힘을 보여주는 데 심혈을 기울였다. 다리야이 께밥kebab-e-daryaee은 '삼색 꼬치구이'다. 궁중 음식답게 손이 많이 가는 이 께밥은 맛뿐만 아니라 색감과 모양새까지 신경 쓴 샤 자한의 섬세함을 보여준다.

다리야이 께밥은 고기를 다지는 대신 작게 잘라 쓰는데, 육질을 연하게 만들기 위해 생강즙, 요거트에 재워 숙성 과정을 거치는 것이 특징이다. 먼저 기에 다진 양파, 코리앤더를 노릇하게 볶아 향을 낸 뜨거운 팬에, 숙성시켜놓았던 고기를 초벌로 굽는다. 여기에 곱게 간 향신료를 고루 뿌린 뒤 대나무 꼬치에 꿰는데 양파, 삶은 달걀, 고기를 번갈아 끼운다. 이때 고기에는 사프론을 짙게 우려낸 주홍빛 물을, 양파에는 짙은 보랏빛이 도는 비트즙을, 달걀에는 백색 요거트 양념을 발라 삼색을 만든다. 평평한 팬이 충분히 달궈지면 꼬치를 올려 색이 선명하게 잘 살도록 굽는다.

아와드의 나왑과 뜬데이 께밥

악바르 대제는 1590년경 북인도 전역을 무굴 제국에 복속시키고 영토를 12개 속주로 분할했다. 각각의 속주는 황제가 임명한 제후가 다스렸는데, 이들을 나왑Nawab이라 했다. 그중에서도 갠지스 평원 중앙에 위치했던 아와드Avadh 지방은 특별한 매력을 지닌 곳이다. 지금의 우따르 쁘라데쉬주를 아우르는 아와드의 중심 도시 럭나우Lucknow는 우리에게 낯선 이름이지만, 현대 인도의 중앙 정치를 좌우하는 심장부이자 인도 근대사에 중요한 의의를 지닌 곳이다. 이러한 사실 외에도 빼놓을 수 없는 것이 바로 럭나우가 아와드 요리의 산실이라는 점이다. 북인도에서 아와드 요리는 무굴 요리만큼 유명하며, 같은 무굴 전통을 바탕으로 하지만 또 다른 개성을 지닌 요리다.

18세기 초반, 아우랑제브Aurangzeb 황제(1618~1707)가 죽음을 맞은 후로 무굴 제국은 급격하게 흔들렸다. 중앙의 힘이 약해지자 지방 세력들은 독립된 통치권을 갖고자 여기저기서 들고 일어났다. 페르시아 태생의 나왑 사닷 알리 칸Saadat Ali Khan의 통치하에 있었던 아와드 지방에서도 그러했다. 이때부터가 실질적인 '아와드 나왑 왕조'의 시작이었다. 페르시아의 피를 이어받은 나왑들은 교양과 세련미, 해학이 있는 독특한 문화를 발전시켰는데, 이러한 문화적 특징은 무엇보다도 음식에서 잘 나타난다. 미식에 대한 끊임없는 추구는 과도한 탐닉과 분간할 수 없을 정도였다. 이들은 거액의 봉급에도 아랑곳하지 않고 유명한 요리사를 고용했다. 독특한 것은 음식의 맛과 모양뿐만 아니라 창의성과 혁신을 크게 중요시했다는 점이다. 진정으로 위대한 요리사 '라깝다르rakabdar'라면 사람들을 속일 만한 솜씨를 지녀야 했다. 나왑과 귀족들은 누구의 요리사가 더 그럴싸한 '요리 속임수'를 만들어내는지 경쟁을 붙이곤 했다.

아와드 왕조의 마지막 통치자이자 영국 동인도회사에 수도 럭나우를 넘겨주고 꼴까따로 유배를 떠나야 했던 나왑 와지드 알리 샤Wazid Ali Shah (1822~1887)[31]가 재위하던 당시의 일이다. 어느 날, 와지드 알리 샤는 델리에서 럭나우로 이주해 온 한 왕자를 궁정에 초대했다. 과일을 절여 만든 요리를 먹은 이 왕자는, 그것이 절인 과일처럼 보이게 만든 고기 요리였다는 사실에 깜짝 놀랐다. 얼마 뒤 왕자도 나왑을 초대해 쌀과 빵, 고기와 채소 요리로 차린 만찬을 대접했다. 음식을 맛보던 나왑은 이 모든 음식이 설탕으로 만들어졌다는 사실을 알아차렸다. 또한 삐르 알리Pir Ali라는 당대 전설적이었던 라깝다르는 디저트로 석류 하나를 내놓았는데, 자세히 보니 석류 알갱이 하나하나가 배즙을 젤리처럼 굳혀 만든 것이었고, 씨는 아몬드를 깎아 넣은 것이었다. 두꺼운 석류 껍질이나 석류 알갱이 사이로 정교하게 뻗은 조직은 전부 설탕으로 만들었다고 한다.

당시로부터 많은 시간이 지났지만, 오늘날의 아와드 요리도 이와 동떨어진 것은 아니다. 무언가를 극단의 경지까지 추구하는 경향이 있다. 때문에 아와드 요리에는 '섬세함의 극치', '부드러움의 극치' 같은 수식어가 따라 붙는다. 델리와 마찬가지로 무굴 요리의 맥을 이어받았지만, 같은 음식을 놓고 봤을 때 아와드 요리는 (델리에 비해) 한두 가지 맛을 강조하기보다는 전체적으로 섬세하고 균형 잡힌 맛을 중시하는 경향이 있다. 또한 부드러운 질감을 선호하는 편이어서 소스를 만들 때 재료를 곱게 갈아 체에

---

31) 1847년에 즉위해 9년간 통치했다. 그가 꼴까따로 유배된 사건은 1857년 제1차 인도 독립전쟁에 불을 붙이지만 결국 실패로 끝나고, 럭나우를 위시한 아와드 지방은 영국의 손에 넘어갔다.

걸러 끓이는 경우가 많다.

아와드 요리의 양대 산맥은 입에서 사르르 녹을 정도로 부드러운 께밥과, '요리가 맛있음을 넘어 향기로울 수 있음'을 경험하게 해주는 뿔라우 또는 비리야니라고 불리는 쌀 요리다(이에 관해서는 6장에서 자세히 다룰 것이다). 이 두 요리, 즉 께밥과 비리야니는 무굴 요리 전통을 이어받은 지역이라면 어디서나 만들어지지만, 럭나우의 것은 굉장히 유명하다.

그중에서도 럭나우 께밥은 1800년대 중엽, 식도락을 즐겼던 나왑 와지드 알리 샤를 위해 만들어졌다. 유난히 께밥을 좋아했던 그는 요리사로 하여금 매일 새로운 께밥을 만들게 하고는 거기 들어간 재료를 알아맞히는 일을 즐겼다. 세월이 흘러 나왑은 몸이 엄청나게 비대해지고 치아가 대부분 빠져버려서 음식을 제대로 먹을 수도 없는 지경이 됐다. 그럼에도 께밥이 너무나도 그리웠던 그는 요리사들에게 씹을 필요가 없을 만큼 부드러운 께밥을 만들도록 명했다. 수없이 많은 께밥이 만들어졌지만 나왑을 만족시키지 못하던 어느 날, 저잣거리의 한 요리사가 완벽한 께밥을 만들어내는 데 성공했다.

그것이 바로 갈라와띠 께밥galavati kebab으로, 입에서 살살 녹는다는 뜻이다. 그 이름대로 '살살 녹는' 식감을 만들어내기 위해 지방을 적당히 섞고, 연육작용이 탁월한 파파야를 갈아 넣었다. 또한 고기를 잘게 다지는 정도가 아니라 아예 인도 전통 돌절구에 곱게 '갈았다'. 이를 둥글납작하게 빚어 팬에 구운 갈라와띠 께밥은 오늘날 럭나우를 상징하는 께밥으로서 독보적인 명성을 지니며, 북인도 곳곳에서 만들어진다. 럭나우에는 그 요리사의 후손들이 이어온 작은 께밥 가게가 있는데, 가게 이름에 얽힌 아래 에피소드도 '럭나우의 갈라와띠 께밥'과 함께 회자되는 유명한 이야기가 됐다.

갈라와띠 께밥을 만든 요리사는 입궐하여 나왑의 식탁에 계속 께밥을 올렸다. 1857년, 아와드는 동인도회사에 맞선 격렬한 독립 항쟁에서 패배한 뒤 영국에 병합된다. 왕국은 무너지고 요리사들은 뿔뿔이 흩어졌다. 께밥 요리사도 고향으로 돌아가 갈라와띠 께밥의 비법을 아들에게 전수했다. 그런데 얼마 지나지 않아 아들은 사고로 한쪽 팔을 잃었고 사람들은 그를 '뜬데이'(팔에 장애가 있는 사람을 가리키는 속어)라고 불렀다. 남은 한 팔만으로는 께밥을 꼬챙이에 끼울 수도, 둥글납작하게 빚을 수도 없었던 그는 자기만의 방법을 개발해냈다. 한 손으로 반죽을 적당량 잡은 뒤 손목 회전력을 이용해 살짝 내리치듯 팬에 올리는 것. 이렇게 하면 고기 반죽은 팬에 단단히 밀착되어 잘 구워졌다. 이는 반죽이 엄청나게 부드러우면서도 내리쳐도 부서지지 않을 만큼 잘 엉켜 있는 상태이기에 가능한 방법이었다.

그리하여 계속해서 께밥을 만들 수 있었던 아들에 이어 지금 주인인 손자에 이르기까지 3대를 거쳐온 '뜬데이 까바비Tunday Kababi'는 110년간 같은 자리에서 같은 방식으로 갈라와띠 께밥을 만들어 팔고 있다. 기를 넉넉히 두른 거대한 팬에서 끊임없이 구워져 나오는 께밥은 퍽퍽함이라고는 전혀 없이, 두부마냥 부드럽고 촉촉하다. 치아가 빠진 나왑이 정말로 맛있게 먹었을 듯하다.

기름 두른 팬에 갈라와띠 께밥을 굽고 있다. 이는 생양파와 함께 쉬르말(딴두르에서 구워 만드는 부드러운 빵으로, 5장에서 자세히 다룰 것이다)에 올려 먹는 것이 제격이다.

인도식 고기찜, 꼬르마

우리나라 인도 레스토랑에서는 꼬르마를 찾아보기 쉽지 않지만, 서구권에서는 버터 치킨만큼이나 유명한 음식이다. 인도 현지 레스토랑(외국인을 주 고객으로 하는 식당인 경우가 많다)에 머튼 커리라고 두루뭉술하게 표현된 메뉴가 있다면 십중팔구 머튼 꼬르마다. 토막 낸 고기를 양념과 함께 뭉근한 불에 오랫동안 끓여 만드는 것이, 우리네 갈비찜과 흡사하다. 꼬르마korma는 음식 이름인 동시에 조리법을 가리키는 말이기도 하다. 영어로는 braise라 번역되는데, 팬에 기름을 둘러 고기를 볶다가 물을 넣고 푹 끓이는 방식이다.

이와 비슷한 음식이 터키에도 있고(까부르마kavurma) 페르시아에도 있다(코레쉬khoresh). 이슬람 통치 시대에 들어온 이들 지역 음식이 인도식으로 변형되어 정착한 것으로 보이는데 꼬르마가 국물 양이 훨씬 적고 농도도 걸쭉하다. 이는 (쌀밥에 먹는 코레쉬 등과 달리) 빵과 함께 먹기 좋게 변화한 것으로 볼 수 있다. 오늘날 북인도에서 흔히 무갈라이 꼬르마Mughlai Korma 또는 샤히 꼬르마Shahi Korma(각각 무굴식, 궁중식을 뜻하며 무굴 제국 궁중 요리임을 강조하는 이름이다)라 불리는 이 꼬르마는 주로 머튼이나 치킨으로 만들어지며, 기의 풍미와 캐슈넛, 아몬드 등 견과류의 고소함이 어우러진 음식이다.[32]

의외인 것은 채식 꼬르마도 무굴 제국 궁정에서 그 역사를 찾아볼 수 있다는 점이다. 악바르 대제는 백성 다수의 신앙이었던

델리에서 유명한 무굴 식당 까림스Karim's의 머튼 꼬르마. 한 무굴 궁중 요리사의 후손들이 100년을 이어 꾸려온 이 식당은 무굴 요리의 상징처럼 여겨진다.

---

32) 남인도에서도 북인도와 거의 유사한 방법으로 꼬르마를 만드는데, 견과류 대신 코코넛 밀크와 간 생코코넛을 넣는다.

힌두교를 비롯해 이슬람 외의 다른 종교들을 포용하는 융화 정책을 펼쳤다. 그가 가까이 두었던 예술인과 지식인 중에서 명망을 지닌 아홉 대신은 '나브라딴navratan'('아홉 개의 보석'이라는 뜻이다)이라 불리며 칭송받았는데 그중 네 명이 힌두였다. 궁정 주방에는 힌두 요리사가 대거 고용되었고, 채식 문화를 중시했던 이들의 손끝에서 꼬르마는 고기가 아닌 채소로도 만들어졌다. 아홉 대신을 기리는 뜻을 담은 나브라딴 꼬르마navratan korma는 아홉 가지의 채소를 넣어 끓이며, 아홉 가지의 견과류 및 씨앗을 기에 튀겨 고명으로 얹어 낸다.

나브라딴 꼬르마에 어떤 채소를 쓸 것인지 또 몇 가지 채소를 넣을 것인지는 만드는 사람에 따라 달라지지만 주로 감자, 토마토, 당근, 프렌치빈, 완두콩, 파프리카, 콜리플라워, 빠니르를 넣고, 새콤달콤한 맛을 내려면 파인애플을 넣기도 한다. 악바르 시대의 나브라딴 꼬르마는 지금과 조금 달랐는데, 당시에 구할 수 있었던 채소가 한정적이었기 때문이다.

나브라딴 중 한 명이었던 아불 파즐Abul Fazl이 악바르 대제의 생활상을 상세하게 기록한 연대기 《악바르나마Akbarnama》에는 궁정 주방에서 사용한 식재료를 비롯해 만든 음식 목록도 실려 있다. 한데 당시 식재료 목록에는 감자, 토마토, 콜리플라워가 등장하지 않는다. 이들은 훨씬 나중에 포르투갈과 영국이 들여온 작물이기 때문이다. 따라서 악바르 대제의 나브라딴 꼬르마를 수놓았으리라 여겨지는 아홉 개의 보석은 당근, 호박, 어린 박 종류들, 콩, 가지, 전분을 가진 뿌리 작물이자 인도 토착 작물인 카사바와 토란, 또한 외래종이기는 하지만 당시에 이미 재배되고 있던 파인애플 등이었다.

　진하고 부드러운 맛을 가진 머튼 꼬르마는 무슬림들에게 절대적인 사랑을 받는 메뉴이며, 육식을 하는 일부 힌두들에게도 마찬가지다. 나브라딴 꼬르마 같은 채식 꼬르마는 오늘날 힌두들 사이에서도 명절과 특별한 날에 공들여 만드는 음식이다. 사실 '주재료를 볶다가 물을 넣고 푹 끓여 익히는' 방식으로 조리되는 음식은 인도 어느 지역에나 있다고 해도 과언이 아니다. 지역에 따라 달리 불리기도 하며 지역 특유의 성격을 가지면서 독자적인 요리가 되기도 한다. 그중에서도 도 삐야자와 로간 조쉬는 북인도 요리를 이야기할 때 빠지면 섭섭할 정도로 사랑받는 꼬르마다.

악바르 대제의 꼬르마, 도 삐야자

'2개(또는 2배)의 양파'를 뜻하는 도 삐야자Do Pyaza는 말 그대로 양파를 쓰는 데 방점을 둔 꼬르마다. 이 이름의 유래에 관해, 혹자는 보통 꼬르마보다 2배가량 많은 양파를 넣기 때문이라고 말한다. 또 다른 이는 양파를 두 가지 방법으로 쓰기 때문이라고 말한다. 즉 양파를 갈아 소스의 기본 재료로 사용하는 한편, 채 썬 양파를 바삭하게 튀겨 고명으로 얹어 내기 때문이라는 것이다.

　도 삐야자는 앞서 언급한 《악바르나마》에 육류 요리 중 하나로 등장한다. 꼬르마라는 명칭은 보이지 않는데, 악바르의 도 삐야자 레시피를 따라 하면 가장 단순하면서도 기본에 충실한 꼬르마가 만들어진다. 양파를 특별히 많이 쓰거나 다르게 조리하지 않으며, 들어가는 향신료도 같다. 그의 주방에서는 꼬르마와 도 삐야자를 같은 요리로 여겼음을 짐작할 수 있다.

오늘날 도 삐야자는 이름에 걸맞게 양파의 개성을 살리는 쪽으로 요리된다. 쁘리띠 나라인은 《필수 델리 요리The Essential Delhi Cookbook》에서 할머니의 도 삐야자 레시피를 소개하는데, 여기에는 고기와 양파가 일대일 비율로 들어간다. 가령 머튼을 1kg 넣는다면 양파도 1kg 넣는 것이다. 이 중 절반은 채 썰어서 튀기고, 나머지 절반은 갈아서 고기와 함께 조리한다. 도 삐야자라는 이름에 관한 다른 두 해석을 한 번에 활용하는 레시피인 셈이다.

영국이 인도를 식민 통치하던 시절, 인도 총독 토머스 로Thomas Roe 경에게 당시 영국군 목사였던 에드워드 테리Edward Terry가 도 삐야자의 맛을 입이 마르도록 칭찬했다는 이야기가 전해진다. "제가 먹어본 어떤 고기 요리와도 견줄 수 없을 만큼 맛있었습니다. 야콥이 하느님 아버지로부터 축복 받았을 때 그에게 봉헌하기 위해 만든 요리가 바로 이게 아니었을까 싶을 정도였습니다."

잘 볶인 양파에서 자연스럽게 우러난 단맛과 기의 고소한 맛, 손으로도 쭉쭉 찢을 수 있을 만큼 보들보들하게 익은 살코기, 그리고 고명으로 얹어진 바삭한 양파 튀김. 에드워드 테리의 찬미가 괜한 과장일 수 없는 조합이다!

까쉬미르 브라만의 꼬르마, 로간 조쉬

어느 미국인의 이름인가 싶은, 입 안에서 혀가 말리는 듯한 발음을 가진 로간 조쉬Rogan Josh는 인도 최북단 지역인 까쉬미르Kashmir의 대표적인 육류 요리다. 흥미로운 점은 로간 조쉬가 육류 요리임에도 불구하고 무슬림 요리가 아닌 힌두, 그것도 힌두

까쉬미르의 유명한 머튼 커리인 로간 조쉬

빤디뜨pandit의 요리라는 것이다. 빤디뜨란 힌두 학자를 일컫는데, 오직 브라만 계급만이 빤디뜨가 될 수 있다. 모든 힌두가 채식을 하는 것은 아니지만 힌두 중에서도 브라만, 그중에서도 빤디뜨라면 채식을 준수하며 살아간다. 이런 점에 비춰볼 때 까쉬미르의 빤디뜨 커뮤니티는 상당히 예외적이다.

그러나 브라만이 육식을 하는 경우가 아주 드문 것은 아니다. 웨스트벵갈주, 오디샤Odisha주, 께랄라Kerala주 등 바다나 강을 끼고 있는 지방에서는 힌두들도(브라만을 포함해) 생선을 먹는다. 또 파괴의 여신 깔리Kali처럼 특정한 힌두 신을 섬기는 종파는 신에게 살아 있는 염소를 바치는데, 뿌자puja(힌두교 기도 의식)가 끝나면 이 염소 고기를 요리하여 나눠 먹는다. 이처럼 같은 힌두교라 하더라도 종파에 따라 채식을 엄격하게 따르기도 하고 염소, 양, 버팔로, 닭 등 (소와 돼지는 제외한) 육류를 자유롭게 먹기도 한다.

이렇듯 브라만까지도 일상적으로 육식을 하는 까쉬미르 힌두들은 특히 염소 고기를 선호한다. 오히려 특이해 보이는 것은 육류 요리에도 양파와 마늘을 넣지 않는다는 점이다. 이는 불가에서 오신채(파, 마늘, 부추, 달래, 무릇)를 멀리하는 것과 비슷하게, 탐욕과 화를 불러오고 마음의 평정을 깨뜨린다고 여겼기 때문이다. 카스트에서 아래 계급으로 내려갈수록 금기에 덜 얽매이는 식습관을 보이지만, 완전 채식을 따르는 힌두들, 힌두보다 훨씬 엄격한 식생활을 하는 자인교도들은 양파와 마늘을 금기시한다. 더욱이 양파는 무슬림 요리에 필수적으로 쓰이는 재료인데, 이를 연상시킨다는 이유도 암묵적으로 따라 붙는다.

오늘날 로간 조쉬는 까쉬미르를 넘어 인도 전역에서 쉽게 찾아볼 수 있을 만큼 유명한 요리가 됐고, 우리나라 인도 레스토랑에서도 종종 눈에 띈다. 페르시아어로 로간은 '기 또는 유지류'를 뜻한다. 또 원래 발음은 '주쉬'에 가까우나 '조쉬'로 정착된 두 번째 단어는 '푹 끓이다'라는 뜻이다. 즉 로간 조쉬는 '기를 넣고 푹 끓인 고기찜'(염소 고기가 주재료이므로) 정도로 해석할 수 있다. 인도 사람들은 소스 위에 기름이 뜰 정도로 기가 충분히 들어가야 맛있는 로간 조쉬라고 여긴다. 여기에 까쉬미르 칠리[33] 가루를 넣어 맛깔스런 붉은빛과 적당한 매콤함을 더하는데, 이로 인해 양파와 마늘이 들어가지 않은 고기 요리임에도 상당히 개운한 맛을 낸다.

미트볼 커리, 꼬프따

곱게 다진 머튼 다릿살에 다진 양파, 소금, 후추를 섞어 반죽해 작고 동그란 완자를 빚는다.

이 고기 완자를 기에 노릇하게 튀긴다.

양파, 곱게 간 아몬드, 피스타치오, 그리고 고기 육수를 한데 끓인다.

여기에 말린 살구와 자두, 설탕, 후추를 넣는다.

국물이 걸쭉해질 때까지 졸여 살짝 달콤한 맛이 나는 소스를 만든다.

완성된 소스에 튀긴 고기 완자를 넣어 한소끔 끓인 뒤 민트 잎을 얹는다.

---

33) 까쉬미르 칠리는 아주 맵지 않으면서도 선명한 붉은빛을 띠어 서양의 파프리카 가루처럼 요리에 색을 낼 때 자주 쓰인다. 말린 고추를 물에 불렸다가 직접 갈아 쓰는 것이 정석이지만, 오늘날에는 간단하게 시판되는 고춧가루를 쓴다.

때는 16세기가 막 시작될 무렵. 인도 역사에서 330년을 풍미하게 될 무굴 제국을 세운 바부르Babur(1482~1530)의 식탁에 올랐던 **꼬프따**kofta는 이러했다. 열두 살이라는 어린 나이에 (우즈베키스탄과 카자흐스탄에 걸쳐 있던) 페르가나 왕위에 오른 그는 30년간 카불, 사마르칸트 등지에서 왕위 쟁탈전 등 전쟁을 거듭하는 삶을 살다가 인도로 눈을 돌려 무굴 제국을 세웠다. 전장에서는 카리스마를, 일상생활에서는 소탈함을 지녔던 통치자로 기록되어 있는 이 무굴 제국 초대 황제는, 그러나 5년이라는 짧은 재위 기간을 끝으로 세상을 떠날 때까지 인도 음식에 대해서만큼은 끝끝내 마음을 열지 못했다. 1526년 빠니빳Panipat 전투에서 바부르에게 목숨을 잃은 델리 술딴 왕조(로디 왕조)의 마지막 왕, 이브라힘 로디Ibrahim Lodi의 어머니가 독살을 시도한 탓이었다.[34]

이후 인도 요리사들을 신뢰하지 못했던 바부르는 자신의 고향인 중앙아시아를 비롯해 터키, 사마르칸트, 카불의 음식을 즐겼고 그곳 요리사들을 궁정 주방에 영입했다. 그의 식탁에는 곡물과 함께 끓인 고기 요리, 구운 머튼, 사프론으로 색과 향을 낸 쌀 요리, 신선한 채소와 과일이 올라왔다. 건과일과 견과류가 넉넉히 들어간 페르시아 요리도 그의 사랑을 받았다.

꼬프따는 완자를 말한다. 보통 이를 튀겨 걸쭉하거나 묽은 소스에 넣어 커리를 끓인다. 머튼 꼬프따는 주로 매콤한 향신료 소

---

34) 델리 북쪽 빠니빳에서 벌어진 전투에서 승리한 바부르는 로디 왕조의 수도였던 아그라에 입성해 무굴 제국을 세운다. 그는 자신의 일상을 직접 기록한 《바부르나마Baburnama》를 남겼는데, 여기 쓰인 바에 따르면, "얇은 빵에 독약 가루가 뿌려져 있었고 그 위에 기름 바른 고기 한 점"이 놓여 있었다. 하지만 이미 "토끼고기 스튜를 많이 먹었고 사프론 소스를 얹은 머튼 요리도 많이" 먹은 후여서 독이 묻은 빵은 아주 조금밖에 먹지 않았고, 바로 조치를 취함으로써 무사히 살아남았다고 한다.

스나 토마토, 크림, 요거트 등이 들어간 부드럽고 상큼한 소스를 쓴다. 물론 설탕은 넣지 않는다. 반면 앞서 소개한, 말린 살구와 자두에 설탕을 넣고 끓인 바부르의 머튼 꼬프따는 페르시아 요리의 영향을 뚜렷이 드러낸다.

꼬프따는 페르시아의 꾸프떼kufteh와 아랍의 꾸프따kufta에서 유래했다는 것이 정설이다. 다만 그 시기는 바부르가 인도에 당도하기 훨씬 전인 14세기 말로 추정된다. 아랍의 전통적인 꾸프따는 동그란 공 모양이 아니라 소시지처럼 손가락 하나 정도 길이로 길쭉하게 만들며, 어떤 지방에서는 야구공 크기로 큼직하게 만들기도 한다. 인도 까쉬미르 지방에서는 이처럼 길쭉하거나 커다란 공처럼 빚은 꼬프따 요리를 무굴 시대 이전부터 만들어왔다. 이는 델리 술딴 왕조 중반에 인도에서 대규모 약탈 전쟁을 벌였던 티무르의 영향이다. 당시 티무르 왕국 수도였던 사마르칸트(지금의 우즈베키스탄에 위치한다)의 요리사들은 왕 티무르를 따라 인도로 들어왔고, 그중 일부는 티무르의 군대가 되돌아간 이후에도 남아 까쉬미르 지방에 정착했다. 이들의 후손 역시 명망 있는 요리사가 됐는데, 전해지는 레시피에는 중앙아시아의 향취가 강하게 배어 있다. 이들이 차려내는 36가지 코스 요리 와즈완wazwan은 지금도 유명하며, 여기서 이들의 꼬프따 두 가지, 즉 커다랗게 빚은 고기 완자를 백색 요거트 소스에 넣어 끓인 구쉬따바gushtaba, 고춧가루와 향신료가 들어간 붉은색 소스에 넣어 끓인 리스따rista는 빠지지 않는다.

오리지널을 뛰어넘다, 채식 꼬프따

전통적으로 꼬프따는 고기 완자를 소스에 넣어 끓인 무슬림 음식이지만, 인도의 힌두 요리사들은 오래전부터 다양한 채식 꼬프따를 만들어왔다. 인도 요리 역사에 전통 음식으로 자리 잡은 이 채식 꼬프따는 채소, 곡물, 콩, 견과류, 빠니르 등 무엇으로도 만들 수 있다. 삶은 감자, 빠니르, 병아리콩 가루 등 반죽에 찰기를 주는 재료에 시금치, 콜리플라워, 양배추, 호박, 여러 종류의 박, 무, 연근 등의 채소, 그리고 볶은 렌틸이나 견과류 같은 바삭한 재료를 적절히 골라 섞어 동그란 완자를 빚는다. 이를 고기 꼬프따와 마찬가지로 튀긴 다음 어울리는 소스에 넣고 끓이는데, 이 소스 또한 어떤 재료로 만들 것인지에 따라 얼마든지 다양해질 수 있다.

이처럼 워낙 많은 응용이 가능할뿐더러 이름도 특별히 정해진 것 없이 주재료 이름을 나열하듯이 부르기 때문에, 여기서는 유명하면서도 고전적인 채식 꼬프따 몇 가지만을 소개한다.

첫 번째는 빨락 빠니르 꼬프따palak paneer kofta다. 시금치(빨락)와 빠니르로 만든 완자는 튀겨내기만 해도 맛있는데, 이를 토마토와 캐슈넛을 갈아 만든 소스에 끓이면 누구나 좋아하는 음식이 만들어진다.

또 북인도 여러 지방에서는 요거트나 버터밀크에 병아리콩 가루를 넣고 끓인 새콤하고 부드러운 까디kadhi를 별미로 먹는데, 여기에 꼬프따를 넣어 꼬프따 까디kofta kadhi로 만들어 먹기도 한다. 이때 꼬프따는 어떤 재료로 만들든 상관없지만, 반드시 병아리콩 가루를 넣어 국물과 조화를 이루게 한다. 심지어는 병아리콩 가루에 향신료만 섞어 만들기도 한다. 꼬프따 까디는 델리 도심 식당가에서도 흔히 찾아볼 수 있을 만큼 대중적인 음식으로, 흰쌀밥과 함께 먹으면 그 순하면서도 고소한 맛과 보드라운 식감은 가끔씩 생각나게 만드는 묘한 중독성을 갖고 있다.

감자는 보통 빠니르와 짝을 이룬다. 북인도에서 가장 인기 있는 알루 빠니르 꼬프따aloo paneer kofta는 오랫동안 치대 부드러워진 빠니르에 삶아서 으깬 감자와 향신료를 넣어 만든 것이다(알루는 감자를 뜻한다). 이 꼬프타의 겉면은 바삭하게 튀겨졌을지라도 한 입 베어 물면 속은 마치 스펀지케이크처럼 부드럽고 촉촉하다. 여기에는 양파, 토마토, 간 캐슈넛, 향신료를 섞어 끓인 소스가 가장 잘 어울린다.

이처럼 채식 꼬프따는 고기 꼬프따보다 선택할 수 있는 재료 폭이 넓고 또 어떻게 조합하느냐에 따라 다채로운 식감과 맛을 낼 수 있다. 인도에서 채식주의자들이 어떠한 결핍을 느낄 새도 없이 만족스러운 식사를 하며 살아갈 수 있는 건, 이처럼 다양한 변주를 만들어내는 채식 요리가 있기 때문이지 않을까.

03

ᐯᐯᐯᐯᐯ

인도식 생치즈,
빠니르

인도 요리에 빠져든 후, 처음 만들어본 음식이 꺼다이 빠니르
kadai paneer였다. 꺼다이는 중국의 웍처럼 반구 형태인 인도식 팬
을, 빠니르는 인도식 생치즈를 가리킨다. 즉 꺼다이 빠니르는 빠
니르를 파프리카, 양파 등의 채소와 향신료 양념에 볶는 간단한
요리다. 아니, 간단했어야 하는 요리지만, 우유를 끓여 빠니르를
만들고 향신료를 일일이 볶아 가루로 빻느라 꽤 오랜 시간이 걸
렸다. 그럼에도 기에 양파를 볶는 맛있는 냄새가 부엌을 채우고
코리앤더, 커민, 강황 가루, 가람 마살라가 섞여 이국적인 아우
라를 만들어내자 모든 노력이 일순간에 보상받는 느낌이었다.
한 입 크기로 썬 빠니르와 색색의 채소가 섞여 제법 그럴듯하게
만들어진 꺼다이 빠니르 한 그릇을 앞에 놓고 뿌듯해했던 기억

꺼다이 빠니르. 플레인
난이나 버터 난에 곁들
여 먹는다.

이 난다.

빠니르paneer는 식감이나 생김새가 단단한 두부와 비슷하다. 소금을 넣지 않는 데다 발효도 거치지 않아 옅은 우유 향 말고는 아무런 맛도, 향도 느껴지지 않을 만큼 밍밍한 치즈다. 그런데 오히려 이 밍밍한 맛 때문에 강한 향신료가 들어가는 인도 요리에 잘 어우러진다. 뜨거운 열에 녹지 않아 채소와 함께 볶거나 소스에 넣고 끓여도 모양이 그대로 살아 있는 데다, 우유 영양분을 대부분 갖고 있어 특히 채식주의자들에게는 훌륭한 단백질 및 칼슘 공급원이기도 하다.

빠니르와 유사한 생치즈는 세계 여러 곳에서 만들어진다. 요즘 우리 주변에서도 브런치 카페를 시작으로 유행하게 된 소위

'리코타 치즈'[35]를 넣은 샐러드, 샌드위치 등을 볼 수 있다. 이 같은 생치즈는 집에서도 직접 만들 수 있는데, 우유를 끓이다 레몬즙이나 식초를 넣으면 몽글몽글한 치즈 덩어리(코티지 치즈)가 맑은 유청과 분리된다. 이를 면보에 걸러낸 다음 무거운 누름돌을 얹으면 여분의 유청이 빠져나가면서 단단해진다. 이것이 바로 스페인과 포르투갈에서 각각 케소 블랑코queso blanco, 케소 프레스코queso fresco라고 불리는 생치즈다. 인도 웨스트벵갈주 및 오디샤주에서는 유청을 적당히 제거한 코티지 치즈를 반죽하듯 손으로 치대 스펀지처럼 푹신하게 만드는데, 이를 **체나**chhena라고 부른다. 케소 프레스코는 (유럽의 다른 숙성 치즈처럼) 소의 위산을 이용해 응고시키는 경우도 있는데, 방글라데시 다까의 다까이 뽀니르Dhakai ponir나 구자라뜨주 수랏Surat의 수르띠 빠니르Surti paneer 역시 포르투갈로부터 영향을 받아 소 위산을 넣는 방법으로 만든다.

빠니르는 과연 코티지 치즈나 케소 프레스코와 같은 것일까? 인도에서는 언제부터, 어떻게 만들어졌을까? 체나나 수르띠 빠니르처럼 포르투갈의 영향으로 만들어진 걸까? 첫 번째 질문에 먼저 답하자면, '아니오'다. 치즈는 배양균과 응고 물질이라는 매우 작은 차이에 따라 종류가 달라진다. 생치즈에는 배양균을 넣지 않으므로 응고시키는 물질이 무엇인지에 따라 맛과 질감이 달라지는데, 빠니르를 만들 때에는 레몬즙이나 식초 혹은 소

---

35) 리코타는 영어로 옮기면 re-cooked, 즉 재가열해서 만든 치즈라는 뜻이다. 치즈를 만드는 과정에서 생겨나는 뿌연 유청을 모아 다시 끓이면 소량의 부드러운 덩어리가 얻어지는데, 이것이 원래 의미의 리코타 치즈다. 우리가 원유에 레몬즙이나 식초를 넣어 만든 치즈는 코티지 치즈 cottage cheese라고 해야 정확하다.

위산을 넣지 않는다. 이제부터 빠니르의 유래를 따라가면서 이에 대한 보다 명확한 이해와 나머지 질문의 해답을 찾아보자.

버터밀크 치즈에서 빠니르까지

빠니르가 어디서 유래했는가에 관해서는 세 가지 주장이 지금까지도 팽팽하게 맞서고 있는데, 진위 여부를 떠나 세 가지 주장 모두 흥미로운 내용을 담고 있다.

첫 번째 주장은, 빠니르가 고대 문헌인 베다에 기록되어 있을 만큼 오래된 인도 고유의 음식이라는 것이다. 다만 베다에 표현된 "시큼해진 우유 표면에 생기는 단단한 막"을 치즈로 볼 수 있느냐는 문제가 있어 온전한 지지를 얻지는 못하고 있다.

두 번째는, 300여 년간 이어진 꾸샨 왕조 시대(3세기에 멸망했다)에 빠니르의 원형으로 볼 수 있는 덩어리를 먹었다는 주장이다. 이를 지지하는 학자들은 중앙아시아 북서쪽 유목민들이 만들던 치즈가 (아프가니스탄에서부터 인도 대륙 북부를 아우르던) 꾸샨 왕조에 의해 인도로 들어왔으리라고 주장한다.[36] 인도국립유제품연구소 역시 빠니르가 아프가니스탄과 이란으로부터 유입됐다고 말한다.

세 번째 주장은, 포르투갈이 자신들이 즐겨 먹던 생치즈 케소 프레스코를 인도에 소개했다는 것이다. 이는 인도 동북부 벵갈 및 오디샤 지역에서만 치즈(체나)를 이용한 스위트가 만들어지는

---

[36] 《인도 유제품의 기술Technology of Indian Milk Products》(Dairy India Yearbook, 2002)에 따르면, 꾸샨 왕조 시대 기록에 "따뜻한 우유와 요거트를 섞은 것에서 덩어리 부분"은 전사들을 먹이고 묽은 액체(유청)는 가난한 이들에게 배분했다는 언급이 있다. 이 서술대로라면 꾸샨 시대의 치즈는 지금의 빠니르와 똑같다.

빠니르. 원유에 버터밀크나 요거트를 넣어 응고시켜 만든다. 혹자는 고대 인도-아리안 문화의 관념상, 신성하고 순수한 소의 젖에 (같은 유제품이라면 몰라도 레몬즙이나 식초 같은) 이물질을 섞어 우유의 성질을 변하게 만드는 것은 죄악으로 여겼다고 말한다.

현상을 잘 설명해주기에 제외시키기 힘든 주장이기도 하다. 하지만 앞서 말했듯 체나와 빠니르는 서로 다르다. 때문에 둘의 기원을 하나로 뭉뚱그려 모든 공을 포르투갈에게 돌리는 것은 성급해 보인다. 더욱이 연대를 따져보면, 인도에 포르투갈이 건너온 16세기 이전에는 빠니르가 존재하지 않았는가 하는 의문을 남긴다.

중앙아시아와 인도 간 치즈 교류가 꾸샨 왕조 시대에 이루어졌는가라는 '시기의 문제'를 별개로 하고 나면 두 번째 주장을 조금 더 발전시킬 여지가 충분히 있다. 중앙아시아와 인도에는 버터를 요거트에서 분리해내는 풍습이 있다. 이는 *끄리슈나*[37] 이야기에도 나오는데, 어린 *끄리슈나*가 요거트를 휘저어 만든 버터를 훔쳐 먹는 장면은 많은 예술작품에서 묘사되었다. 여기서 주목할 것은 버터를 만드는 과정에서 생겨나는 발효된 **버터밀크** buttermilk다.

이란 및 아프가니스탄의 목부들은 버터밀크를 이용해 생치즈와 비슷한 유제품을 만들었다. 만드는 방법은 간단하다. 버터밀크가 덩어리와 유청으로 분리될 때까지 끓이는 것이다. 순두부처럼 몽글몽글한 덩어리가 생겨나면 그것을 건져 그대로 먹거나 눌러서 물기를 짜낸 뒤 먹는다. 혹은 오랫동안 보관할 수 있도록 건조시키기도 한다. *끄리슈나*가 치즈를 먹었다는 이야기는 없을지라도, 이러한 치즈 제조 방법은, 버터 만드는 풍습을 가진 인도에 오래전부터 치즈가 존재했을 가능성을 상당히 높

---

37) 힌두교 비슈누 신의 화신으로 여겨진다. 어릴 적 목동들 손에 자라나 우유에 관련된 이야기가 많다.

여준다.

역사적으로 유제품의 문화적 교류가 가능했을 만한 곳은 티베트 유목민, 중앙아시아 유목민, 인도 유목민이 마주치곤 했던 지역, 히말라야 서쪽 인근이다. 터키에서는 뻬이니르peynir, 페르시아·아제르바이잔·아르메니아에서는 빠니르panir, 인도에서는 빠니르paneer라고 비슷비슷하게 불리는 더욱 정제된 산물이 등장한 것이 바로 이 지역에서였으리라 추정된다. 앞서 설명한 버터밀크 치즈는 그리 맛있지 않은 것이 사실이다. 유산균이 들어 있어 시큼한 데다 (유지방이 거의 남아 있지 않아) 밍밍한 맛이 난다.

치즈 만드는 방법을 발전시키고자 했던 데에는 풍미가 좋은 치즈에 대한 욕구도 있었겠지만 생산량을 늘려야 했다는 게 더 큰 이유였을 것이다. 어느 시점에 누군가는 깨달았을 것이다. 버터밀크를 끓일 때 원유를 첨가하면 맛이 훨씬 진해질 뿐만 아니라 치즈 양도 많아진다는 사실을. 사람들은 차츰 원유를 넣어 치즈를 만들기 시작했고, 적정 비율까지 알아냈다. 버터밀크는 유청이 분리되는 역할을 하는 최소량, 즉 원유 1kg당 250g만 있으면 맛이 가장 진하고 좋은 빠니르를 만들 수 있었다.

인도에서 빠니르를 오래전부터 만들어온 뻰잡 지방으로 가보자. 유제품이 풍부하기로 유명한 이곳 목축업도 예전에는 유목민들에 의해 이루어졌다. 뻰잡 사람들이 빠니르를 만드는 방법은 예나 지금이나 뜨거운 우유에 (레몬즙이나 식초가 아니라) 요거트 또는 버터밀크를 넣어 응고, 분리시키는 것이다. 어떤 이들은 빠니르를 만들 때 얻은 유청을 시큼하게 발효시켰다가 다음 빠니르를 만들 때 쓰기도 한다. 이처럼 우유를 응고시킬 때 레몬즙이나 식초가 아닌 발효된 유제품을 사용한다는 점은 빠니르와 케소 프레스코(또는 체나) 사이에 미세하지만 결정적인 차이를 가져온다. 발효된 유청이나 버터밀크에 포함된 유산균 등 여러 성분이 빠니르에 (케소 프레스코나 체나에는 없는) 풍미를 더해주기 때문이다.

빠니르 요리 100선

이쯤에서 방향을 바꿔 빠니르로 만든 요리를 만나보자. 인도 요리에서 빠니르는 독특한 위치를 차지한다. 음식에 맛과 향을 더하기 위한 고명이나 양념이 아니라 주재료로, 그것도 훌륭한 채식 재료로 쓰인다. 식감이나 생김새만 두부를 닮은 것이 아니다. 국물 요리에도, 볶음 요리에도, 심지어는 구이 요리에도 쓰인다는 점이 참으로 비슷하다.

빠니르를 이용한 요리 중에서도 가장 잘 알려진 것은 **빨락 빠니르**palak paneer다. 우리나라 인도 레스토랑에서도 찾아볼 수 있는 이 음식은 이름 그대로 빨락(시금치)과 빠니르가 주재료다. 만드는 방법은 이렇다. 먼저 빠니르를 잘게 썬다. 부드러운 식감을 주려면 그대로 사용할 수도 있지만 대개는 기에 튀기듯이 굽는다. 시금치는 데쳐서 곱게 간 뒤, 향신료와 함께 끓이다가 빠니르를 넣는다(매콤한 맛을 내기 위해 고추를 넣기도 한다). 마지막으로 생크림을 넣어 완성한다. 이렇게 만들어진 빨락 빠니르는 마치 시금치 크림수프 같다. 난이나 짜빠띠에 듬뿍 얹어 먹어도 맛있고 흰쌀밥에 잘 비벼 먹어도 맛있다.

감자, 호박, 무 같은 채소나 콩류로 만든 소박한 음식에 빠니르

통깨가 들어간 향신료 양념을 발라 딴두르에 구워낸 빠니르 띠까.

를 넣으면 소위 '업그레이드'한 채식 요리가 된다. 가령 병아리콩 커리에 빠니르를 넣으면 촐레 빠니르chhole paneer, 완두콩으로 만든 커리에 빠니르를 넣으면 마딸 빠니르matar paneer다. 빨락 빠니르도 시금치로 만든 커리(빨락 사그)에 빠니르를 썰어 넣음으로써 양감을 준 경우다.

육류 요리에 고기 대신 빠니르를 넣으면 근사한 채식 요리가 되는데, 이러한 변형은 특히 북인도에서 적극적으로 이루어졌다. '께밥'을 예로 들면 (머튼 대신) 빠니르와 양파, 색색의 파프리카 등을 비슷한 크기로 썰어 양념한 뒤 꼬치에 번갈아 끼운다. 이를 딴두르나 숯불에 굽는 것이 정석이며, 가정에서는 오븐이나 팬에 굽는다. 이렇게 작은 조각들을 줄줄이 뗀 빠니르 께밥을 **빠니르 띠까**paneer tikka라 부른다. 식당에서 빠니르 띠까는 본격적인 식사를 하기 전에 입맛을 돋우기 위한 애피타이저 메뉴인데, 라임즙을 살짝 뿌린 다음 실란트로, 민트 잎, 청고추[38]를 갈아 만든 매콤한 녹색 소스 하리 쩌뜨니hari chutney에 찍어 먹으면 가장 맛있다.

인도에 진출한 대형 피자 프랜차이즈들은 토마토 소스 위에 오븐에서 구운 빠니르 띠까를 토핑으로 올린 빠니르 띠까 피자를 내놓는다. 구운 빠니르 띠까를 토마토, 버터, 생크림 소스에 넣고 끓인 **빠니르 띠까 마살라**paneer tikka masala(빠니르 마카니paneer makhani라고도 한다) 역시 인기 있는 음식이다. 이름으로 보아 치킨 띠까 마살라와 동일한 소스에 닭고기 대신 빠니르를 넣었음을

---

38) '청고추'라 하면 흔히 맵지 않은 풋고추를 떠올리겠지만, 인도에서 흔히 쓰이는 푸른 고추는 우리의 청양고추만큼 매운맛을 낸다.

쉽게 알 수 있다.

　마지막으로 소개할 빠니르 요리는 빨락 빠니르만큼이나 인기 있는 **빠니르 잘프레지**paneer jalfrezi다. 벵갈어로 '맵다'는 뜻을 가진 잘jhal에 '영양, 음식'을 뜻하는 빠레지parhezi가 붙어 영어화된 이름이다. 결국 '매운 음식'이라는 뜻인데, 영국이 식민 통치를 하던 시절에 등장한 것으로 보인다. 양파, 토마토, 고춧가루, 식초로 만든 소스에 구운 빠니르를 넣어 걸쭉하게 끓여 만든다. 영국이 벵갈주 주도인 꼴까따Kolkata를 오랫동안 통치의 중심 기지로 삼았던 탓에 잘프레지는 영국인들 사이에서도 잘 알려진 음식이었는데, 오늘날에는 특유의 매운맛으로 인기가 높다.

생치즈의 달콤한 변신, 체나 스위트

: 산데쉬, 라스굴라, 라스말라이

인도 동북부 벵갈 지역, 특히 꼴까따가 근대 역사에서 영국으로부터 많은 영향을 받았다는 사실은 잘 알려져 있다. 영국에 패권을 빼앗기기 전까지 가장 막강했던 포르투갈 역시 16세기 무렵 벵갈에 정착했던 시기가 있었다. 하지만 오늘날 꼴까따에서 그들의 존재감은 거의 찾아볼 수 없는데, 사람들이 잘 인식하지 못하는 단 한 가지 흔적을 벵갈 음식 역사에 남기고 사라졌다. 앞에서 살펴보았듯이 인도 북서부 지역에는 이미 오래전부터 빠니르가 존재했던 것으로 보이지만, 벵갈에서의 치즈 역사는 포르투갈인이 들어오면서 시작됐다. 포르투갈인이 생치즈 케소 프레스코를 좋아한다는 사실을 알게 된 누군가가 사업 수완을 발휘해 이를 만들어 팔기 시작했고, '체나'라고 불렸던 벵갈의 생치즈는

또다시 누군가의 기발한 착상에 의해 달콤한 과자, 스위트로 변모해 등장했다.

과자라고 표현했지만 인도 스위트는 바삭하기보다 마들렌이나 피낭시에처럼 폭신하며, 대체로 무척 달다. 인도 대부분의 지역에서는 스위트를 만들 때 병아리콩 가루나 코야khoya(우유를 오래 끓여 만든 덩어리)를 사용한다. 치즈로 스위트를 만드는 곳은 인도 전체를 통틀어 벵갈 지역이 유일하다. 유제품을 많이 먹는 뻔잡에도 존재하지 않는 먹을거리다. 따라서 이 역시 제과업이 발달했던 포르투갈의 영향이라는 주장은 설득력이 있다. 벵갈 명물인 체나 스위트는 이제 인도 어디에서나 쉽게 찾아볼 수 있을 만큼 전국적인 인기를 누리고 있는데, 그중에서도 대표적인 것이 여기서 살펴볼 체나 삼총사 — 산데쉬, 라스굴라, 그리고 라스말라이다.

인도 어느 도시를 가더라도 스위트 가게가 많지만, 꼴까따의 스위트 산업은 그야말로 활기차다. 100년 전통을 가진 가게도 한두 군데가 아니다. 스위트 역사의 산증인과도 같은 가게, 나꾸르Nakur도 1844년에 문을 열었다. "산데쉬 주세요"라고 말하자 "이게 다 산데쉬입니다. 어떤 걸 드릴까요?" 묻는다.

산데쉬sandesh를 만들 때는 먼저 생치즈와 설탕을 반죽한 뒤 은근한 불 위에 얹힌 팬에 놓고 손으로 치대면서 남아 있던 수분을 날린다. 이를 동글동글하게 빚은 다음, 피스타치오나 캐슈넛, 아몬드 같은 견과류를 올려 장식한다. 이것이 초기 형태이자 가장 기본적인 형태의 산데쉬다. 가열 과정을 거쳐 물기를 완전히 제거하기 때문에 보관 기간이 상대적으로 길다.

오늘날 산데쉬는 변신을 거듭하고 있다. 망고, 딸기, 라즈베리, 블루베리, 키위 등의 즙을 넣거나 초콜릿을 넣기도 한다. 대추야자나무 수액으로 만든 조청인 놀렌 구르nolen gur를 넣어 은근한 단맛을 내며 옅은 갈색을 띠는 산데쉬(놀렌 구레르 산데쉬nolen gurer sandesh)는 꼴까따에서만 볼 수 있는 별미다. 예전처럼 손으로 빚은 둥근 형태는 오히려 찾아보기 힘들다. 갖가지 틀로 찍어내거나 네모난 케이크처럼 만들어 썬 것, 얇은 피로 돌돌 만 롤, 일본 화과자처럼 꽃봉오리 모양으로 만든 산데쉬까지 모양새도 다양하다.

벵갈에서는 다른 이의 집을 방문할 때 산데쉬 한 상자를 가져간다. 결혼식에서 하객들에게 주는 답례품으로도 쓰인다. 이 스위트가 '소식'이라는 뜻을 가진 '산데쉬'라 불리게 된 것은 이런 쓰임새에서 비롯된 게 아닐까 싶다. 자신의 근황을 전하고 상대의 안부를 묻는 의미로 더할 나위 없이 적절한 선물인 셈이다.

산데쉬가 다소 예스런 느낌이라면, 라스굴라와 라스말라이는 젊은 층이 좋아하는 스위트다. 즙, 주스를 뜻하는 라스ras에 공을 뜻하는 굴라gulla가 결합된 **라스굴라**rasgulla는 체나를 반죽해 만든 동글납작한 치즈 볼을 설탕 시럽에 넣고 조린 것이다(반죽할 때는 스펀지처럼 폭신한 질감을 갖도록 치대는 것이 핵심이다). 시럽이 완전히 스며든 뒤에도 모양이 부스러지지 않고 그대로 살아 있어야 제대로 된 라스굴라다. 치즈라고는 전혀 상상할 수 없는 식감과 맛을 가진 라스굴라의 인기는 그야말로 엄청나서, 통조림 제품으로 출시되었을 뿐 아니라 인도 우주비행사들을 위한 디저트로도 만들어졌다.

라스말라이rasmalai는 더욱 인기 있는 스위트다. 라스굴라의 치즈 볼을 우유 시럽에 담가 함께 떠먹는데, 우유를 끓여 수분을 어느 정도 날린 뒤 설탕으로 달콤한 맛을, 카다멈으로 풍미를, 사프론으로 노란 빛깔을 낸 묽은 시럽이다. 꼴까따의 작은 스위트 가게에서 시작해 지금은 인도 전역에 여러 개의 분점을 갖고 있는 케이씨다스K. C. Das에서 처음 만들었다고 한다. 우유를 기상천외한 방법으로 활용해온 인도 요리사들의 창의력은 알면 알수록 놀라운데, 우유로 만든 음식으로 또다시 새로운 음식을 만들어내고, 짭짤한 요리로도, 달콤한 디저트로도 바꿔놓는 모습은 감탄스럽기까지 하다.

04

〰〰〰

군것질거리,
사모사와 잘레비

서너 시가 되면 사람들은 저마다 하던 일을 멈추고, 느긋하게 혹은 짧게나마 오후 티타임을 갖는다. 바빠지는 것은 짜이 가게 주인과 짜이를 배달하는 짜이왈라의 손이다. 사람들은 아무리 더워도 뜨끈한 짜이 한 잔을 마시는데, 여기서 빠질 수 없는 재미가 간식거리다. 한데 이때 선택되는 것에는 달콤한 빵이나 과자도 있지만, 뜻밖에도 짭짤하고 매콤한 먹을거리가 가장 사랑받는다. 지금부터 이야기할 **사모사**samosa가 바로 그렇다.

인도가 사랑한 800년 전통의 먹거리, 사모사

사모사는 인기 있는 정도를 넘어 '국민 간식'이라 불러야 할 만큼 일상적인 먹거리로, 일상생활에서만이 아니라 (힌두, 무슬림을 막론

하고) 각종 모임에서도 빠지지 않는 간식거리다. 가족 모임 같은 사적인 자리는 물론 회의 같은 공적인 모임에서도 한편에 사모사가 마련된다. 길거리를 지나다 보면 종종 노점이나 식당에서 거대한 팬에 사모사를 튀기는 광경이 눈에 띈다. 보통은 가내수공업자로부터 공급받은 사모사를 쓰지만, 운이 좋다면 직접 빚는 모습을 볼 수 있다. 만두피처럼 얇은 원형 밀가루 반죽을 절반으로 잘라 고깔 모양으로 만든 다음, 소를 듬뿍 채운 뒤 가장자리를 봉해 삼각뿔 모양으로 빚는다. 물 흐르듯 능숙하고 막힘없는 손놀림이 몇 번 오가면 쟁반 가득 사모사가 채워진다.

가장 흔히 먹는 것은 삶은 감자, 완두콩, 양파, 빠니르 등을 넣은 베지 사모사veg samosa다. 다진 머튼과 채소를 넣은 끼마 사모사keema samosa도 많이 먹는다. 그 밖에 삶은 달걀, 버섯, 싹 틔운 렌틸이나 병아리콩을 넣은 것, 건포도나 견과류, 코야를 넣어 달콤하게 만든 것 등 독특한 사모사도 있다.

사모사는 우리나라 인도 음식점에서도 쉽게 맛볼 수 있는데, 놀라운 것은 인도에서 사모사의 역사가 최소 800년을 거슬러 올라간다는 사실이다. 우리나라로 치면 고려시대 중반 무렵부터 먹어온 셈이다. 13세기의 시작과 함께 320년간 지속된 델리 술딴 왕조의 주방에 중용됐던 아프가니스탄, 투르크 출신 요리사들에 의해 본격적으로 소개된[39] 사모사는, (앞서 소개했던) 이븐 바투타의 여행기에도 등장한다. 궁정에서의 식사를 묘사한 기록

---

39) 이미 7세기 무렵부터 바닷길을 통해 인도를 오가던 아랍 및 페르시아의 무역상들이 있었다. 이때 사모사 등 그들의 요리가 함께 들어왔을 가능성은 상당히 높다. 다만 보다 광범위하게 퍼져나간 것은 델리 술딴 왕조가 세워지면서부터다.

바삭하게 튀겨지고 있는 사모사. 튀김팬 앞에서 건네받은 사모사를
행복하게 먹는 모습은 수백 년 전에도 똑같지 않았을까.

중 다섯 번째로 나온 음식이 바로 사모사인데, 해당 대목만 다시 옮겨놓으면 다음과 같다.

"고기 요리 다음에는 사무삭이라는 음식이 나온다. 다진 고기에 아몬드, 호두, 피스타치오, 양파, 향신료를 섞은 다음 얇은 빵으로 감싸 기에 튀긴 것으로, 한 사람당 네다섯 개씩 준다."

바투타가 먹은 것은 궁중 음식답게, 고급스럽게 만들어진 사모사로 보인다.

사모사는 아랍 및 페르시아 지역 음식이라는 것이 정설이다.[40] 페르시아의 10세기 문헌에는 이란의 사모사인 산부세sanbuseh의 레시피가 시구로 표현되어 있다.[41]

만일 당신이 가장 큰 즐거움을 주는 음식이 무엇인지 알고 싶다면,

내가 말해주겠소. 그 무엇도 이보다 더 정교한 장면은 없을 터,

이렇게 시작되는 이 시는 가장 좋은 고기를 고르는 것이 첫 번째라고 말한다. 붉은 빛깔에 만져서 부드러운 것으로.

고기에 지방을 섞되 과하지 않게 넣고 곱게 간다.

원형으로 깨끗하게 잘린 양파와,

매우 신선하고 아주 푸른 양배추를 넣는다.

---

40) 고대부터 인도에서 만들어 먹던 음식이라는 주장도 존재한다. 하지만 사무삭samushak이라는 명칭이 중동 지역의 그것과 사뭇 유사하기 때문에 서로 간에 어떤 영향도 없이 자연스럽게 생겨난 음식이라 보기에는 무리가 있다.
41) 최초의 아랍 역사가 중 한 사람인 마수디Mas'udi의 《황금의 초원Meadows of Gold》에 기록된 시이며, 시를 쓴 이는 이샤끄 이븐 이브라힘Ishaq Ibn Ibrahim이다.

첸나이의 간디 해변에서 옥수수를 파는 여인. 군옥수수인 줄 알았는데, 불에 그슬린 생옥수수다. 첫 마살라를 솔솔 뿌려 건네주다가 사진작가가 카메라를 들자 무심한 듯 포즈를 취해주었다.

여기에 시나몬, 코리앤더, 클로브, 생강, 후추, 커민, 소금을 넣어 버무린다. 이렇게 만든 소는 냄비에 넣고 아주 약간의 물을 부어 끓이듯이 익힌다. 익히는 동안 뚜껑은 덮어놓는다. 거의 다 익으면 뚜껑을 열어 수분을 날린 뒤 식힌다. 얇게 민 밀가루피에 식힌 소를 올리고 둥글게 (오늘날 산부세 모양으로 추측건대 만두 빚듯 반원형으로) 감싼 뒤 손끝으로 가장자리를 단단히 봉한다. 그리고 달군 팬에 잘 튀긴다. 시는 다음과 같이 끝맺고 있다.

> 이걸 주걱으로 건져서, 귀퉁이에 머스터드를 얹은 큰 접시에 올린다. 마지막으로 할 일은 머스터드를 찍어 맛있게 먹는 것, 허겁지겁 먹게 만드는 이 가장 맛있는 음식을.

산부세는 이븐 바투타가 먹었던 사무삭과도 (속에 견과류가 들어가지 않는다는 점을 빼면) 매우 닮았지만, 시구대로라면 양념만 다를 뿐 재료나 모양새는 우리가 먹는 군만두와도 별반 다르지 않은 듯하다. 민트 잎, 실란트로, 파슬리, 타라곤 잎 등 허브가 풍부하게 들어간다는 점을 제외하면 1,000년 전과 그리 다르지 않은 산부세는 이란에서 여전히 사랑받고 있다.

많은 나라에서 사모사와 비슷한 음식을 먹는다. 이집트에서 리비아, 중앙아시아에서 인도, 중국 신장 지역에 이르기까지, 소를 넣은 이 세모꼴 먹거리는 비슷비슷한 이름으로 불리면서 사랑받고 있다. 마치 누군가가 돌아다니며 퍼뜨린 것처럼 말이다. 중동 지역에서 (유래했으리라 여겨지는) 사모사는 페르시아식 이름인 산보삭sanbosag, 그리고 이로부터 파생된 이름인 산부삭sanbusak,

산부사끄sanbusaq, 산부사즈sanbusaj 등으로 불린다. 전통적으로 밀가루피를 반으로 접어 반원형 또는 삼각형으로 만든다.

산부삭은 중앙아시아로 넘어오면서 삼사samsa가 됐다. 이는 오늘날 우즈베키스탄에서 대중적인 음식으로, 카자흐스탄에서는 솜사somsa라는 이름으로 불린다. 이들 중앙아시아 지역에서는 원형 또는 삼각형, 사각형으로도 만들며, 튀기는 대신 딴두르 오븐에 구워 바삭하게 만든다. 왕만두처럼 통통한 삼사가 딴두르 내벽에 붙어 구워지는 모습은 신기하기 짝이 없다. 인천 차이나타운에서도 '화덕 만두'라는 이름으로 비슷한 먹거리를 파는 가게를 볼 수 있는데, 따지고 보면 하나의 부모에서 뻗어 나온, 사모사의 사촌인 셈이다.

인도에 들어와 사모사라고 불리게 된 이 '고기 파이'는 오히려 인도 내에서 지역에 따라 명칭이 판이하게 다르다. 인도 동부 지역들, 즉 벵갈·오디샤·아쌈Assam 등에서는 싱그라shingara 혹은 싱그다shingda로 불린다. 가까운 방글라데시와 네팔에서도 싱고다shingoda라고 한다. 사모사의 세모꼴이 마름 열매인 물밤water chestnut을 닮았다고 해서 싱그라(물밤을 뜻한다)라는 이름이 붙은 것이다. 하이데라바드Hyderabad에서는 루크미lukhmi라 불리며, 고아Goa에서는 샤무카chamuca라 불린다.

실크로드 전 지역을 아우르는 사모사의 광범위한 대중성과 1,000년에 가까운 장수 비결은 무엇보다도 얼마든지 소를 바꿀 수 있는 유연성 때문이 아닐까 싶다. 다른 나라에서 고기를 넣은 사모사가 주류를 이룰 때, 채식 문화가 강한 인도에서는 갖가지 채소, 치즈, 코코넛 등을 넣은 채식 사모사로 다양하게 변주됐다.

지역이나 세대에 따라 이름과 모양이 다르더라도 기본적으로 부피감 있게 채워진 채소나 고기소, 한 입 베어 물면 바사삭 부서지는 페이스트리 같은 껍질, 또 여기에 곁들여 나오는 강렬한 소스는 언제 어디서나 환영받는다. 느긋한 오후에 색다른 티타임을 즐기고 싶다면 짜이 한 잔에 큼직한 사모사 한 덩이는 어떨까.

잘라비야와 잘레비

사모사가 짭짤한 간식을 대표한다면 달짝지근한 간식거리의 대명사로 꼽을 수 있는 것이 바로 **잘레비**jalebi다. 스위트의 일종이지만, 특이하게 스위트 가게에서보다는 사모사 등의 튀김을 파는 가게에서 많이 찾아볼 수 있는 '군것질거리'다. 리본 체조에서 긴 끈이 그리는 모양새를 연상케 하는 리듬감 있는 이름처럼, 그 모양도 모기향 코일처럼 돌돌 말린 독특한 음식이다. 쫀득한 식감에, 맛은 엄청나게 달다. 한번 먹어보면 어떤 의미로든 절대 잊을 수 없는 강렬한 인상을 남길 것이다.

잘레비 역시 사모사처럼 아침식사로 혹은 티타임에 곁들이는 간식으로 먹는데, 매콤한 사모사와 짝을 이뤄 짠맛-단맛의 '사모사-잘레비' 콤보로 먹는 것이 제격이다. 이 둘은 힌두 축제인 두쎄라Dussehra(선의 상징 라마가 악의 상징 라바나를 물리쳤음을 경축하는 축제)나 디왈리Diwali(빛과 앎이 어둠과 무지를 이긴다는 진리를 기리는 빛의 축제로, 밤에 집 안팎을 온통 램프로 밝힌다), 무슬림의 라마단Ramdan 같은 특별한 날에 빠지지 않는 메뉴다. 기쁜 일이 생겼을 때 주변 사람들에게 돌리는, 즉 우리의 떡과 같은 역할을 하는 음식이기도 하다.

올드 델리에 특히 유명한 잘레비집이 있다. 랄 낄라(붉은 성)에

서 멀지 않은 곳에 위치한 가게다. 1884년에 처음 문을 연 뒤 3대째 이어지고 있는데, 130년이 넘는 동안 인기가 식지 않는 곳이다.[42] 이곳 잘레비왈라들은 매일 수천 개의 잘레비를 눈앞에서 만들어낸다.

하룻밤 동안 숙성시킨 반죽이 든 천주머니를 움켜쥔 잘레비왈라는 기가 끓고 있는 커다란 튀김 팬 위에 빠른 속도로 잘레비를 짜 넣는다. 작은 구멍으로 흘러나온 반죽은 그의 손놀림을 따라 코일 모양으로 말리고 처음에는 뽀얗다가 옅은 노란색으로, 다시 황금빛을 띠는 갈색으로 튀겨진다. 이어 완연한 황금빛을 띠면 잘레비왈라가 커다란 뜰채로 건져 옆에 놓인 그릇에 놓는다. 평범해 보이지만, 16가지 향신료가 들어간 비밀 레시피로 만들었다는 설탕 시럽이 담긴 그릇이다. 마지막으로 이 시럽을 잘 머금은 잘레비를 건져낸다.

갓 만들어진 잘레비가 일회용 접시에 담겨 건네진다. 손으로 조심스레 잘라 입안에 넣으면 의외로 바삭하게 부서지면서, 뜨겁고 끈적끈적하고 엄청나게 단 시럽이 흘러나온다. 인도인들조차 이 단맛을 중화시키기 위해 요거트나 우유를 곁들여 마시곤 한다.

잘레비는 여러 시간 숙성시킨 밀가루 반죽으로 만든다. 여기에 요거트를 넣어 약간 발효시키기도 하고 사프론 우려낸 물을 넣어 주홍색을 내기도 한다. 렌틸과 쌀을 갈아서 반죽하거나 병아리콩 가루와 밀가루를 섞어 만드는 경우에는 임라띠imrati, 또는 이 스위트를 좋아했다는 무굴 황제의 이름을 따 자항기리

설탕 시럽을 머금은 잘레비. 엄청나게 달지만 이 맛에 익숙해지면 끊기 힘들다.

---

42) 찬드니 촉Chandni Chowk에 위치한 '올드 페이머스 잘레비왈라Old Famous Jalebi Wala'라는 가게다.

jahangiri 등으로 부른다. 벵갈에서는 체나를 넣은 체나 잘레비 chhena jalebi가 별미다.

설탕 시럽에는 기본적으로 갖가지 가루 향신료와 기, 설탕이 들어간다. 여기에 장미수나 께우라kewra[43]라 불리는 천연 추출물 을 넣어 풍미를 더한다. 이러한 설탕 시럽 세례를 입은 잘레비 위 에 달콤한 농축 우유 라브리rabri를 얹어 먹는 조합도 많은 사랑 을 받는다. 간혹 밀가루 반죽에 이스트를 넣어 숙성 시간을 줄이 거나 설탕 시럽에 레몬을 넣기도 하는데, 이는 이란이나 터키 등 에서 쓰는 방식이다. 오랜 숙성을 거친 인도 잘레비는 좀 더 섬세 하고 고소한 맛을 낸다. 물론 그 전에 가차 없이 밀고 들어오는 단맛을 견뎌야 하는 것은 양쪽 다 마찬가지지만 말이다.

중동 및 중앙아시아 지역 대부분에서는 갖가지 잘레비를 만날 수 있다. 아프가니스탄에서는 겨울철마다 전통적으로 (상상하기는 힘들지만) 잘레비를 생선 요리와 함께 먹었다고 한다. 이란에서는 예부터 잘레비가 축일에 관련된 스위트로, 라마단 기간에 가난 한 이들과 나누어 먹는 베풂의 이미지를 갖고 있다. 레바논에서 는 추로스나 도넛처럼 만든 것을 가리켜 잘레비라 하는데, 이쯤 되면 잘레비의 범주를 벗어난 것으로 보아야 할 것 같다.

잘레비가 인도 땅에서 생겨난 음식이냐 아니면 사모사와 마찬 가지로 서쪽 나라들에서 들어온 음식이냐 하는 논쟁에서, 지금 으로서는 후자가 더 설득력 있는 것이 사실이다. 아랍의 잘라비

---

43) 께우라는 판다누스pandanus라는 식물의 꽃을 끓여 증류한 식용 향수로, 달콤하고 상쾌한 향을 갖고 있다. 말레이시아·태국을 비롯한 동남아시아에서는 판다누스 잎을 음식에 향을 내는 재 료로 많이 사용한다.

야zalabiya, 페르시아의 잘리비야zalibiya 또는 줄비야zulbiya가 원형이며, 이것이 15세기 무렵 인도에 소개되었다는 것이다. 인도 옛 문헌에 잘레비가 등장하는 시기는 15세기 중반 무렵인 반면, 페르시아에서는 이미 10세기 문헌에 만드는 방법이 언급된다는 점이 이를 받아들이게 하는 결정적인 이유다.

그럼에도, (께밥이나 사모사와 달리) 잘레비가 인도 땅에서 생겨났을 가능성을 완전히 배제할 수는 없다. 인도에는 말뿌아, 굴랍 자문, 발루샤히 등 시럽에 적셔 만드는 스위트가 많은 데다가 무엇보다도 잘레비의 어원이 '물로 가득 찬 스위트'라는 뜻을 가진 산스크리트어 잘-발리까jal-vallika로 추정되기 때문이다. 이것이 잘레비가 됐고 아랍, 중동으로 넘어가는 중에 j 발음이 없는 지역에서 z로 변형됐다는 주장은 설득력 있게 다가온다.

달콤한 졸로비야zolo-biya로 만든 목걸이를 그녀의 목에 걸어주었다.
이 맛있는 고리로 만든 귀걸이를 그녀의 귀에 달아주었다.

잘레비를 통해 한 여인에 대한 열망을 생생하게 드러내는 이 〈천일야화〉 속 구절이 페르시아에서 회자되던 이야기인지 아니면 인도 설화(〈천일야화〉에는 여러 나라의 설화가 포함되어 있다)인지는 알 수 없지만, 잘라비야 혹은 잘레비가 수세기 동안 사람들을 달콤한 유혹에 빠져들게 해왔다는 사실만은 분명하다.

군것질거리, 찻

매콤짭짤한 사모사, 달달한 잘레비, 앞에서 살펴본 이 둘의 공통점은 튀긴 음식이라는 것, 그리고 길거리와 시장 골목, 기차역에서 쉽게 마주치는 군것질거리라는 것이다. 소위 '길거리 음식'이라 불리는 군것질거리를 통칭해서 힌디어로 찻chaat이라 한다. 주로 매콤하거나 (맛있는 정도로) 짭짤한 먹을거리다(그래서 잘레비는 찻이라고 하지 않으며, 길거리 음식 중 예외적인 존재다).

특히 델리, 꼴까따, 뭄바이 같은 대도시는 찻의 천국이라고 할 만큼 종류도 많고 인기도 많다. 위생이 걱정되어 선뜻 집어들지 않는 이들도 많지만, 옥석을 가려내 꼭 시도해보자. 건너뛰기에는 아쉬운 것들이 너무 많으니 말이다. 말린 샬shaal 잎으로 제법 잘 만든 천연 일회용 접시에, 때로는 신문지에, 또 때로는 스테인리스 접시에 담겨 건네지는 갖가지 찻의 세계로 떠나보자.

알루 찻aloo chaat은 흡사 우리나라 고속도로 휴게소에서 만날 수 있는 감자구이 같다. 삶은 감자를 작게 잘라 겉면이 노릇하고 바삭해지도록 기름 두른 팬에 구운 다음 찻 마살라를 뿌려 먹는다. 북인도에서 시장 골목을 걷다 보면 쉽게 눈에 띄는데, 다른 찻에 비해 가장 소박하고 단순한 먹을거리라 할 수 있다.

빠니 뿌리pani puri는 북인도의 스테디셀러 찻이다. '뿌리'는 튀긴 빵을 가리키는데, 빠니 뿌리는 탁구공만 한 작은 뿌리를 쓴다. 바삭한 뿌리를 손가락으로 눌러 구멍을 낸 다음, 그 안에 양념한 감자며 병아리콩 등을 조금 넣고 타마린드즙과 향신료를 섞은 새콤달콤한 물로 채운 뒤(물에 통째로 담갔다가 바로 꺼낸다) 한입에 먹는다. 뭄바이에서는 여기에 싹 틔운 녹두를 아삭한 식감이 살아 있도록 살짝 데쳐서 넣는다. 속을 무엇으로 채우든 빠니 뿌리는 눅눅해지기 전에 재빨리, 즉 길거리에서 찻왈라가 만들자마자 건네주는 것을 먹어야 맛있다. 새콤달콤한 물 대신 요거트와 타마린드 쩌뜨니를 채워주는 다히 뿌리dahi puri도 있다.

까티 롤kathi roll은 꼴까따의 전설적인 먹을거리로, 런던이나 뉴욕 길거리에서도 볼 수 있을 정도로 유명한 음식이다. 간단히 말하면, 깨밥을 빠라타로 돌돌 말아서 들고 먹기 좋게 만든 롤이다. 니잠Nizam's이라는 식당에서 탄생한 이 롤은 '께밥'과 '빠라타'라는 기존의 음식을 새롭게 조합한 것으로, 맨손으로 먹는 데 익숙지 않았던 영국인들을 위해 만들어졌다고 한다.

뭄바이에서도 수없이 많은 찻이 만들어지고 팔려나가는데, 여기서는 그 중 한 가지 **빠오 바하지**pao bhaji를 소개한다. '빠오'는 빵을 뜻하는 포르투갈어가 그대로 자리 잡은 것이며, '바하지'는 마하라슈뜨라Maharashtra 지방에서 채소 요리를 가리키는 말이다. 가게에서 빠오 바하지가 만들어지는 광경을 지켜보는 것도 재미인데, 먼저 직경이 1m는 됨직한 넓은 팬에 버터를 넉넉하게 녹인다. 그다음 뒤집개 두 개만으로 삶은 감자, 양파, 토마토 등의 채소를 볶아가며 잘게 다진다(갖가지 가루 마살라가 더해진다). 부지런한 손놀림이 계속될수록 채소들은 흡사 반죽처럼 걸쭉해진다. 주문이 들어오면 접시에 바하지를 담고 그 위에 또다시 큼직한 버터 한 덩어리를 얹어준다. 모닝빵처럼 생긴 폭신한 빠오를 손으로 찢어 바하지와 버터를 듬뿍 올려 먹으면 입에서 살살 녹는다.

꼴까따에서는 **잘 무리**jhal muri, 델리와 뭄바이에서는 **벨 뿌리**bhel puri라고 하는 찻은 간단하게 말해 튀밥(무리, 벨)을 양념한 것이다. 튀밥, 삶은 감자, 생양파, 토마토, 바삭함을 주는 재료(잘게 부순 빠빠드, 볶은 땅콩, 코코넛 조각 등)에 양념(라임즙, 달콤하게 만든 타마린드즙, 머스터드 오일)을 한다. 찻왈라는 이들을 한데 넣고 순식간에 버무린 뒤 돌돌 만 신문지나 종이봉투에 수북이 담고는 숟가락을 꽂아 건넨다. 다채로운 맛과 식감이 입안에서 한꺼번에 춤추는 '잘 무리'는 그야말로 인도라는 나라를 통째로 담은 듯하다.

Tip

찻 마살라chaat masala는 찻 위에 뿌리는 가루 향신료다. 특이하게도 인도에서는 수박, 멜론 같은 과일이나 군고구마, 군옥수수에조차 반드시 찻 마살라를 뿌려 먹는다. 이러한 찻 마살라의 핵심 재료는 말린 풋망고 가루(암추르aamchur)와 히말라야 암염 가운데 검은색을 띠는 깔라 나막이다. 여기에 커민, 코리앤더, 후추 등을 넣는다. '아사페티다'라는 향신료가 들어가는 경우도 있다. 시고 떫은 맛을 내는 암추르도 그렇지만 깔라 나막과 아사페티다가 내는 유황 냄새 또는 썩은 달걀 냄새에 익숙지 않은 외국인에게는 무척이나 버거운 양념이다. 맛과 향만을 위해서가 아니라 몸에 이로운 약으로서 향신료를 써온 인도인들의 섭식 개념을 뚜렷하게 보여주는 예다.

잘무리왈라의 이동식 가게다. 커다란 통에 튀밥과 갖은 재료를
넣고 섞더니 잘무리 한 그릇을 뚝딱 만들어 내준다.

작은 뿌리에 (청고추를 넣어) 매콤한 양념 감자와 새콤달콤한 물을 채운 빠니 뿌리다. 받자마자 한입에 쏙 넣어야 한다.

찻을 파는 올드 델리의 작은 노점상(왼쪽). 제법 늦은
시간까지도 손님들의 발길이 이어진다. 북인도 기차역
에서 흔히 마주치는 찻(오른쪽). 삶은 병아리콩이나 감
자를 라임즙, 찻 마살라 등에 버무린 건강한 간식이다.

05

밀과 쌀로 만든 빵,
로띠와 도사

인도 레스토랑에서 식사를 한 주변 지인들의 감상을 들어보면 "난이 가장 맛있었다"고 말하는 경우가 꽤 많다. 처음에는 주객 전도처럼 느껴져 당황스러웠지만 그만큼 난의 식감과 맛이 주는 즐거움이 컸다는 말일 터다. 밥맛이 좋으면 어떤 반찬과 먹어도 맛있는 것처럼 말이다. 반대로 생각해보면, 이야말로 인도 요리를 더 맛있게 즐길 수 있는 열쇠가 아닐까. 북인도의 매콤하고 걸쭉한 머튼 꼬르마에는 폭신한 '난'이 제격이고, 콜리플라워로 만든 반찬은 얇은 '짜빠띠'라야 맛의 강약이 맞아떨어지며, 코코넛을 넣어 끓인 남인도식 흰살생선 요리에는 쌀로 만든 보들보들한 '아빰'이 잘 어울린다. 게다가 나야말로 누군가가 매일 먹어도 좋을 인도 음식을 묻는다면 주저 없이 '도사'를 꼽을 것이다. 쌀과 렌틸로 반죽해 크레페처럼 얇고 부드럽게 구운 식감과 담백한 맛이 매력적이다. 이처럼 인도에서 주식으로 먹는 빵 종류가 얼마나 다양한지 알게 된다면, 그래서 입맛에 따라 메뉴에 따라 어울리는 빵을 골라 먹는 정도가 된다면, 인도 음식을 제대로 즐기고 있음을 자부해도 좋다.

북인도 주식 '로띠' 완전 정복

로띠roti는 인도 빵을 총칭하는 일반명사로, 여기에는 '납작하게 만든 것'이라는 뉘앙스가 포함되어 있다. 로띠가 이런 형태로 발전한 데에는 맨손으로 음식을 먹는 인도인의 식사 습관이 우선적으로 작용했던 것으로 보인다. 납작한 빵을 손으로 찢어[44] 반찬은 감싸듯 집어서, 국물 있는 음식은 숟가락처럼 떠서 함께 먹는다. 더욱이 만드는 데 오븐이나 빵틀 같은 특별한 도구가 필요하지 않고, 많은 시간이 걸리지도 않는다. 대가족을 넘어 결합가족[45]을 이루고 살아온 인도 가정에서는 끼니마다 빵 굽는 수고가 조금이나마 줄었을 것이다.

오늘날 북인도 주식은 밀가루로 만든 로띠다.[46] 만드는 방법에 따라 다양한 로띠가 만들어지며, 대부분 저마다 고유한 명칭으로 불린다. 이제부터 소개할 것들은 순서를 매기기 힘들 정도로

---

44) 맨손으로 식사할 땐 절대 왼손을 쓰지 않는다는 인도인. 그런데 뜻밖에도 많은 인도인이 왼손을 (오른손을 돕는 부수적인 역할이지만) 자연스럽게 사용하는 모습을 볼 수 있다. 이는 아마도 도시를 중심으로 위생 환경이 개선됨에 따라 왼손에 대한 터부가 존재할 현실적인 이유가 사라지고 있기 때문인 듯하다.
45) 결혼해서 가정을 이룬 형제들(모든 세대에 해당한다)까지 모여 사는 가족 단위를 말한다.
46) 조, 수수, 옥수수 등을 많이 재배하는 지역에서는 이들 곡물로도 로띠를 만들어 먹는다.

인도, 특히 북인도에서 사랑받는 빵이다.

소박함의 힘, 만능 짜빠띠

우리네 쌀밥처럼 북인도에서 가장 흔히 먹는 빵은 **짜빠띠**chapati
다. 보통 '로띠'라고 부르는데, 간단하게 '빵'이라고 부르는 셈이
다. 그만큼 기본적이라는 의미일 터다. 짜빠띠는 '찰싹 때리다'라
는 뜻으로, 반죽을 먼저 어느 정도 납작하게 만든 뒤, 양 손바닥
사이에 놓고 빠른 속도로 번갈아 쳐서 크고 얇게 만드는 데서 유
래한 명칭이다.

통밀가루인 아따로 반죽하기 때문에 현미밥처럼 누르스름하
고 건강에 좋다. 아따에 물, 소금을 넣고 잘 치댄 후 10~15분간
휴지시켰다가 적당한 크기로 나눈다. 이를 밀대로 밀어 둥글납
작하게 만든 다음(아쉽게도 그 이름대로 손뼉을 치듯 반죽을 늘려가며 짜빠띠
를 만드는 모습은 이제 찾아보기 힘들다), 평평한 팬 따와tava에 기름 없이
앞뒤로 뒤집어가며 굽는다.

반죽이 반쯤 익으면 팬을 치우고 직화로 굽기도 하는데, 이때
반죽 안에 머물러 있던 공기가 급팽창하면서 공처럼 부풀어 오
른다. 이렇게 구운 빵을 **풀까**phulka라고 한다. '부풀다'라는 그 뜻
처럼 빵빵해지는 모습을 보고 있으면 어쩐지 느긋하고 낙천적
인 기분이 든다. 경우에 따라 팬에 굽는 짜빠띠도 이렇게 부풀
기 때문에, 사실 같은 빵이라 봐도 무방하다(공기는 곧 빠져버리지만
부푸는 과정에서 빵이 두 켜로 분리되기 때문에 결과적으로 더 얇고 부드러운 식
감을 갖는다).

아침식사를 준비 중인
어느 가정집의 주방.

현대 인도인에게 짜빠띠는 언제 어디서든 쉽게 먹을 수 있는

무려 12명이 사는 이 집에서는 저녁마다 30~40장의 짜빠띠를 굽는다.
통밀가루를 반죽해서 밀대로 밀고 팬에 굽는 손놀림이 분주하다.

빵이지만, 오히려 그렇기 때문에 (우리에게 맛있는 밥에 대한 기준이 있듯이) 맛있는 짜빠띠에 대한 기준과 기대치가 꽤나 엄격하다. 옛날에는 신부를 들이면 요리 실력을 확인하는 첫 단계로 짜빠띠를 만들게 했다고 한다. 반죽을 적당한 질기로 만들었는지, 또 반죽을 균일한 두께로 동그랗게 잘 밀었는지, 한쪽이 설익거나 타지 않고 알맞게 구웠는지, 아름답게 부풀었는지, 더욱이 매번 한 장씩 밀고 굽는 작업을 반복해야 하는데 이 두 작업을 번갈아가며 능숙하게 해낼 수 있는지도 관건이었다. 무엇보다도 이렇게 완성된 짜빠띠를 시댁 식구들 앞에 내놓고서 손으로 찢는 촉감은 어떤지, 식감은 얼마나 부드러운지를 평가받는 마지막 순서가 아마 가장 진땀나는 시간이 아니었을까.

그런 시대는 이제 지나갔지만 짜빠띠에 대한 까다로운 기준만은 여전히 남아 있다. 이 말을 뒤집어보면, 잘 만들어진 짜빠띠를 먹는 즐거움이 그만큼 크다는 뜻일 것이다.

그런데 짜빠띠나 로띠에 관한 기록이 문헌에 등장하는 시기는 15세기 이후다.[47] 인더스 문명에서 빵을 구워 먹었다는 증거가 나왔다는 사실은 앞에서도 설명했지만, 그 이후의 인도 고대 문헌인 베다에는 힌두 의식에 사용된 다른 빵은 등장하는 반면, 짜빠띠에 관한 언급이 없다. 때문에 혹자는 이 또한 서방세계, 멀리는 아프리카에서 유입된 먹거리라 주장하기도 한다.[48] 하지만

---

47) K.T. Achaya, *The Illustrated Foods of India*, Oxford, 2009
48) 동아프리카에서 스와힐리어를 쓰는 이들은 고대부터 밀을 재배해왔고, 발효 과정을 거치지 않은 둥글납작한 밀가루 빵을 주식으로 삼았는데, 이것이 고대 무역로를 통해 유입되었으리라는 주장이다.

물, 소금, 밀가루 등의 재료로 보나 외양으로 보나 짜빠띠는 농부나 보통 사람들 사이에서 (언제부터인지는 알 수 없지만) 자연스럽게 만들어졌을 가능성이 훨씬 크다.

중세 들어 궁정 주방에서도 짜빠띠를 만들기 시작하자 이 소박한 음식이 주목받게 됐다고 보는 편이 더 합리적이다. 통밀의 구수한 맛에 쫄깃한 난과는 또 다른 부드러운 식감, 먹고 나서도 속이 편안한 짜빠띠는 곧 궁정으로부터 인정을 받았다. 호화로운 정찬을 즐겼지만 평소에는 검소한 식사를 했다고 전해지는 악바르 대제는, 기를 바르고 설탕을 뿌린 따뜻한 짜빠띠를 간식으로 즐겼다고 한다. 채식을 고수했던 아우랑제브 황제는 짜빠띠를 특히 좋아했는데, 몸을 가볍고 날렵하게 유지시켜주어서였다.

아우랑제브의 궁정을 다녀간 한 여행자는 "이것(짜빠띠)은 숟가락과도 같아서 한입에 넣기 좋다"고 적었는데, 실제로 짜빠띠가 북인도 주식으로 자리 잡은 것은 그와 같은 여행자와 순례자가 있었기 때문이라 보기도 한다. 힌두와 무슬림 모두에게 성지 순례는 중요한 의미를 지니고 있었고, 예로부터 많은 이가 순례길에 올랐다. 이들이 순례 중에 밥그릇을 갖고 다닐 필요가 없어진 것은 바로 이 짜빠띠 덕분이었다.

쌀밥이나 다른 빵, 즉 튀기거나 화덕에 구운 빵은 딱딱해서 반찬 놓을 그릇이 따로 필요했다. 하지만 어느 정도 두께를 갖고 있으면서도 부드러운 짜빠띠는 손바닥에 올려놓고 그 위에 반찬을 얹어 먹을 수 있었다. 가장자리부터 뜯어 반찬을 싸 먹으면 되니 주식이면서도 훌륭한 그릇 역할을 했다.

짜빠띠, 독립 운동의 신호탄이 되다

짜빠띠는 근대 역사에서도 의미심장한 역할을 했다. 1857년 3월, 영국 동인도회사에 소속된 군의관 길버트 해도Gilbert Hadow는 영국에 있는 여동생에게 보내는 편지에 다음과 같이 썼다.

> 지금 인도 전역에서 상당히 미스터리한 일이 일어나고 있어. 그게 무슨 의미인지는 아무도 모르는 것 같아. 어디서 시작됐는지, 누가 시작했는지, 어떤 목적으로 하는 것인지, 어떤 종교 의식과 연관된 것인지, 아니면 비밀 조직과 관련된 것인지, 알려진 게 전혀 없어. 인도 신문들은 이에 관해 온갖 추측을 쏟아내고 있지. 짜빠띠 운동 chapati movement이라고 부르면서 말이야.

점점이 불에 탄 자국을 지닌, 둥글납작한, 해될 것이라고는 하나 없는 짜빠띠가 이 편지에서처럼 영국인 관료들을 당혹스럽게 만들고 있었다. 지배 강도를 높여가던 동인도회사의 영국인들과 그들의 억압적이고 부당한 대우에 불만이 커져가던 인도인들 사이에 팽팽한 긴장감이 돌던 상황에서, 이 '미스터리한 일'이 벌어지기 시작한 것은 해도가 편지를 쓰기 한 달 전인 그해 2월이었다. 북인도 전역에서 짜빠띠 수천 장이 마을에서 마을로, 손에서 손으로 전해지는 괴이하고 설명하기 힘든 일이 일어났다. 밤이 되면 집집마다 짜빠띠가 배달됐다. 이를 받은 이들은 조용히 짜빠띠 한 바구니를 구워 다른 이들에게 전달했다.

이 일을 처음 안 영국인은 마투라 마을의 치안판사 마크 쏜힐Mark Thornhill 이었다. 조사에 착수한 그는 짜빠띠가 매일 밤 300km 떨어진 곳까지도 이동한다는 사실을 알아냈고, 짜빠띠가 이토록 빠른 속도로 배달된다는 것은 무슨 일인가가 도모되고 있음을 뜻한다고 확신했다. 하지만 숨겨진 쪽지도, 특기할 만한 표시도 없는 평범한 짜빠띠였다. 단지 멀리까지 배달한다고 해서 이를 강제로 중지시키거나 사람들을 체포할 수는 없었다. 아와드 지방에서부터 델리까지, 짜빠띠 운동은 채 한 달도 되지 않아 완전히 퍼져 있었다. 급기야 경찰서마다 짜빠띠가 배달되어 있음을 본, 그리하여 9만 명에 달하는 경찰관들까지 이 운동에 가담하고 있음을 알게 된 영국인 관료들은 패닉에 빠졌다. 신속함을 자랑하던 자신들의 우편 제도보다 짜빠띠가 더 빠르게 움직였다는 사실은 더욱 당혹스러웠다. 고작 10만 명에 불과한 영국인들이 수억에 달하는 인도 인구를 지배하고 있는 상황에서, 대규모 항쟁이라도 벌어진다면 그 결과는 장담할 수 없는 것이었다.

독립 운동가들이 의도한 바가 바로 이 같은 미스터리한 불안감을 조장하는 것이었다. 사실 짜빠띠를 퍼뜨리는 행동에 가담했던 대다수 민중도 짜빠띠의 역할이 무엇인지 구체적으로 알지 못했다. 하지만 짜빠띠를 구워 전달함으로써 암묵적인 공감대가 형성됐고, 짜빠띠를 굽듯 실제 행동에 나서리라는 결의가 다져졌다.

당시 아그라 감독관이었던 하비 G. F. Harvey의 표현대로 "말로 표현되지도 않은 침묵의 명령에 사람들이 따랐던" 놀라운 일이 아닐 수 없었다. 혁명가들조차 성공 여부를 운에 맡길 수밖에 없는 일이었다. 하지만 기대 이상으로 빠르게 퍼져나간 짜빠띠 운동에 힘을 얻은 혁명 운동 지도자들은 결국 5월 항쟁의 첫 포탄을 터뜨렸다. 그 후로 2년 가까이 이어진 독립 항쟁에서 전국을 누비며 활약한 혁명군에게 짜빠띠는 필수 식량이었고, 식량을 구하기 위해 간간이 마을에 모습을 드러냈던 게릴라 조직원들에게 마을 사람들은 천에 싼 짜빠띠 뭉치를 재빨리 건네주곤 했다.

북인도의 빠라타와 남인도의 빠로따

짜빠띠가 별 특징 없는 수수한 빵이라면, 그 존재감과 다양하게 변주될 수 있는 융통성으로 주목받는 빵도 있다. **빠라타**paratha라고 불리는 빵이다. 이 이름의 어원에는 두 가지 설이 있다.

앞서 짜빠띠를 설명하면서, 베다에 '힌두 의식에 사용된 다른 빵'이 기록되어 있다고 했다. 좀 더 구체적으로 말하면 이렇다. 아유르베다Ayurveda에는 힌두교에서 올리는 '불의 의식'에 렌틸이나 채소로 만든 소를 채운 빵, 뿌로다샤purodhasha를 봉헌물로 바쳤다는 구절이 나온다. 첫 번째 설은 이 뿌로다샤가 지금의 빠라타가 됐다는 주장이다. 또 다른 설은 '층, 겹'을 뜻하는 빠랏parat과 통밀가루를 뜻하는 아따atta가 결합해 빠라타가 됐다는 것이다.

빠라타는 인도 전역에서 광범위하게 만들어지는데, 전국에서 만들어지는 빠라타를 한데 모아놓으면 그 모양새나 만드는 방식이 두 갈래로 나누어짐을 알 수 있다. 하나는 (첫 번째 설의 어원대로) 호떡처럼 빵 안에 소를 넣어서 만드는 것이며, 다른 하나는 모양도 크기도 비슷하지만 소가 들어가지 않고 대신 (두 번째 설의 어원대로) 여러 겹의 얇은 켜를 갖게 만드는 것이다.

북인도에서는 소를 넣은 빠라타가 단연 인기다. 델리에는 빠라타왈리 갈리parathawali gali, 즉 빠라타왈라들의 골목이 있다. 항상 차량과 인파로 붐비는, 올드 델리의 중심 거리 찬드니 촉에 오면 인도 사람들은 이곳 갈리가 순례지인 양 들르곤 한다. 랄 낄라에서 찬드니 촉을 따라 500m가량 내려와 왼쪽 작은 골목으로 들어서면 바로 빠라타왈리 갈리가 시작된다. 고소한 기 냄새와 무

빤잡이 고향인 뭄바이 어느 가정집의 식사 준비. 감자, 콜리플라워를 넣은 빠라타와 흰쌀밥이 이날의 주식이었다.

언가를 튀기는 소리, 모락모락 솟아나는 김으로 후끈한 이 골목은 빠라타를 찾는 손님들로 종일 북적인다. 한때는 열두 곳의 빠라타 가게가 있었지만, 지금은 단 네 곳만 남았다. 하지만 이들이 빚어내는 인기는 상당해서 손님이 많을 땐 이 골목을 통과하는 일조차 만만치 않다. 지금 가게 주인들의 족보를 거슬러 올라가면 한 사람의 창업자로 연결된다고 하는데, 그의 가게가 들어선 것이 1870년대라고 하니 무려 140년 전통을 가진 골목이다.

빠라타는 밀가루 반죽에 갖가지 재료로 속을 채운 다음, 납작하게 밀어서 모양을 잡는다. 평평한 팬에 기를 둘러 노릇하게 굽는 것이 정석이지만 많은 손님을 상대하다 보니 이 골목에서는 조리 시간이 짧은 튀김 방식으로 바뀌었다. 옛 손님들은 부드러운 식감이 사라졌다며 아쉬워하지만, 그럼에도 맛과 다양함, 분위기에 이끌려 이곳을 찾는다.

여기서는 '종교-신념상 특정 재료에 대한 터부'를 걱정하지 않고 모든 사람이 먹을 수 있는 재료만 사용한다. 즉 완전히 채식 재료만 쓴다는 뜻으로, 특히 자인교도나 엄격한 힌두 채식주의자들이 먹지 않는 마늘과 양파도 쓰지 않는다. 가장 일반적인 속재료는 감자, 콜리플라워, 무, 완두콩, 빠니르다. 다른 곳에서는 찾아보기 힘든 토마토, 여주, 오크라, 바나나, 캐슈넛, 아몬드 같은 독특한 속재료도 있다. 더 특이한 것은 라브리, 코야 등 유제품을 넣은 빠라타다. 정제하지 않은 설탕인 재거리jaggery를 넣은 빠라타는 그야말로 우리네 호떡을 연상케 해서 재밌고, 렌틸로 만든 바삭하고 짭짤한 과자인 빠빠드를 부숴 넣은 빠라타는 의외로 맛있다.

빠라타왈라는 이들 재료가 담긴 쟁반에 둘러싸인 채 골목을 마주보고 앉아 있다. 손님이 속재료를 골라 주문하면 그 자리에 서 만들기 시작한다. 미리 준비되어 있는 반죽에 소를 채우고 납 작하게 밀어 튀김 담당에게 전달하는데, 그 손놀림이 쉴 새 없다. 빠라타가 서로 섞이지 않도록 구분해서 튀기는 것도 튀김 담당 의 몫이다.

그 옆에서는 손님에게 내놓을 그릇을 준비하느라 분주하다. 여러 칸으로 구획된 스테인리스 급식 쟁반에 반찬을 담는다. 감 자, 호박 등 채소를 향신료로 매콤하게 조린 섭지subzi, 인도식 장 아찌인 아짤achar, 그리고 쩌뜨니chutney라 불리는 소스다.[49) 마침 내 빠라타가 튀겨져 나오면 쟁반 아래쪽 가장 큰 칸에 놓인다. 바 삭한 식감과 신선한 속재료, "more subzi, please!"를 외치게 되는 섭지의 맛은 이곳이 왜 이토록 붐비는지 알게 해준다.

물론 일부러 이곳까지 찾아가지 않더라도 북인도 어디에서든 빠라타를 먹을 수 있다. 가정에서는 아침식사로 보들보들하게 구운 빠라타를 즐겨 먹으며, 사무실이 들어선 거리에서는 빠라 타 파는 손수레가 출근길의 허기를 달래준다. 이들이 파는 것은 보통 알루 빠라타 혹은 에그 빠라타다. 뜨거운 빠라타 위에 버터 한 조각을 올리고 병아리콩으로 만든 반찬을 곁들여준다.

한편 (두 번째 설의 어원대로) 여러 겹의 얇은 켜를 갖도록 만든 북인 도 빠라타는 라차 빠라타laccha paratha라는 이름으로 불린다. 돌돌

---

49) 채소 반찬이라고 할 수 있는 섭지는 2부 9장에서, 아짤과 쩌뜨니는 2부 13장에서 좀 더 자세히 다룰 것이다.

말린 실뭉치를 뜻하는 '라차'처럼, 동그랗게 말린 여러 켜가 납작하게 눌린 형태의 빠라타다. 넓게 민 밀가루 반죽 윗면에 기를 바르고 돌돌 말아 2~3cm 길이로 자른 다음, 각각의 토막을 세워놓고서 하나씩 손바닥으로 꾹 누른 뒤 밀대로 밀어 굽는다. 이는 켜를 만드는 방법 중 하나인데, 핵심은 켜 사이사이에 기를 발라 구워진 뒤에 층층이 분리되는 효과를 내는 것이다.

하지만 '여러 겹의 얇은 켜'를 가진 빠라타 중에서 압권은 단연 남인도의 **빠로따**parota다. 주식으로 밀가루보다는 쌀을 먹는 남인도에서, 밀가루 빵인 빠로따는 상당히 예외적인 존재다. 코코넛 오일을 머금은 얇은 켜들이 만들어내는 식감은 페이스트리에 견줄 만하다. 남인도 께랄라주, 따밀나두주에서 많이 만드는 이 빠로따는 (가정에서보다) 식당에서 먹는 것이 더 맛있다. 뒷면이 비칠 정도로 반죽을 얇게 만들어내는 숙련된 기술 때문이다. 실제로 만드는 모습을 꽤 여러 차례 봤지만, 매번 감탄을 자아낸다.

먼저 적당한 크기로 나눠 숙성시킨 밀가루 반죽과 손, 작업대에 코코넛 오일을 바른다. 밀대로 한두 번 밀어 납작하게 만든 반죽의 한쪽 끝을 양손으로 잡고 작업대에 내리치는 동작을 반복하면서(반죽이 쫄깃해지는 효과도 생긴다) 크기는 점점 더 크게, 두께는 점점 더 얇게 만들어간다. 숙련된 이는 속도가 매우 빨라서 반죽이 작업대와 손 사이를 오가며 늘어나는 모습이 마치 마술 같다. 이 과정은 대략 10초면 끝나는데, 얇아진 반죽을 가볍게 들어올려 똬리처럼 돌돌 만다. 얇은 켜가 수없이 겹쳐진 이 상태에서 다시 밀대를 이용해 적당한 크기가 되도록 민 다음, 팬에 바삭하게 구워낸다. 여기서 끝이 아니다. 양 손바닥 사이에 구운 빠로따 여러 개를 쌓아놓고 박수치듯 빠르고 강하게 두세 차례 쳐준다. 그러면 켜가 부서지면서 순간적으로 뜨거운 공기가 빠져나가고 더 바삭해진다.

빠로따를 가장 맛있게 먹는 방법은 뭐니 뭐니 해도 굽자마자 먹는 것이다. 바삭한 겉켜와 쫄깃한 속켜가 자아내는 식감, 코코넛 오일에서 풍기는 유혹적인 향이 입과 코를 간지럽힌다. 여기에 설탕을 솔솔 뿌려 먹어도 맛있고, 접시 위에 놓고 우유를 부어 촉촉하게 만들어 먹어도 맛있다(이때는 바나나를 곁들인다). 치킨 커리나 에그 커리 등에 곁들여 식사로 먹기도 한다.

거부할 수 없는 맛, 튀긴 빵

만일 북인도를 여행하고 있다면 오전 7시쯤에 이른 산책을 나서보자. 조용한 거리에서 솔로 연주를 하듯 홀로 분주한 가게가 있다면 십중팔구 뿌리, 바뚜라, 까초리 또는 베드미를 파는 가게일 것이다. 이들의 공통점은 튀긴 빵이라는 것. 여기에 섭지를 곁들여 아침식사로 먹곤 한다. 잘레비나 할와처럼 기와 설탕이 듬뿍 들어간 달달한 후식이 더해질 수도 있다. 보통은 각각의 이름을 이어 붙여 하나의 음식처럼 부르는데, 예를 들면 섭지-뿌리(-할와), 알루-까초리(-잘레비), 촐레-바뚜라 하는 식이다.

한여름에는 섭씨 40~50도에 육박하는 인도지만, 튀긴 음식을 좋아하기로는 어느 나라에도 뒤지지 않는다(사실 무더운 날씨에는 이렇게 고온에 튀긴 음식이 더 안전하다). 특히 오랜 폭염에 지친 만물에 생기를 주는 우기가 되면 튀김에 대한 사랑이 절정에 달한다. 비가 오면 기름진 음식이 생각나는 것은 인간에게 자연스러운 생

점심으로 뿌리를 주문했더니 무려 5장이나 되는 뿌리와 알루 섭지를 내준다. 가격은 50루피(한화로 약 1,000원).

체 반응인 듯하다. 평소에는 건강을 생각해서 튀긴 음식을 멀리하던 이들도 이때만큼은 채소 튀김이며 사모사며 이런저런 튀긴 빵에 관대해지곤 한다.

튀긴 빵 중에서도 가장 기본적인 **뿌리**puri는 통밀가루로 만든다. 지름 10cm 남짓한 크기로 얇게 민 반죽을 뜨거운 기름에 넣으면 처음에는 가라앉았다가 이내 공처럼 빵빵하게 부풀면서 기름 위로 떠오르는데, 뒤집개로 지긋이 눌러주면서 잘 튀기면 완성이다. 힌두 종교 행사나 특별한 모임이 있을 때 제공되는 일반적인 식사가 기에 튀긴 뿌리와 섭지다.

까초리kachori는 뿌리의 변형이라고 할 수 있는데, 백밀가루로 만든 빵에 검은 렌틸로 만든 소가 들어 있는 것이 특징이다. 저온에 30분 정도 튀겨 껍질을 두껍게 만든다. 주로 감자 반찬과 함께 먹는다(알루-까초리). 같은 빵을 통밀가루로 만들면 **베드미**bedmi 라고 부른다.

까초리는 라자스탄주 남서부 지역인 말와르 출신의 상인 카스트를 일컫는 말와리Marwari[50] 커뮤니티 사이에서 만들어지기 시작했다. 말와르 지역은 고대 무역로가 지나는 길목이었다. 마을을 통과하는 대상 행렬로부터 좋은 물건을 상대적으로 값싸게 구입할 수 있었던 말와리들은 이를 인도 전역에 파는 무역업에 오랫동안 종사해왔다. 때문에 이들이 활동하던 시장에서는 '말와리풍' 식사와 길거리 음식이 발달했는데, 이 '말와리풍' 식사란 사막과 염습지가 대부분인 라자스탄의 척박한 자연환경 속에서

까초리. 뿌리보다 훨씬 작지만 두툼한 데다 렌틸 소까지 들어 있어 조금 먹어도 든든하다.

50) 오늘날 말와리는 인도 사회 및 산업을 이끄는 커뮤니티 중 하나다. 주요 일간지인 《힌두스탄 타임스》, 《힌두스탄 모터스》 등을 소유한 비를라Birla 가문이 대표적인 말와리다.

한정된 먹거리를 가지고도 기가 막히게 맛을 낸 것이었다.

생존 방식에서 나온 이들의 창의력은 단순한 밀가루빵이었던 뿌리를 자신들의 환경과 기호에 적합하게 바꿨다. 빵 하나를 먹을 때 가능한 한 많은 영양분을 섭취하고자 했던 그들은 소를 넣은 빵, 까초리를 만들어냈다. (라자스탄의 사막 기후에서 구하기 힘든) 채소 대신 녹두나 검은 렌틸을 부슬부슬하게 갈고 향신료를 배합해 고소함과 매콤함을 더한 매력적인 소다. 물이 부족해 빵 반죽을 할 때는 (물 대신) 기 같은 유지류를 많이 쓰는데, 까초리도 백밀가루에 기름을 넣어 반죽한다. 이를 저온에서 오랫동안 튀겨 두꺼운 껍질을 만들어낸 것은 식감과 저장성을 동시에 얻기 위함이었다.

라자스탄을 넘어 북인도에서 사모사 못지않은 인기를 구가하고 있는 길거리 음식 까초리는, 태생부터가 가정보다는 시장의 음식이다. 밖에서 사 먹는 아침식사로는 거의 독보적인 메뉴가 아닐까 싶다. 이른 산책을 나선 김에 사람들 사이에 끼어 매콤한 알루 섭지에 까초리나 베드미 두어 덩이, 진하고 달콤한 짜이 한 잔을 아침식사로 즐겨보자. 특히 바라나시를 여행한다면 까초리 가게로 즐비한 까초리 갈리Kachori Gali에 가보자. 막 튀겨 나온 뜨거운 까초리에 병아리콩으로 만든 커리인 구그니ghugni, 입맛 당기는 쩌뜨니를 곁들여 먹는 맛은 어느 정찬 부럽지 않다.

우리 눈에는 다 그게 그것처럼 보일지 모르지만, **바뚜라**bhatura 는 엄연히 다른 빵이다. 백밀가루에 이스트나 베이킹파우더를 넣어 크게 부풀게 반죽을 하기 때문에 식감이 쫄깃하고, 튀긴 빵 중에서는 가장 크다. 바뚜라는 병아리콩 커리인 촐레chhole와 명

콤비를 이루는데, 원래는 뻔잡 지방에서 먹던 음식이다. 때문에 인도 분단과 함께 뻔자비들이 대거 이주해왔던 델리에는 촐레-바뚜라를 파는 가게가 꽤 많다. 델리 빠하르간즈Paharganj에 있는 유명한 집도 60년 전에 문을 연 뻔잡 이민자의 가게다.[51]

딴뚜르에 구운 빵

딴두르에서 굽는 빵은 난과 꿀짜, 그리고 쉬르말이 대표적이다. 이들은 공통적으로 발효시킨 밀가루 반죽으로 만들어지는데, 발효 과정을 거침으로써 (효모가 공기층을 형성하므로) 일반 빵보다 두툼하며 폭신한 식감을 준다. 지금은 대부분 이스트를 사용하지만, 오랫동안 빵을 구워온 가게들은 전통 방식대로 반죽 일부를 남겨두었다가 다음날 발효종으로 쓰기 때문에 훨씬 구수한 풍미가 있다.

난은 이 책 첫 장 딴두르 편에서 다루었으므로 여기서는 만드는 과정에 초점을 맞춰 살펴보자. 난은 백밀가루로 만들며 물이나 우유를 넣어 반죽하는데, 여기에 반드시 들어가는 재료가 요거트다. 과거에는 반죽을 발효시키기 위해 시큼하게 발효된 요거트를 넣었다고 한다. 발효종sourdough이나 이스트를 사용하는 지금도 요거트 특유의 풍미는 숯불 향 못지않게 난의 특징으로 여겨지고 있어, 풍미를 더하기 위해 요거트를 넣는다.

전문가의 솜씨로 잘 구워낸 난은 가벼우면서도 쫄깃하다. 이

---

51) 가게 이름은 시따람 디완 찬드Sita Ram Diwan Chand다. 근처를 지난다면 들러보자. 2246, Chuna Mandi, Rajguru Marg., Paharganj. 아침 8시에 문을 열어 오후 6시 반이면 문을 닫는다.

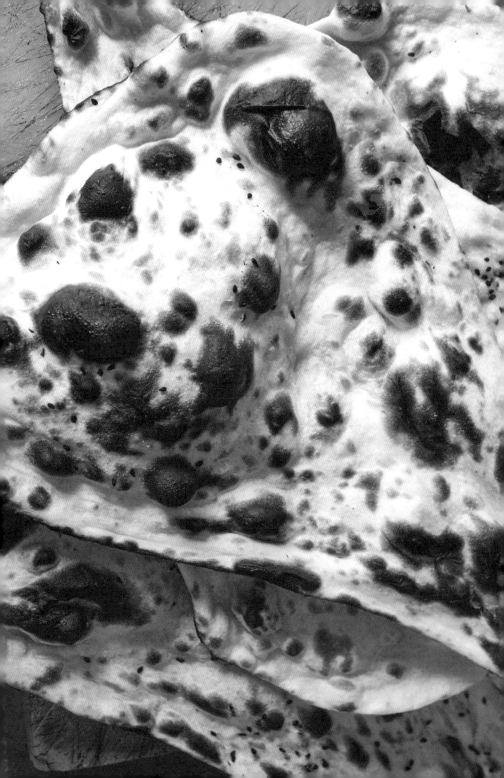

식감의 비결은 물 비율을 높여 부드럽게 만든 반죽을 고온에서
재빨리 구워내는 데 있다. 반죽은 손에 간신히 들러붙지 않는다
싶을 정도로 질다. 숙성을 끝내면 무척 말랑말랑하고 탄력이 좋
아 잘 늘어난다. 1장에서 설명했듯이, 넓고 납작한 솜방망이인
가디에 물을 축이고 그 위에 반죽을 올려 넓게 편 뒤 딴두르 벽
에 힘껏 눌러 붙인다. 가디의 모양과 크기대로 동그랗게 굽는 경
우도 있지만 식당에서 파는 난은 대개 한쪽을 길게 잡아당겨 소
위 '물방울' 모양으로 구운 것이다.

이 물방울 모양은 난의 특징 중 하나이기도 한데, 이는 딴두르
가 길고 좁은 형태이기 때문이다. 즉 팔 길이 아래로는 반죽을 붙
일 수가 없어 손이 닿지 않는 깊이의 화덕 벽까지 최대한 효율적
으로 쓰기 위해 고안된 방법이 기다란 난을 만드는 것이었다. 가
디 아래로 길게 늘어진 반죽의 아랫부분은 반동을 주어 붙이고,
나머지 윗부분은 가디로 눌러 붙인다. 뜨거운 딴두르 벽에 붙자
마자 수분 함량이 높은 난 표면이 금세 불룩불룩 부풀어 오른다.
다 구워지면 긴 갈고리로 찍어 딴두르 밖으로 꺼낸다.

이렇게 만들어진 난을 플레인 난이라 하며, 여기에 버터나 기
를 바른 버터 난, 다진 마늘과 실란트로를 붙여 구운 갈릭 난, 겉
면에 나이젤라 씨·통깨·호박씨 등을 붙여 커다랗게 굽는 아프
가니스탄 스타일의 난 등 여러 가지가 있다. 마카니나 꼬르마
등 맛이 진하고 강한 무굴식 음식에 아주 잘 어울린다.

인도 요리는 역사를 통틀어 거의 항상이라고 할 만큼 외부로부
터 많은 영향을 받았다. 이를 인도 요리의 특징이라고 한다면, 받

아들인 것에 자신들의 색깔을 입혀 제3의 새로운 요리를 만들어 내는 성향 또한 특징이라고 해야 할 것 같다. 난 또한 그렇다. 언제였든 간에 분명 딴두르와 함께 들어온 이 발효 빵을, 인도 대륙에 살던 이들은 나름대로 재해석하고 변형시켜 새로운 빵 **꿀짜**를 만들어냈다. 난 반죽, 즉 발효시킨 백밀가루 반죽에 (빠라타를 만들 듯) 갖가지 채소나 고기로 만든 소를 넣은 뒤 딴두르에 구운 것이다. 여기에는 딴두르에 반죽 붙이는 기술을 완벽하게 익혔다는 자신감도 있었을 것이다. 두툼하고 큼직한 데다 소까지 담아 묵직한 꿀짜가 딴두르 벽에 단단히 붙어 있는 모습은 신기하기까지 하다.

꿀짜를 이야기할 때 반드시 언급되는 도시가 뻰잡의 암릿사르다. 암릿사르는 딴두르 요리의 진원지 격인 곳으로, 꿀짜가 암릿사리 난이라고도 불리는 것을 보면 이 도시에서 처음 만들어졌을 가능성이 상당히 크다. 암릿사르의 촐레-꿀짜는 굉장히 유명하다. 북인도 다른 도시에서도 먹을 수 있는 조합이기야 하지만, 암릿사르를 여행한다면 당연히 둘러보아야 하는 곳이 시크교 성지인 황금사원이듯, 반드시 맛보아야 하는 음식이 바로 촐레-꿀짜다.

딴두르에 구운 빵 중에 난이 쫄깃함을, 꿀짜가 빵과 속재료가 어우러지는 맛을 추구한다면, **쉬르말**sheermal은 부드러움을 강조한 빵이다. 이름 자체가 '우유를 넣은 빵'이라는 뜻으로, 물을 전혀 섞지 않고 백밀가루에 우유, 기, 사프론을 넣어 반죽한다.

쉬르말은 북인도 대다수 도시에서 먹는다. 짜빠띠처럼 얇게 만들어 먹는 곳도 있지만 대부분은 1cm 정도 두께로 두툼하게

하이데라바드의 꿀짜

암릿사르의 꿀짜가 일상에서 맛있는 먹거리로 유명하다면, 데칸고원 중앙에 위치한 도시 하이데라바드에서 꿀짜는 상징적인 음식이다. 하이데라바드가 하이데라바드 니잠 왕조로서 존재하던 때의 이야기다. 당시 니잠 왕조의 깃발과 문장을 보면 공통적으로 중앙에 하얀 원형 문양이 있는데, 이것이 꿀짜다. 한 왕조의 상징으로 음식이 쓰였다는 건 뜻밖인데, 그 배경으로 전해지는 이야기는 이렇다.

때는 18세기 초, 아우랑제브 황제가 사망한 지 6년이 지난 무렵이었다. 그 사이에 황제가 세 차례나 바뀌는 혼란스러운 정국이었다. 파룩시야르 Farrukhsiyar 황제(1683~1719)는 제국 속주였던 이 데칸 지역에 신하 한 명을 제후로 임명한다. 그는 아사프 쟈Asaf Jah, 현명하기로 이름 높은 장군이었다고 한다. 델리에서 하이데라바드로 떠나기 전, 그는 델리의 한 유명한 수피 성인을 찾아갔다. 새로운 임무에 앞서 축복을 받기 위해서였다. 성인은 장군에게 노란 천에 싸인 꿀짜를 내놓으며 원하는 만큼 마음껏 먹으라 말했다. 꿀짜를 일곱 개 먹고 나자 몹시 배가 불렀던 아사프 쟈는 "대단히 감사하지만 더 이상은 먹을 수 없으니 나중에 먹겠다"며 남은 꿀짜를 싸서 떠날 채비를 했다. 이때 성인이 그에게 축복을 내리며 이렇게 말했다고 한다. "너와 너의 후손들은 데칸 지역을 일곱 세대 동안 다스릴 것이다." 그리고 실제로 그리되었다!

무굴 제국은 얼마 후 쇠했고, 아사프 쟈는 데칸고원의 실제 통치자가 됐다.[52] 인도에서 가장 큰 왕국의 가장 부유한 왕이었다는 기록이 남아 있다. 하이데라바드의 니잠 왕조는 인도가 영국으로부터 독립한 후, 끝까지 자치정부로 남으려 저항했으나 결국 무력에 진압됐고 하이데라바드는 행정주 중 하나로 편입됐다. 이렇게 왕조가 사라지던 순간의 통치자가 바로 아사프 쟈의 7대손이었다.

성인이 왜 하필 꿀짜를 주었는지는 알 수 없지만, 평범한 빵에 지나지 않았던 꿀짜는 왕조를 상징하는 깃발의 중앙에 그려졌고, 꿀짜를 쌌던 노란 천은 깃발의 배경색이 됐다는 이야기다.

만들고 부풀지 않도록 표면에 균일하게 공기구멍을 찍은 다음 화덕에 굽는다. 겉에 사프론을 우려낸 우유나 달걀물을 발라 진한 주황색을 띤다. 약간의 단맛을 내는 부드러운 빵으로, 오늘날 이란에서 먹는 '난-에 쉬르말nan-e shirmal'도 이와 거의 똑같다.

한편 럭나우에서는 쉬르말을 짜빠띠처럼 얇게 만들어 먹는다. 화덕에 굽는 점은 같지만, 얇아서 식감이 훨씬 부드럽다. 델리에 빠라타왈리 갈리가 있다면 럭나우에는 '쉬르말왈라들의 골목', 쉬르말왈리 갈리sheermalwali gali가 있다. 이 골목에는 유명한 가게가 여럿 있는데 180년이 넘는 전통을 자랑하는 가게도 있고, 럭나우에서 가장 부드러운 쉬르말을 만든다고 정평 난 가게도 있다. 앞서 소개한 '갈라와띠 께밥'을 주문하면 곁들여 나오는 것도 쉬르말이다. 쉬르말은 페르시아에서 중앙아시아를 거쳐 들어온 것으로 보이는데, 앞서 말했던 델리의 쉬르말이 그 원래 모습에 가깝고, 럭나우의 쉬르말은 좀 더 현지화된 것이다. 맛의 섬세함과 부드러운 식감의 극대화를 추구했던 아와드 요리의 성격이 이러한 변화를 가져왔을 것이다. 입에서 살살 녹는 부드러움은 물론, 먹고 난 다음에도 기분 좋은 여운이 남는다.

쌀의 무한한 변신

남인도 사람들은 온갖 쌀 먹거리를 만듦으로써 쌀에 대한 애정

---

52) 실제 통치자인 왕이 됐지만 아사프 자와 그의 후대 통치자들은 왕이 아니라 니잠이라 불렸다. 이는 무굴 시대에 대리 통치자를 가리킨 말로, 이들 왕조는 아사프 자히 왕조Asaf Jahi Dynasty 또는 니잠 왕조라고 불린다.

을 표현하는 듯하다. 주식이나 간식, 달콤하거나 짭짤한 주전부리 등 하루 중 어떤 시간에든, 어떤 식욕도 '쌀로 만든 먹거리'로 채울 수 있다. 쌀 품종도 여러 가지일뿐더러 다양한 쌀밥, 그리고 쌀밥의 맛을 주인공으로 삼는 양념식 반찬도 발달했다. 쌀을 갈아서 팬케이크처럼 굽거나 쪄서 먹기도 하며, 국수처럼 만들어 먹기도 한다. 쌀가루, 납작하게 눌러 말린 쌀, 튀밥 등을 색다르게 활용한 음식을 만들기도 한다. 그중에서도 지금부터 만나볼 것은 쌀밥만큼이나 일상적인 주식인, 남인도 쌀빵이다.

크레페거나 누룽지거나, 도사와 아빰

대표적인 북인도 빵이 밀가루로 만든 짜빠띠라면 남인도에서는 쌀로 만든 도사와 아빰이 그 자리에 오른다.

도사dosa는 짜빠띠처럼 얇은 빵이지만, 묽은 반죽으로 만들기 때문에 빵이라기보다는 서양의 크레페에 가깝다. 남인도에서 아침식사로 즐겨먹는 메뉴인 도사를 만들려면 하루 전에 준비하는 부지런함이 필요하다. 쌀과 검은 렌틸을 아주 곱게 갈아 하룻밤 동안 숙성시켜야 하기 때문이다. 이때 쌀은 바스마띠basmati처럼 찰기가 적은 종류를 쓰지만, 대략 8시간 동안 자연스레 발효된 반죽은 윤기가 나며 찰기 있는 상태가 된다. 아침에 할 일은 되레 간단하다. 잘 달궈진 팬에 살짝 기름칠을 한 뒤, 뽀글뽀글 기포가 올라온 도사 반죽을 크레페처럼 구우면 된다. 여기에 채소와 렌틸을 함께 끓여 만든 묽은 커리 삼발sambhar과 각각 생코코넛과 토마토로 만들어 희고 붉은 두 가지 쩌뜨니를 곁들여 먹는 조합은 생각만 해도 군침이 돈다.

이 도사 반죽을 종잇장처럼 얇고 넓게 펴서 누룽지 정도로 바삭해질 때까지 구운 다음 가운데 커리 잎, 실란트로, 청고추, 향신료를 넣어 매콤하게 만든 삶은 감자를 올린 것은 **마살라 도사** masala dosa라고 한다. 남인도 까르나따까Karnataka주에서 유래한 이 메뉴는 남인도를 넘어 전국적인 히트작이 됐다. 뜨거운 김을 빨리 빼 바삭한 식감을 주는 것이 관건이므로, 두꺼운 종이를 말 듯 큰 원통형으로 말거나 꼬깔 모양으로 만든다. 마살라 도사의 트레이드마크는 커다란 접시 바깥으로도 튀어나올 만큼 긴 원통 모양이라 할 수 있는데, 최근 한 요식업체에서 32명의 요리사가 나란히 서서 16m가 넘는 마살라 도사를 만들어 기네스북에 오르기도 했다.

같은 반죽을 보다 되직하게 만들어서 두툼하게 구우면 **우따빰** uttappam이 된다. 매끄럽고 푹신한 식감도, 쌀과 검은 렌틸의 구수한 맛도 일품이다. 플레인으로 굽기도 하지만 잘게 썬 양파, 토마토, 청고추, 실란트로 등 각종 고명을 올려 구워서 색다른 우따빰을 만들어 먹기도 한다.

한편 **아빰**appam은 쌀에 생코코넛이나 코코넛 밀크를 넣고 간 뒤 대여섯 시간 숙성시킨 반죽으로 만든다. 굽는 방법이 독특해 바삭함과 부드러움을 한꺼번에 맛볼 수 있다. 먼저 아빰 반죽 한 국자를 (밑이 둥글게 파이고 크기가 작은) 전용 팬 가운데에 부은 다음, 팬을 들어 돌려가며 반죽을 넓게 편다. 이를 그대로 놓아두면 묽은 반죽이 아래로 천천히 흘러내리면서 결과적으로 팬 아래쪽에는 우따빰처럼 두툼한 팬케이크가, 위쪽에는 마살라 도사처럼 바삭한 누룽지가 만들어진다.

마살라 도사. 과감하게 손으로 찢어 코코넛 쩌 뜨니를 얹어 먹어보자. 감자가 없는 부분도, 있는 부분도 모두 맛있었다.

새하얀 색에서부터 노릇한 갈색까지 우아한 그라데이션을 이루며, 가장자리는 위를 향해 살짝 말린 채 접시에 놓인 아빰의 자태는 절묘하고 아름답다. 코코넛이 들어간 남인도 특유의 생선 커리나 새우 커리 등 해산물 요리를 아빰과 함께 먹으면 그릇에 묻은 소스까지 닦아 먹을 정도로 감동적인 맛이다.

이 아빰이라는 단어는 따밀어[53]로 (쌀로 만든) '빵'을 뜻한다. 위에서 설명한 기본적인 아빰 외에도 무수한 아빰이 있는데, 그 모양과 조리법이 각양각색이다. 끓는 물로 익반죽한 쌀가루 반죽을 전용 틀에 넣고 국수 형태로 뽑으면서 새둥지처럼 둥글게 모양을 잡아 찜기에 쪄내면 **이디야빰**idiyappam이 된다. 다양한 커리와 곁들여 먹으며, 아침에는 이디야빰이 담긴 그릇에 우유를 붓고 간 생코코넛과 설탕을 뿌려 먹는다. 국수처럼 보이지만 먹는 방법은 전혀 다르다. 밥을 비벼 먹듯이 커리나 우유에 이디야빰을 섞어 그대로 떠먹는다. 지나치게 삶아서 퍼진 소면에 커리를 비벼 먹는 느낌이지만 국수 요리가 흔치 않은 이들로서는 그 식감을 색다르게 즐기는 듯하다.

아빰이라는 이름이 붙은 여러 쌀 먹거리 중에서 또 다른 특색 있는 음식은 **낀나타빰**kinnathappam이다. 무슬림 인구 비율이 높은 남인도 께랄라주 북부 지역에서 특히 라마단 기간에 많이 먹는 별미다. 쌀을 갈아 코코넛 밀크와 달걀흰자를 섞어 반죽한 뒤 뜨거운 증기로 쪄낸 것으로, 설탕으로 낸 가벼운 단맛과 코코넛 향이 잘 어우러지는 쌀떡이다. 낀나타빰은 달걀흰자만 사용하기

---

53) 남인도 따밀나두주에서 사용하는 언어로, 세계에서 가장 오래된 언어 중 하나이기도 하다.

때문에 남은 노른자로는 끓는 설탕시럽에 국수처럼 흘려 넣어 익힌 무따말라muttamala('달걀로 만든 목걸이'라는 뜻이다)라는 음식을 만들어 세트처럼 함께 먹는다.

그 밖에도 불린 쌀, 코코넛, 재거리를 갈아 만든 반죽을 둥근 모양으로 튀긴 네이야빰neyyappam, 네이야빰 반죽에 플랜틴(요리용 바나나)을 으깨 넣어 튀긴 운니아빰unniappam 등 아빰의 종류를 말하자면 한 장을 할애해야 할 만큼 끝이 없다. 하지만 이러한 다양함보다 더 놀라운 것은 단순한 '활용'의 수준을 넘어 쌀이라는 물질 자체를 완전히 파악한 듯한, 그래서 쌀이 아닌 제3의 재료를 쓴 듯한 먹거리들을 만들어왔다는 점이다. 앞서 살펴본 도사가 그 대표적인 예다.

다시 처음의 도사 이야기로 돌아가자. 앞서 말했듯이 도사 반죽은 적어도 대여섯 시간 전에 미리 만들어놓고 발효시켜야 한다. 또한 반죽을 만들기 위해서는 쌀과 렌틸을 물에 불려놓아야한다. 한 번 만들 때 넉넉한 양을 만들고 싶을 만한 기나긴 과정이다. 하나 다행스러운 점은, 날이 가면 갈수록 반죽이 숙성되면서 맛이 깊어진다는 것이다.

하루가 지난 반죽은 광택과 찰기가 더해져서 종이처럼 얇은 도사를 굽기에 적당하다. 즉 마살라 도사를 만드는 데 최적의 시점이라는 것이다. 여기서 또다시 하루가 지난 사흘째에는 발효균이 더 많이 함유된 반죽이 되는데, 이때 두툼한 우따빰을 구우면 특유의 풍미와 식감을 충분히 즐길 수 있다. 나흘째 숙성된 반죽에는 여러 가지 채소를 넣어 지역에 따라 굴리야빠guliyappa, 빠니야람paniyaram 등의 이름으로 불리는 별미를 굽는데, 이는 마

전용 팬에서 잘 구워진
빠니야람. 겉은 바삭하
고 속은 폭신폭신하다.

치 일본의 타코야키처럼 구형 틀에 넣어 공 모양으로 만들어낸
다. 물론 이렇게 오래 숙성시킬 필요 없이 최소한의 발효가 끝
난 첫날 반죽으로도 이 모든 것을 만들 수 있지만, 맛의 깊이가
다르다.

그래도 남은 반죽이 있다면 **뿌누꿀루**punukulu를 만들 기회다. 숭
숭 썬 신김치로 김치 부침개를 해 먹듯, 남은 반죽에 양파, 청고
추, 실란트로를 다져 넣고 커민을 조금 섞은 뒤, 뜨거운 기름에
숟가락으로 뚝뚝 떠 넣어 튀긴다. 이렇게 만들어진 뿌누꿀루는
겉은 바삭하고 속은 폭신하다. 남인도 가정에서 손쉽게 만들어
먹는 간식이자 길거리 음식 중 하나로, 혹자는 비 오는 날이면 생
각나는 음식이라고도 한다. 타마린드와 땅콩으로 만든 쩌뜨니를

듬뿍 찍어 한입에 통째로 먹은 다음, 따뜻하고 달콤한 짜이를 한 모금 마시면 그렇게 맛있을 수가 없다. 뿌누꿀루의 발효된 풍미가 타마린드의 새콤한 맛, 재거리의 달콤한 맛, 청고추의 매콤한 맛, 땅콩의 고소한 맛을 넉넉하게 감싼다.

곡물 발효의 지혜, 이들리

작은 호빵만 한 크기에 비행접시처럼 납작한 모양새가 가장 '쌀빵다운' **이들리**idli는 도사와 아빰의 인기에 결코 뒤지지 않는, 기본 중의 기본에 해당하는 주식이다. 이들리 반죽은 단 한 가지만 빼면 도사와 동일하다. 도사는 쌀과 검은 렌틸 모두를 아주 곱게 가는 반면, 이들리에 들어가는 쌀은 입자가 살아 있도록 거칠게 간다. 아주 작은 차이 같지만 이는 이들리의 개성인 포슬포슬한 식감을 만드는 데 큰 역할을 한다. 이 반죽을 전용 틀에 붓고 찜기에 넣어 찐 다음, 익으면 꺼내서 한 김 식힌다. 이 따뜻하고 폭신폭신한 이들리는 도사와 마찬가지로 코코넛 쩌뜨니와 토마토 쩌뜨니를 곁들여 먹는데, 이들리를 완전히 으깨 쩌뜨니와 골고루 섞어 먹는다. 여기에 삼발까지 곁들이면 이들리 서너 개는 뚝딱이다.

이들리와 도사의 반죽이 발효되는 과정은 상당히 독특하다. 이스트 등의 생물효모도, 베이킹파우더 같은 화학물질도, 누룩 같은 곰팡이도 쓰지 않는다. 이들은 공기 중에 있는 박테리아에 의한 자연적인 젖산 발효lactic acid fermentation, 다시 말하면 김치처럼 유산균 발효 과정을 거친다.

잘 만들어진 이들리에는 무수한 기포 자국이 나 있다. 아예 삼발(위)과 코코넛 쩌뜨니(아래)에 이들리를 넣어서 내주는 곳도 있다. 으깨서 고루 섞어 먹자.

섭씨 30도를 훨씬 웃도는 무더운 남인도 기후에 반죽을 5~10 시간가량 숙성시키는 과정에서 유익균들이 붙는다. 그중 유산균은 쌀과 렌틸에 든 당을 분해시켜 젖산을 만들며, 일종의 효모인 또 다른 유익균은 특유의 발효된 신맛을 내고 가스를 생성한다. 이 같은 산성 환경은 재료에 붙어 있던 오염균의 증식을 억제하는 역할도 맡는다. 게다가 쌀의 전분기가 분해되면서 영양소가 인체에 흡수되기 쉬운 형태로 변할뿐더러 렌틸의 단백질과 무기질까지 흡수할 수 있으니, 주식으로 삼기에 이보다 더 좋은 음식은 없을 것이다.

이들리 반죽에서는 이러한 발효 과정이 보다 결정적인 역할을 한다. 젖산 발효를 거치면서 반죽에 기포가 생겨나고 찰기가 돌면서 걸쭉해지는데, 이러한 변화는 폭신한 이들리를 만드는 데 가장 중요한 조건이다.

폭신한 빵은 반죽이 기포를 많이 잡아둘 수 있어야 가능하다. 밀가루 반죽은, 반죽 과정에서 이미 형성된 글루텐이 발효될 때 생겨나는 기포를 잡아두기 때문에 1~2시간 정도의 짧은 발효 시간만으로도 부피가 2~3배 커진다(따라서 이스트를 넣어 빨리 발효시키는 방법을 쓸 수 있는 것이다). 하지만 이들리 반죽은 이스트나 베이킹파우더로 부풀릴 수 없다. 쌀은 글루텐 함량이 적기 때문이다. 대신 긴 시간에 걸쳐 이루어지는 젖산 발효 과정을 통해 생겨나는 반죽의 '찰기'를 이용해 기포가 빠져나가지 못하도록 만들어야 한다. 이렇게 붙잡힌 무수한 기포로 인해 잘 부풀어 오른 반죽을 그대로 쪄내면 완벽한 이들리가 만들어진다.

인도의 백설기, 뿌뚜

낯선 곳에서 새로운 경험을 할 때 크게 놀라는 경우는 두 가지인 것 같다. '너무나 달라서' 또는 '너무나 똑같아서'.

바나나 나무의 커다란 잎사귀들이 시원한 그늘을 드리운 남인도의 어느 가정집에서 **뿌뚜**puttu를 처음 봤을 때 깜짝 놀란 건 '너무나 똑같아서'였다. 길쭉한 원통형이라는 점은 달랐지만, 더군다나 매콤한 에그 커리가 곁들여진다는 점은 매우 달랐지만, 이것은 분명 익숙하기 그지없는 새하얀 백설기의 맛과 식감이었다.

뿌뚜는 지름이 6~7cm 정도인 길쭉한 통 속에 쌀가루와 간 생코코넛을 켜켜이 담은 뒤 쪄낸 것으로, 집집마다 전용 찜기를 갖추고 있을 정도로 일상적인 주식이다. 통이 모양을 잡아주기 때문에 너무 묽지만 않다면 어떤 재료든 원하는 대로 넣어 만들 수 있다. 붉은 좁쌀 가루, 굵게 빻은 밀, 세몰리나 등의 곡물 말고도 매콤하게 양념한 삶은 감자, 채소 조림 등 곁들여 먹을 반찬을 넣는 등 취향에 따라 얼마든지 응용할 수 있다.

우리는 백설기를 식사로 먹지 않지만, 남인도에서는 뿌뚜를 주로 아침으로 먹는다.[54] 우유나 잘 익은 바나나를 곁들여 먹거나 커리와 함께 먹는다. 코코넛 오일과 생코코넛이 듬뿍 들어가는 남인도 커리에, 마찬가지로 생코코넛을 얹어 쪄낸 뿌뚜는 상당히 잘 어울린다.

---

54) 한국과 인도 사이에 위치한 동남아시아 나라들에서도 이와 유사한 음식을 만들어 먹는다. 필리핀에서는 이름도 비슷하게 뿌또puto라 불린다. 인도네시아에서는 꾸에 뿌뚜kue putu라고 하는데, 여기서 '꾸에'는 우리의 '떡'처럼 한입 크기의 전통적인 디저트를 총칭하는 일반명사다. 이들은 모두 남인도의 뿌뚜로부터 영향을 받은 것으로, 따밀 지방의 힌두 왕국이 동남아시아 나라들을 지배했던 시대의 흔적이다.

06

〰〰〰

향신료를 넣고 지은 밥, 뿔라우와 키츠리

쌀을 주식으로 하는 우리나라에도 다양한 쌀 요리가 있지만, 인도에는 우리의 것과 일대일로 대응시키기 애매한 쌀 요리가 있다. 그것도 굉장히 사랑받는 음식이다. 완성된 모습을 보면 볶음밥이 가장 비슷할 테지만, 볶아서 만드는 요리는 아니다. '고기와 향신료를 넣고 지은 밥'이라고 하면 완벽하지는 않아도 근접한 정의가 될 것 같다. 우리도 쌀에 갖가지 곡물과 콩, 은행, 밤, 고구마, 나물 등을 넣어 밥을 짓곤 하지만, 고기를 넣는 경우는 드물다. 콩나물밥을 할 때 다진 쇠고기를 넣거나, 특이한 응용으로 삼겹살을 넣는다는 이야기를 들어보기는 했지만 하나의 쌀 요리로 분류할 만큼 보편적이지 않은 것을 보면, 우리는 밥과 고기를 따로 조리해서 먹는 쪽을 선호하는 듯하다.

어쨌든 고기와 향신료를 넣어 짓는 인도식 쌀밥은 **뿔라우**pulao 라고 한다. **비리야니**biryani라고도 한다. 지역에 따라 달리 부르는 것이 아니라 어떤 식당에서는 메뉴에 두 이름 모두 등장하기도 한다.

사실 외국인으로서는 비리야니와 뿔라우의 차이점에 관해 아무리 설명을 들어도 정작 내 앞에 나온 음식이 어느 쪽인지 분간하기란 쉽지 않다. 그렇다면 인도 사람들은 이 둘을 구분할 수 있을까? 당황스럽게도 항상 그런 것 같지는 않다. 무엇보다, 뿔라우와 비리야니에 대한 정의 자체가 일정치 않아 두 음식을 놓고 벌어지는 논쟁은 꽤나 분분하다. 각각이 어떤 요리인가에 대한 논쟁에서부터 그 차이점이 무엇이냐에 대한 논쟁까지, 이들은 끝없이 이어지는 평행선처럼 서로 좁혀지지도, 끊이지도 않는다.

어떤 이는 뿔라우가 훨씬 섬세하고 온순한 맛을 내도록 향신료를 쓰는 반면, 비리야니는 상대적으로 훨씬 강하게 쓴다고 주장한다. 비리야니는 쌀이 맨 아래층과 맨 위층에 두 켜로 들어가고 그 사이에 고기를 놓는 반면, 뿔라우는 이렇게 층을 나누지 않는다고 주장하는 사람도 있다. 뿔라우는 쌀과 고기를 따로 익힌 다음 이들을 한데 섞어 다시 한 번 익힘으로써 쌀에 고기 맛이 배도록 만드는 요리이고, 비리야니는 불린 쌀을 먼저 기에 볶다가 생고기, 향신료, 물을 넣고 밥을 지어 만드는 요리라고 이야기하는 사람도 있다.

분분한 논란은 뿔라우와 비리야니에 과연 어떤 차이가 있느냐에 관한 것만이 아니다. 이 둘 사이에 차이가 정말 있는 것이냐, 공교롭게도 같은 음식을 가리키는 단어가 두 개 생겨난 것이 아

니냐를 놓고도 논란이 있다. 럭나우의 전설적인 요리사 임띠야즈 꾸레쉬Imtiaz Qureshi는 아예 "비리야니 같은 건 없다. 비리야니라고 부르는 모든 것은 사실 조리법으로 보면 뿔라우일 뿐이다"라고 잘라 말하기도 했다.

영어권의 필라프pilaf, 인도의 뿔라우, 우즈베키스탄·타지키스탄의 뿔로우plov, 아랍·그리스·카리브해 연안·중앙아시아에서 만들어지는 폴로우polow, 팔라우palaw 등은 전부 비슷한 발음을 갖고있어 이들이 하나의 어원에서 유래됐음을 짐작게 한다. 이 어원의 강력한 후보로 지목되는 것은 고대 힌두 문헌에 등장하는 빨라오pallao 또는 산스크리트어로 '수북이 담긴 밥'을 가리키는 뿔라까pulaaka다. '특정한 의미를 가진 어원'이 있다는 것은 음식의유래를 가늠하는 강한 근거가 될 수 있다. 다시 말해, 이 어원이옳다면 뿔라우를 고대 인도에서부터 만들어온 음식으로 볼 타당성이 커지는 것이다.

이에 반해, 비리야니는 16세기 무렵부터 문헌에 등장한다. 비리야니는 페르시아어로 '쌀'을 뜻하는 비린즈birinj, 베렌즈berenj에서 비롯된 단어이거나 '볶다, 굽다'라는 뜻을 가진 비리얀biryan, 베리얀beriyan에서 유래했다고 여겨진다. 문제는 여기서 성급하게 결론을 내려 비리야니가 페르시아에서 온 요리라고 주장하는 것이다.

옛 페르시아와 현대 이란의 요리를 방대하게 수록하고 있는요리책이나 이란 백과사전Iranica Encyclopedia을 뒤져보아도 비리야니와 비슷한 이름을 가진 쌀 요리는 찾아볼 수 없다. 비리야니

라는 이름은 인도 대륙에서만 쓰인 것으로 보인다. 한데 비리야
니라는 단어가 페르시아어에서 유래한 것은 왜일까? 이는 델리
술딴 왕조에 이어 무굴 제국까지 600여 년 동안 궁정의 공식 언
어가 페르시아어였기 때문이라 봐야 한다.

이 모두를 종합해서 정리하면 이렇다. 우선, 쌀에 향신료를 넣고
밥을 지은 요리는 인도에 오래전부터 있었을 가능성이 크며, '뿔
라우'라는 이름으로 불렸다. 이것이 중앙아시아와 페르시아, 다
시 아랍으로 전파되어 비슷한 이름을 가진 요리가 됐고, 저마다
의 색채를 입으며 각각의 모습으로 발전했다. 예를 들어 중앙아
시아에서는 고기에 더해 토종 채소인 당근을 듬뿍 썰어 넣으며,
페르시아에서는 견과류와 건과일을 넣는다.

그러다 투르크·아프가니스탄의 무슬림들이 인도로 넘어와 통
치 세력이 되면서, 인도의 뿔라우에도 변화가 생겼다. 그들 식으
로 변형된 뿔라우가 다시 인도의 것에 영향을 준 것이다. 이는 그
후 무굴 제국 궁정에서 더욱 급격한 변화를 거쳐 궁중 요리답게
재탄생한다. '옛날식' 뿔라우에서 점차 달라진 이 요리에 궁정의
공식 언어였던 페르시아어에서 비롯된 '비리야니'라는 이름이
붙여졌으리라는 가설은 매우 설득력 있다.

비리야니는 시간이 흐름에 따라 상류층을 거쳐 서민들에게도
알려졌을 것이다. 그 과정에서 어떤 지역에서는 예전처럼 '뿔라
우'라고 불렀을 것이고, 또 다른 지역에서는 새로운 단어인 '비리
야니'를 받아들였을 것이다. 결국 핵심은 뿔라우와 비리야니 간
의 혼란이, 요리가 아니라 언어에서 야기됐을 가능성이 커 보인

다는 것이다. 비리야니라는 단어가 등장하지 않았더라도 뿔라우는 무굴 제국을 거치면서 변화했을 것이다. 그랬다면 혼란도 없었겠지만 말이다.

인도 3대 비리야니

인도는 먼 옛날 동남아시아로부터 쌀을 들여왔다. 벵골만을 사이에 두고 동남아시아를 마주한 동인도 및 남인도는 지금도 쌀이 주식이다. 북인도에서는 중세 이전에 쌀밥을 주식으로도 먹었던 듯하지만[55] 지금은 단연 밀을 선호한다. 인도 식품산업부 서기관으로 재직하다 은퇴한 뒤 인도 음식에 관련된 책을 두 권 쓴 쁘라띠바 까란Pratibha Karan은《비리야니Biryani》라는 책을 집필하던 중, 남인도에서 굉장히 다양한 비리야니가 만들어지고 있음을 알고 깜짝 놀랐다고 말한다. 쌀을 주식으로 하는 남인도에서 쌀 요리인 비리야니가 발달한 것은 어쩌면 지극히 당연한 일로 보이는데, 그러한 반응은 인도 내에서도 비리야니가 무굴 요리라는 틀 안에서 발달한 북인도 음식이라는 선입견이 강함을 역설적으로 보여준다.

오늘날 인도의 3대 비리야니[56]라고 하면 델리의 무갈라이(무굴식) 비리야니Mughalai biryani, 럭나우위 비리야니Lucknowi biryani, 하

---

55) 이븐 바투타는 여행기에 "익기 전에 떨어진 (망고나무의) 풋열매를 주워 (…) 소금에 절인다. 그들은 또한 생강이나 후추도 넝쿨째로 절였다가 밥과 함께 먹는다. 밥을 한 입 먹고는 이를 한 입 먹는다"고 썼는데, 14세기 인도인들의 식습관을 엿볼 수 있는 대목이다.
56) 앞으로 비리야니와 뿔라우라는 단어를 혼용해서 쓸 것이다. 어떠한 기준이나 이유가 있어서라기보다는, 관용적인 쓰임을 따라가는 편이 낫겠다는 생각에서다. 예컨대 '3대 비리야니'라는 말은 써도 '3대 뿔라우'라는 말은 잘 쓰이지 않는다.

이데라바디 비리야니Hyderabadi biryani를 꼽는다. 맛에 더해 역사적 중요성과 특이성을 지녔기 때문인 듯하다. 물론 이 세 곳 외에도 지방마다 나름의 매력을 가진 비리야니 또는 뿔라우가 무궁무진하게 만들어진다. 특히 까란이 말했다시피 남인도에서는 다양한 비리야니가 만들어지고 있으며, 인도 대륙 최북단에 있는 까쉬미르주와 북동부 일곱 자매주의 쌀 요리도 독특함을 자랑한다. 인도 어느 곳을 여행하든 그곳 특유의 비리야니를 찾아 맛보는 즐거움을 누려보자. 지금부터는 3대 비리야니를 찾아 떠날 것이다.

무갈라이 비리야니

과거 1,000년 동안 인도에서 고급 음식은 이슬람식 궁중 요리였다. 이러한 기조는 1206년에 세워진 델리 술딴 왕조로부터 시작해 1857년 무굴 제국이 막을 내릴 때까지, 그리고 영국의 지배하에 있었던 20세기 중반까지도 이어졌다. 궁정에 연회가 열리면 빛깔과 문양이 화려한 카페트 위로 다스따쿠안dastarkhwan이 깔린다. 이는 카페트를 보호하는 동시에 식탁 역할을 하는 새하얀 천이었다.

다스따쿠안 위에 온갖 산해진미가 담긴 커다란 금은쟁반이 줄지어 놓이면, 연회에 참석한 귀족들은 바닥에 양반다리로 앉아 먹는 것이 전통적인 식사 방식이었다. 이들은 저마다 정해진 자리에 앉아 옥접시에 음식을 덜어가며 먹었는데, 혹시 모를 독살의 위협을 피하기 위함이었다. 이러한 이슬람식 궁정 만찬에서 다스따쿠안 한가운데에 놓이는 요리는 단연 뿔라우였다.

이븐 바투타가 술딴이 주최한 궁중 연회에서 먹은 음식들을
열거할 때, 여섯 번째로 "닭고기를 넣고 기에 조리한 밥이 나온
다"고 했다. 메인인 구운 고기 요리와 사무삭에 이어 등장한 이
쌀 요리는, 이름은 언급되지 않지만 뿔라우가 분명해 보인다. 추
측건대 이 연회에 나온 것은 (인도인의 영향이 섞일 여지없이) 투르크
및 아프가니스탄에서 온 요리사들이 장악한 궁정 주방에서 중앙
아시아 방식으로 만들어진, 술딴들이 먹어오던 대로의 뿔라우였
을 것이다. 어쩌면 (오랫동안 쌀을 주식으로 해온 중앙아시아의 식문화를 고
려할 때) 오늘날 아프가니스탄의 유명한 팔라우인 카불리 팔라우
kabuli palaw처럼 닭고기와 쌀에 채 썬 당근, 오렌지 껍질, 견과류를
넣어 만든, 완성도 있는 뿔라우였을 수도 있다.

무굴 제국 시대에 들어오면서 (다른 요리들도 그러했듯이) 뿔라우는
더 정교하고 세련되게 변화했다. 무굴 궁정의 요리사들은 항아
리처럼 밑은 넓고 목은 살짝 좁은 형태의 전통 냄비에 쌀, 고기,
인도 토종 향신료뿐만 아니라 유럽에서 건너온 향신료와 식재
료, 중동의 건과일과 견과류를 풍부하게 넣었다. 고기는 누린내
가 나지 않도록 미리 재워두었으며, 고기와 뼈를 끓여 모슬린 천
에 거른 육수(야크니)를 밥물로 사용했다. 쌀은 값비싼 향신료인
사프론으로 물들여 1차로 밥을 지었다(살짝 부드러워질 정도로만 익힌
다). 그러고는 다시 냄비에 밥과 익힌 고기를 담은 뒤 **덤**dum 조리
법, 즉 김이 빠져나가지 않도록 뚜껑을 단단히 닫고 자체 수분만
으로 익으면서 맛이 어우러지게 했다.

서방세계의 혈통을 이어받은 초기 무굴 황제들이 즐겨 먹었던

뿔라우에는 그 혈통에서 온 특징이 고스란히 남아 있다. 황제의 다스따쿠안에 올라온 요리들을 살펴보자. 우즈베키스탄에서 태어난 바부르. 평범한 유목민이 아니라 왕족의 혈통을 이어받은 왕자였으니 그곳의 산해진미를 먹으며 자라났을 것이다. 인도 음식에 적응하지 못한 그가 사랑했던 뿔라우는 어김없이 오늘날 우즈베키스탄에서 먹는 뿔로우를 닮아 있다. 반쯤 익혀놓은 쌀, 머튼 다릿살, 잘 볶은 당근과 양파, 바베리barberry[57]를 넣고 지은 밥에 통마늘을 얹은 라산 뿔로우-lasan palov가 그것이다. 그 조리법이 오늘날 우즈베키스탄의 뿔로우와 똑같아, 되레 우즈베키스탄에서 이 음식이 600년이 넘도록 변함없이 만들어지고 있다는 사실이 신기할 정도다.

무굴 제국을 이어받았으나 페르시아에서 15년간 피난 생활을 했던 2대 황제 후마윤. 그가 좋아했던 뿔라우는 지금까지도 이란 사람들이 즐겨 먹는 폴로우와 이름도, 조리법도 똑같다. 쌀과 닭고기에 설탕을 넣어 볶은 당근, 오렌지 껍질, 피스타치오, 아몬드, 향신료를 넣은 쉬린 폴로우-shirin polow가 그것이다. 쉬린은 페르시아어로 '달콤하다'는 뜻으로, 인도 왕위를 되찾은 그가 페르시아에서 먹던 것을 그대로 들여왔음을 알 수 있다.

아블 파즐이 쓴 《악바르나마》에 열거된 악바르 대제의 궁중 음식에는 고기와 쌀이 섞인 요리가 다섯 가지 소개되어 있다. 아프가니스탄의 카불리 팔라우를 가리키는 까불리qabuli, 다진 고기가 들어간 끼마 뿔라우qima pulao, 쌀과 고기에 기와 소금만 넣은

57) 한국에는 '매자'라고도 알려져 있다. 작고 빨간 열매는 신맛이 무척 강하다.

두즈드비리얀duzdbiryan, 병아리콩과 마늘을 넣은 슐라shulla, 각종 채소(당근, 비트, 순무, 시금치)를 넣은 끼마 슈르바qima shurba. 여기서 비리야니의 '비리얀'이라는 단어가 눈에 띈다. 동시에 뿔라우라는 말도 여전히 사용되고 있다.

오래전부터 존재했을, 그리고 서방세계로 퍼져나갔을 가능성이 매우 높은 힌두들의 뿔라우도 계속 이어져오고 있었지만(그 원형을 힌두 사찰 요리에서 찾아볼 수 있다) 새로운 통치 세력은 인도 땅에 우즈베키스탄, 페르시아, 아프가니스탄의 쌀 요리를 (다시) 들여왔다. 이는 뿔라우의 태생까지도 바꿔놓았으니, 무굴 제국을 거치면서 비리야니 혹은 뿔라우는 완전히 무슬림 음식으로 여겨지게 된다.

인도 현지 식당에서 '무갈라이 비리야니'라는 이름을 발견하지 못할 수도 있는데, 이는 '무굴 황실풍'의 아우라를 풍기는 다양한 이름을 가게마다 각자 붙이는 경우가 많기 때문이다. 궁정을 뜻하는 말을 붙여 '샤히 비리야니'라고 하거나 특정한 황제의 이름을 따서 '샤자하니 뿔라우'라고 할 수도 있다. 또 '아나깔리 비리야니'처럼 황제와 이루어질 수 없는 사랑을 한 끝에 벽 속에 산 채로 매장되는 끔찍한 죽음을 맞은 무희의 이름을 따서 붙인 경우도 있다. 공통점은 향신료와 견과류를 풍부하게 사용하며, 고기 육수로 밥을 지어 맛이 진하다는 것이다. 북인도 식당들은 다들 메뉴에 무굴식 비리야니 하나씩은 올려놓기 때문에 어디서든 맛볼 수 있다.

럭나우위 비리야니

앞서 께밥 편에서도 이야기했듯이, 나왑들은 음식을 통해 화려함과 세련됨의 극치를 보여주고자 했다. 이러한 요리를 대표하는 것이 바로 뿔라우였다. 나왑들의 뿔라우는 이름부터 범상치 않다. 진주 뿔라우, 뻐꾸기 뿔라우, 빛의 뿔라우, 자스민 뿔라우, 정원의 뿔라우 같은 식이다. 각각의 이름은 뿔라우를 만드는 데 쓰인 예술적 기교에 착안하여 붙여졌는데, 그중 하나인 진주 뿔라우를 예로 들면,

> 달걀노른자에 신중하게 잰 정량의 금박과 은박을 넣어 잘 섞이도록 푼다. 이를 손질해놓은 닭의 목[58]에 채워 넣는다. 뜨거운 오븐에 잠시 넣어두었다가 꺼내서 잘라보면 달걀노른자는 광채 나는 완벽한 구형으로 구워져 있는데, 천연 진주의 아름다움에 결코 뒤지지 않는다. 이 진주들을 뿔라우 위에 얹어 낸다.[59]

광기마저 느껴지는 진주 뿔라우는 아니더라도, 럭나우위 비리야니는 훌륭한 비리야니 또는 뿔라우를 만들기란 결코 쉽지 않다는 사실을 일깨워준다. 재료를 익히는 정확한 타이밍, 절묘한 맛과 향의 조화는 숙련된 손끝에서만 나올 수 있다. 최악은 축축하게 기름진 비리야니다. 잘 만들어진 비리야니의 쌀알들은 수분을 '적당히' 머금고 있으면서도 서로 달라붙지 않도록 보송보송

---

58) 이 과정을 머릿속에 그려보면, '닭의 목'에 넣어서는 진주알이 아니라 가느다란 국수가닥처럼 나올 듯하다. 아마도 모래주머니에 넣었다는 이야기가 아닐까 싶다.
59) Margo True, "Fragrant Feasts of Lucknow", *Shaam-e-Awadh: Writings on Lucknow*, Penguin Books, 2007.

밀가루 반죽으로 뚜껑을 밀봉해 맛과 향이 어우러지게 하는
덤 방식은 럭나우위 비리야니의 핵심 조리법이다.

해야 한다. 핵심은 쌀을 '적당히' 데치는 데에 있다. 이때 '적당히'란 쌀알 표면은 부드럽고 속은 단단한, 파스타로 치면 '알 덴테al dente' 상태를 말한다. 그다음으로 비리야니의 주재료, 즉 닭고기나 머튼, 해산물 또는 채소를 움푹한 냄비에 반쯤 익힌 쌀과 번갈아가며 켜켜이 담아 뚜껑을 밀봉해서 마저 익힌다. 주재료의 맛과 향이 쌀알에 싹 배어들면서도 그 국물로 인해 쌀이 축축해지지 않도록 하는 것이 관건이다. 럭나우 요리사들은 향신료를 과하지 않게 사용하며 장미수와 께우라를 '적절히' 넣는 데에 일가견이 있다. 이러한 조건들은 럭나우위 비리야니의 완성도를 높이는 데 절대적이다.

럭나우위 비리야니에 관해 말하려면 먼저 4대 나왑 아사프-웃-다울라Asaf-ud-Daula의 이야기로 시작해야 한다. 영국 동인도회사가 인도에 대한 제국주의적 야욕을 노골적으로 드러내며 정치적인 간섭까지 시도하던 때다. 부유하기로 유명한 아와드 지방에 대해서는 더욱 그러했는데, 아사프-웃-다울라는 막강한 군사력을 가진 영국에 전면으로 맞서는 대신 특유의 해학을 더한 우회적인 방식으로 백성들의 실익을 보호하는 쪽을 택했다.[60]

당시 동인도회사의 약탈은 '돈이 될 만한 것은 무엇이든 찾아서 죄다 가져가기로 작정한' 수준이었다. 주요 무역 물자를 독점하는 등 아와드 국고를 마르게 만들었으며, 더욱이 선대 나왑이

---

[60] 아사프-웃-다울라는 재위 초기부터 영국인들에게 '괴짜에 무능한 풍보 나왑', '동양의 괴상한 이교도'로 묘사되던 인물이었다. 그 역시 공식 석상에 술에 취해 나타나거나 광대처럼 행동하는 등 자신에 대한 조롱을 조장하면서, 영국이 견제의 끈을 느슨하게 놓도록 만들었다.

영국과의 전쟁에서 패배한 뒤 엄청난 피해 보상금을 지급하라는 조약이 체결됐는데, 영국은 아사프-웃-다울라에게 이런저런 이유를 들어 보상금 액수를 몇 배로 불린 수정 조약을 들이밀었다. 이에 아사프-웃-다울라는 부유한 지역을 빈곤한 곳처럼 보이도록 꾸며 약탈로부터 보호했다. 또한 자신은 백성들에게 세금을 내라고 강요할 수 없을 만큼 무력한 왕이라는 시늉을 하면서, 영국에 가장 많은 이윤을 안겨주던 세금 징수를 중단해버렸다. 온건하지만 정확하게 맥을 끊는 나왑의 전략에 그가 호락호락하지 않음을 깨달은 영국은 부당한 조약을 재검토할 수밖에 없었고, 아와드에서의 무역 독점은 종결됐다. 정치적인 주도권은 다시 럭나우 궁정으로 넘어왔다.

이러한 아사프-웃-다울라 특유의 가치관은 럭나우위 비리야니가 탄생하게 된 다음 일화에서 잘 드러난다.

1780년대 초, 극심한 가뭄이 북인도를 강타했다. 메마른 날들이 이어졌다. 평원은 열로 달아올랐고 강은 말라 가느다란 물줄기가 되어버렸다. 재난이 닥칠 때마다 구휼해주었던 무굴 제국마저 쇠락한 상황에서 백성들은 쓰러져갔다. 이때 아사프-웃-다울라는 그야말로 럭나우식 대응이라고 할 만한 방식으로 맞섰다. 위기가 지나갈 때까지 몸을 사리거나 옛 통치자들처럼 구휼 정책을 펼치는 대신, 재산을 쏟아 부어 건물을 짓는 계획에 착수했다. 이맘바라(시아파 성인을 추도하는 회당으로, 아와드 지방에서 무슬림은 시아파가 주류였다)와 대모스끄를 건설하는 계획이었다. 이때 지어진 건물이 오늘날 럭나우의 상징물이 된 바라 이맘바라Bara

Imambara와 아사피 마스지드Asafi Masjid로, 이들은 건축적으로도 비범하고 흥미롭다.

나왑의 무능함을 빌미로 아와드 통치권을 빼앗을 기회를 호시탐탐 노리던 영국은 이러한 행보에 대해 비난 여론을 조장하고자 펜을 날카롭게 갈았다. 하지만 극심한 가뭄이 이어지는 동안에도 이 도시에서는 거렁뱅이가 돌아다니거나 사람들이 대거 굶어 죽는 광경을 전혀 찾아볼 수 없었다. 몇 킬로미터만 가면 끼니를 주는 큰 일거리가 있는데 누가 굶어 죽을 수 있을까?

이는 서민들과 마찬가지로 가뭄에 큰 타격을 입은 귀족들에게도 구원줄이 됐다. 전해지는 이야기에 따르면, 낮 동안에는 일반 백성들이 건물을 올리고 밤에는 귀족과 상류층 사람들이 낮 동안 지어진 부분을 허무는 일을 했다고 한다. 더 많은 사람이 더 오랫동안 일할 수 있게 하기 위해서였다. 사회적 지위로 인해 노동을 하지 않았던 귀족들은 어둠이 내리면 현장에 나왔다. 신분을 묻는 사람도, 신분을 노출할 필요도 없이 이들은 조용히 노동의 대가를 지급받았고, 품위를 지키며 가뭄의 고통을 견뎌낼 수 있었다.

럭나우위 비리야니가 나왑의 감각을 자극한 것은 바로 이 건설 현장에서였다. 이곳에서 일하는 이들에게는 끼니가 제공됐는데, 엄청난 공사 인력을 먹이려면 창의력이 필요했다. 공사 현장 한편에 설치된 아궁이에 거대한 솥단지들이 줄지어 걸렸다. 요리사들은 밥과 고기를 한 그릇에 먹을 수 있는 음식인 비리야니를 만들었다. 솥을 가득 채울 만큼의 쌀과 약간의 고기, 채소, 향신료 양념을 한꺼번에 넣고, 이들 재료가 타지 않고 잘 익게끔 뚜

럭나우에서 비리야니 먹기

인도 음식에 대한 조사를 본격적으로 시작하면서 럭나우는 항상 방문 1순위 도시로 목록에 올라 있었다. 께밥과 비리야니를 먹기 위해서였다. 럭나우의 복잡한 시장거리인 촉Chowk의 한편에 자리 잡은 허름한 판잣집이 럭나우 최고의 비리야니를 만든다고 소개받은 곳이었다(가게 이름은 이드리스 비리야니Idrees Biryani다). 마땅히 앉을 자리가 없는 것은 둘째치고, 낡았지만 연륜 있는 맛집을 알아보는 매의 눈이 있다고 자부했던 판단력으로도 도저히 측정 불가능한 가게였다. 허름한 나무 평상 위에 그저 커다란 솥 몇 개만이 놓여 있으니 판단이고 뭐고 할 여지가 없었다고 말하는 편이 맞겠다.

그런데 비리야니 한 접시가 내 앞에 놓였을 때, '우와, 이렇게 향기로울 수가 있어?' 싶을 만큼 좋은 향이 났다. 음식에서 나는 향이 맞는지 헷갈릴 정도였다. 식욕을 떨어뜨리는 향수 냄새가 아니라, 딱히 어떤 맛인지 상상하기는 어렵지만 정말이지 먹고 싶게 만드는 유혹적인 향기였다. 맛과의 연결 정보가 없는 낯선 향기가 감각의 틈을 비집고 들어오면서 식욕을 말도 안 되게 자극하는, 심지어 현기증이 도는 듯한 경험이었다.

한입 떠먹자, 여러 향신료가 들어갔지만 어느 것 하나 강하게 도드라지지 않고 조화롭게 어우러지는 맛을 느낄 수 있었다. 아마도 나를 어지럽게 만든 주인공이었을 장미수와 께우라가 내는 향기 역시 부담감이나 거부감을 전혀 주지 않았다. 무엇보다도 여기에 들어간 고기는 누린내가 전혀 나지 않을뿐더러 연해서 입 안에서 쌀알과 함께 박자를 맞추더니 곧 사라져버렸다. 압권은 사프론에 물든 쌀알들의 촉촉하면서도 보송한 식감이었다. 강압적으로 밀고 들어오는 느낌이라고는 전혀 없이 섬세하고 또 섬세해서, 언제까지라도 먹을 수 있을 것만 같은 맛이었다. 잘 만든 비리야니 또는 뿔라우가 어떠해야 하는지에 대해 너무 높은 기준을 갖게 된 나머지, 그 뒤로 다른 곳에서는 좀처럼 만족스러운 비리야니를 먹지 못했다는 것이 단점이라면 단점이랄까. 럭나우를 여행할 흔치 않은 기회를 갖게 된다면, 이곳에서 '비리야니 한 접시 먹기'는 가장 먼저 해야 할 일이다.

껑을 덮고 밀가루 반죽으로 틈새를 단단히 봉한 뒤 약불로 오래 가열했다.

현장을 순시하던 아사프-웃-다울라는 이 거대한 가마솥에서 흘러나오는 향기에 사로잡혔다. 요리사에게 이 음식을 내오도록 하여 맛을 본 나왑은 쌀알에 스며든 조화로운 향기에 감탄을 금치 못했다. 비리야니는 무굴 요리의 한 종류로서 이미 존재했음에도 아와드 나왑들에게는 별로 주목받지 못하여 식탁 위에 거의 오르지 않았다고 한다. 그러나 이 일을 계기로 궁정식 변형을 거친 비리야니는 나왑들에게 사랑받는 메뉴가 됐다. 또한 솥을 밀봉하여 재료 자체의 수분만으로 천천히 익히는 덤 방식은 크게 장려됐을 뿐만 아니라 오늘날 럭나우 요리에 중요한 조리법으로 정착됐다.

하이데라바디 비리야니

하이데라바드 요리에서 고기는 지배적인 위치를 차지한다. 아침 식사로 육류 요리라면 보통은 달걀 정도를 떠올리지만, 이들은 아침식사로 다진 고기를 넣은 사모사나 염소 족발을 푹 고아 만든 나하리nahari에 빵을 찍어 먹는다. 결혼식이나 특별한 잔치를 열 때에는 아주 가난한 사람들이라도 돈을 모아 손님들에게 대접할 비리야니 재료를 산다. 물론 고기가 들어간 비리야니다. 더 놀라운 것은 힌두들도 마찬가지라는 사실이다. 우리의 설날만큼 큰 명절인 디왈리가 되면 다른 지역 사람들은 대개 채식 요리를 먹지만, 이들은 치킨이나 머튼 비리야니를 먹는다. 흥미로운 것은 고기 없는 식사를 상상도 하지 못하는 이 도시 사람들과는 달리, 하이데라바드를 둘러싼 주변 지역 거주민들은 대부분 채식주의자라는 사실이다. 이처럼 거의 '고립'에 가까운 독특한 음식 문화가 빚어진 이유는 무엇일까? 그리고 하이데라바드 사람들이 그토록 좋아하는 비리야니는 어떤 맛일까?

그 같은 음식 문화는 역사 속 한 장면에서 비롯된다. 배경은 하이데라바드 외곽에 위치한 유명한 유적지 골콘다 포트Golconda Fort다. '양치기들의 언덕'이라는 이름부터가 이 육식 문화의 잉태를 암시하는 듯 예사롭지 않다. 데칸고원의 암벽을 깎아 만든 이 거대한 궁성은 높이 120m 언덕을 따라 세워졌으며 전체 길이가 무려 7km에 달한다. 그 안에 궁의 여러 시설, 즉 주택이며 공적인 건물, 정원, 사원, 모스끄, 무기고 등이 마치 하나의 도시처럼 이루어져 있다. 원래는 이 지역 토착 세력인 힌두 왕조 까까띠야Kakatya의 성채였으나 이후 무슬림인 꾸뜹 샤히 왕조Qutb Shahi Dynasty[61]가 이 지역을 장악하면서 주인이 바뀌었다. 그들은 당대의 예술과 기술을 총동원해 골콘다 포트를 안락한 궁전이자 요새로 확장하고 단장했다.

지금은 화려했던 칠과 장식이 모두 벗겨지고 앙상하게 남은 뼈대로 과거의 장대함을 짐작만 할 수 있을 뿐이지만, 이곳은 그 유명한 다이아몬드 '코이누르Koh-i-Noor'가 처음 세상의 빛을 본 궁전으로도 유명하다. 까까띠야 왕조 당시 인근 골콘다 광산에서 채굴되어 힌두 왕에게 바쳐졌던 이 다이아몬드는, 이후 끊임

---

61) 골콘다 술딴 왕조라고도 한다. 델리 술딴 왕조는 중기로 접어들면서 영향력이 북인도 일부에 국한될 만큼 쇠락했다. 그 틈을 타 인도 중부에 세워진 바마니 술딴 왕조는 180년간 존속하다가 5개의 술딴 왕조로 쪼개졌는데, 그중 하나가 꾸뜹 샤히 왕조다. 1518년부터 1687년까지 170년간 데칸고원 동부를 지배하다가 끝내 무굴 제국 아우랑제브 황제에 의해 정복당했다.

밀치 까 살란과 요거트가 곁들여지는
하이데라바디 비리야니.

없이 침략해 들어온 다른 통치자들에게로 옮겨 갔다. 델리 술딴 왕조의 술딴들에서부터 무굴 제국 황제들을 거쳐 최종적으로 영국 황실에 넘어갔고, 현재는 여왕의 왕관 중앙에 박힌 채 런던타워에 소장되어 있다.

그토록 찬란했던 골콘다 포트가 폐허로 남게 된 역사적 사건이 오늘날 하이데라바드의 육식 문화와 맛있는 비리야니를 만들었다는 것인데, 때는 17세기 말, 아우랑제브 황제가 데칸 지역을 정복하기 위해 대규모 군대를 내려보낸 시기였다. 난공불락의 요새로 명성이 자자했던 골콘다 포트는 남인도를 장악하기 위한 훌륭한 전진기지였을뿐더러 당시 골콘다는 인도에서 유일무이하게 다이아몬드 광산이 있는 지역이었기 때문이다. 당시 이 지역의 통치 세력이었던 꾸뜹 샤히 왕조는 골콘다 포트에서 1만 무굴 군사들에게 둘러싸인 채 무려 8개월 동안을 저항했다. 포위된 사람들만큼이나 곤궁했던 것은 바깥에서 공격할 기회를 노리며 진을 치고 있던 무굴 군사들이었다. 폭우로 인해 강물은 범람했고 북인도로부터의 식량 공급도 어려워졌다. 간헐적인 가뭄도 이어졌다. 포위 기간이 길어질수록 식량이 바닥나고 있다는 절망감이 커져갔다.

결국 무굴 군대 요리사들은 병사들을 먹여 살리기 위해 요새 주변 마을을 돌아다니며 식재료를 긁어모았고, 남인도 토양에서 자라난 채소와 양념으로 조리했다. 한편 하이데라바드 사람들이 알게 된 새로운 맛도 있었다. 당시 무굴 군대에 배급되던 딱딱한 과자, 고기가 들어간 페이스트리, 그리고 무굴식 비리야니였다. 비리야니는 한 솥에서 만들어 다수의 병력을 보다 쉽게 먹일 수 있을뿐더러 전투력에 필요한 영양분을 충족시키는 음식이었으므로 무굴 시대에는 군대 음식으로도 정착되어 있었다.

이렇게 무굴 제국 요리는 현지의 옷을 입고서 하이데라바드 지역에 뿌리내리기 시작했다. 같은 무굴 궁중 요리라도 델리와 럭나우의 것이 아랍, 페르시아, 중앙아시아의 영향을 좀 더 보여준다면, 하이데라바드의 것에는 남인도 정체성이 강하게 가미되어 있다. 때문에 같은 요리를 비교하면서 먹어보는 재미가 더해지는데, 특히 비리야니가 그러하다. 하이데라바디 비리야니는 럭나우위 비리야니와 함께 '비리야니의 쌍벽'으로 일컬어지는 만큼 맛의 우위를 가리기 쉽지 않다.

두 비리야니의 요리 방법에는 커다란 차이점이 있다. 럭나우의 머튼 비리야니는 고기와 쌀을 각각 어느 정도 익힌 다음, 이 둘을 한데 섞어 덤 방식으로 다시 가열함으로써 맛이 잘 어우러지게 한다. 반면 하이데라바드의 비리야니는 생고기와 생쌀을 함께 넣어 한 번에 익힌다. 이는 그 뿌리가 군대 음식이었던 만큼 손이 덜 가는 방식을 취했기 때문으로 보인다. 그런데 보통 고기가 부드러워질 때까지 익는 시간이 쌀보다 오래 걸린다는 것을 고려하면 행여 고기가 질기지는 않을지, 고기 맛이 제대로 우러날지 염려스럽다. 게다가 하이데라바디 비리야니를 익히는 시간은 30분을 넘지 않는다고 한다. 더 놀라운 것은 물을 한 방울도 넣지 않는다는 점이다. 그런데도 실제로 먹어보면 쌀과 고기 둘 다 완벽하게 조리되어 있다.

여기에는 몇 가지 노하우가 있다. 첫째는 어린 염소의 가장 부드러운 부위만을 골라 쓰는 것이다. 둘째는 고기를 미리 양념해 재워놓는 것인데, 이 양념에는 연육작용을 하는 재료들이 들어 있고 재우는 시간도 충분히 갖는다. 마지막으로는 비리야니를 익힐 솥을 김이 빠져나가지 않도록 완벽하게 봉하는 것이다. 이는 럭나우위 비리야니와 같은 덤 조리법이지만, 처음부터 고기에서 나오는 육즙만으로 밥을 짓는 것이다. 또한 밀봉했기 때문에 솥 내부에 충분한 압력이 만들어짐으로써 고기도 단시간 내에 잘 익는다. 이렇게 만들어진 하이데라바디 비리야니는 고기와 쌀, 향신료 양념 등 재료의 맛이 잘 어우러지며 농축되어 있다는 느낌을 받는다.

하이데라바디 비리야니에는 항상 밀치 까 살란mirch ka salan이라는 국물 음식이 곁들여진다('밀치'는 고추, '살란'은 국물이 있는 요리를 뜻한다). 말린 코코넛, 참깨, 땅콩, 코리앤더, 커민을 볶아서 간 것에 타마린드즙과 재거리를 넣고 끓여 국물을 만든다. 여기에 길고 통통한 풋고추를 넣고 더 끓이면 매콤하면서도 새콤달콤하고 고소한 밀치 까 살란이 완성된다. 비리야니 위에 고추와 국물을 끼얹어가며 먹으면 남인도 향취가 강하게 묻어 있는 하이데라바디 비리야니의 매력을 제대로 느낄 수 있다.

인도의 죽, 키츠리

한 달 이상 비가 쏟아지는 우기, 즉 몬순의 시작은 인도인들에게는 축제다. 장마철의 눅눅함과 덜 마른 빨래를 떠올리는 우리와는 사뭇 다른 정서다. 그도 그럴 것이 섭씨 40도를 육박하는 뜨거운 날씨에, 강물은 말라 바닥을 드러내고 모든 것이 먼지로 부서져 바람에 날리는 날들이 이어지다가 마침내 무감각한 체념 상태에 접어들 때 기적처럼 내리는 비이기 때문이다. 갈증에 허덕이던 땅과 우물과 모든 생명체가 일순간에 생명력을 되찾는 날, 북인도 전역은 그야말로 축제 분위기로 술렁인다.

축제에 빠질 수 없는 것이 음식이다. 몬순을 축하하는 특별한 음식 중 하나가 **키츠리**khichri라고 불리는 쌀 요리다. 쌀에 녹두나 렌틸을 넣고 끓인 음식으로 국물 없이 되직하게 만들기도 하며 죽처럼 묽게 끓이기도 한다. 생강과 강황 가루 등의 향신료로 가볍게 맛과 향을 낸 키츠리 위에는 기를 듬뿍 얹어 먹는다. 특히 검은 렌틸은 구수한 맛이 일품이어서 녹두에 이어 키츠리의 주재료로 애용된다.

키츠리는 몬순뿐만 아니라 우리의 동지에 해당하는 인도 명절, 마깔 상끄란띠Makar Sankranti와도 관련이 있는 음식이다. 해가 길어지고 따뜻한 날들이 시작됨을 축하하는 날로, 이날 힌두들은 태양신에게 경배를 드리며 축복을 기원하고 신성한 강물에 몸을 담가 목욕재계를 한다. 지방마다, 커뮤니티마다 풍습이며 먹는 음식이 다르긴 하지만, (우리가 동지에 팥죽을 먹듯이) 마깔 상끄란띠에는 키츠리를 끓여 먹는 곳이 많다. 우따르 쁘라데쉬 지방에서는 이 날에 아예 음식과 같은 이름을 붙여 '키츠리'라고 부른다.

또한 키츠리는 중세 시대에 가난한 순례자들의 음식이기도 했다. 길 위에서 해결해야 했던 그들의 끼니는 장작불을 피워 냄비를 올리고 그날 얻은 곡식과 렌틸에 물을 많이 넣어 끓인, 키츠리의 조상 격 음식이었다. 양념은 소금뿐, 행여 약간의 채소라도 구할 수 있는 운 좋은 날이면 채소도 넣어 끓였다. 오늘날 키츠리는

건강이 좋지 않거나 탈이 났을 때 먹는 환자식, 또는 종교적으로
단식해야 하는 기간에 먹는 음식으로 여겨진다. 그만큼 자극이
적고 순한 음식이다. 아유르베다에서는 키츠리가 치유력이 좋은
음식으로 높이 평가되는데, 특히 녹두를 넣은 가장 고전적이고
도 기본적인 키츠리는 몸의 독소를 배출하는 데 효과가 있다고
한다.

몬순이 시작될 때 키츠리를 먹는 것도 사실 이러한 배경에서
다. 즉 기온이 떨어지고 습도가 높아짐에 따라 신체가 그에 적응
하기 위해 에너지를 많이 쓰면서 쉽게 피로해지기 때문에 소화
하기 쉬운 음식을 먹는다는 개념이다. 때문에 인도 사람들의 인
식에서 키츠리는 즐거운 날에 먹는 근사한 음식과는 거리가 있

까르나따까의 키츠리.
비시 벨레 밧. 매콤하면
서도 고소하다.

고, 요리로서의 키츠리는 다소 무시되는 경향이 있다. 하지만 이러한 선입견이 없는 제3자의 입장에서 보자면 키츠리의 맛과 매력은 다른 음식에 결코 뒤지지 않는다. 우리가 먹는 죽도 기본적인 채소죽이나 버섯죽에서부터 별미로 먹는 전복죽, 삼계죽 등 여러 종류가 있는 것처럼, 키츠리도 지방마다, 계절마다 어울리는 재료로 다양하게 만들어져 색다른 맛을 발견하는 재미가 쏠쏠하다.[62]

부드러운 고기죽, 할림

지금으로부터 600년 전에 이븐 바투타는 키츠리에 관해 이렇게 썼다.

> (인도의) 낟알 중에는 (…) 문즈munj라는 것이 있는데 약간 길쭉하고 새파랗다. 문즈는 쌀과 함께 끓여 기를 섞어 먹는다. 이는 그들이 끼슈리kishri라고 부르는 것이다. 마그레브 지방의 하리라hariah와 같다고나 할까. 매일 아침으로 먹는다.

여기에 등장하는 문즈는 녹두인 뭉mung을 가리키며 끼슈리라고 한 것이 바로 키츠리다. 여기서 바투타는 키츠리가 마그레브(리비아·튀니지·알제리·모로코 등 아프리카 북부) 지방의 하리라와 비슷하다고

---

62) 가령 남인도의 개성과 만난 키츠리는 까르나까주의 유명한 전통 음식 '비시 벨레 밧bisi bele bhath'이 된다. 직역하면 '매콤한 렌틸과 쌀 요리'로, 300여 년 전 마이소르 궁전에서 처음 만들어졌다고 한다. 타마린드, 커리 잎, 고추, 기 등이 더해져 속을 편하게 해주는 환자식과는 거리가 상당히 먼 '방탕한' 키츠리가 됐다. 오늘날에는 당근, 완두콩, 양파 등 채소가 듬뿍 들어가지만 마이소르 궁전에서 만들어진 초기 버전에는 채소도 들어가지 않았던 모양이다.

썼다. 지금도 모로코 등지에서 만들어지는 하리라는 쌀과 렌틸, 고기를 끓인 음식인데, 그 원조로 여겨지는 것이 아랍의 하리쉬 hareesh다. 밀과 고기를 끓여 매끈하게 간 다음 향신료, 버터를 넣고 다시 한 번 끓여서 완성한다. 둘 다 '실크 또는 실크처럼 부드러운 것'이라는 뜻을 가진 아랍어 'harir'를 어원으로 한다. 이 하리쉬는 인도에 전해져 키츠리를 만나 **할림**haleem이 되었다. 7세기경 남인도 께랄라 북부에 정착한 아랍 후예들의 커뮤니티인 모쁠라는 오래전부터 하리쉬를 만들어 먹었다. 이런 하리쉬가 인도 전역에 퍼져나간 것은 무굴 시대 아랍인 용병들에 의해서라고 추정되는데, 이 역시 병사들에게 배급되는 한 그릇 음식으로 적합했기 때문이다.

오늘날 키츠리는 힌두 음식, 할림은 무슬림 음식으로 여겨진다. 특히 라마단 기간에 하루해가 저물 무렵이면 무슬림 동네 식당들마다 솥에서 끓고 있는 할림을 젓는 손길이 바빠진다. 할림은 북인도에서 광범위하게 먹지만, 하이데라바드의 할림에는 특히나 자부심이 실려 있다. 니잠 군대에서 복무하다가 인도에 정착한 아랍 용병들의 핏줄이 이어지고 있기 때문이다. 그중 옛 예멘 왕조 하드라마우트Hadhramaut의 왕족으로 20세기 초 니잠 왕조의 귀족이 된 술딴 사이프 나와즈 정Sultan Saif Nawaz Jung은 할림을 하이데라바드 음식으로 만든 일등 공신이다. 그는 집에 찾아오는 손님들에게 항상 하리쉬를 대접했는데, 이것이 니잠 상류층으로부터 주목받게 됐다고 한다. 밀과 고기가 주재료였던 하리쉬는 고기에 (키츠리처럼) 렌틸과 쌀을 넣은 인도의 할림으로 점차 변해갔다.

인도 현지 식당에서 할림 조리 과정에 대해 설명 들을 기회가 있었는데, 먼저 장작불 가마에 아예 일체형으로 붙어 있는 엄청나게 큰 솥에 머튼 토막과 풋고추, 물을 넣고 끓인다. 여기에 미리 불려놓은 통밀가루와 쌀, 굵게 간 렌틸과 견과류, 장미꽃잎, 10여 가지의 통향신료, 기를 차례로 섞는다. 오랫동안 끓이면서 큰 주걱으로 젓고 헤치기를 반복하면 고기가 실처럼 완전히 분해된다. 마지막 몇 시간 동안은 약한 불에 뭉근하게 끓이면서 요리사 두 명이 온몸의 힘을 실어 나무 절굿공이로 계속해서 빻는다. 장장 8시간에 걸쳐 끓인 끝에 얻은 할림은 걸쭉한 수프처럼 진하고 부드럽다. 그 위에 튀긴 양파, 다진 청고추, 실란트로를 얹고 라임즙을 뿌려 먹는다.

07

인도 대표 음료,
짜이와 라씨

인도의 홍차, 짜이

인도를 여행한 이들이라면 누구든 **짜이**chai를 마시던 순간들이 기억에 점점이 박혀 있을 것이다. 올드 델리의 시장 골목에서, 아그라며 자이뿌르로 향하는 고속도로 휴게소에서, 꼴까따로 향하는 기차 안에서 "가람 짜이~ 짜이 가람!"[63]을 외치는 짜이왈라한 테서 건네받은 짜이를 수없이 홀짝였던 기억들 말이다. 짙고 떫은 홍차는 우유, 설탕에 섞여 한없이 부드러워지고 한없이 달콤해진다.

인도에서 짜이, 즉 홍차 소비는 어마어마하다. 해마다 70만 톤

---

63) 가람은 뜨겁다는 뜻으로, "뜨거운 짜이 있어요!"라고 외치는 소리다.

이상을 생산해 그중 70%를 국내에서 소비한다. 1인당 연간 500g의 찻잎을 소비하는 셈인데, 같은 찻잎으로 두어 번은 우려먹을 수 있다는 점을 고려하면 상당한 섭취량이다. 한데 1800년대 이전까지 인도인 대부분은 홍차를 알지 못했다. 인도인들이 지금과 같이 차를 소비하게 된 바탕에는 영국의 전략이 있었다.

19세기 초, 영국 동인도회사는 유럽에서 차의 인기가 높아지자 인도에 차를 직접 재배하겠다는 계획을 세운다. 당시 중국은 전 세계에서 유일한 차 재배지이자 생산 기술을 가진 나라였다. 한동안은 영국-중국 간에 아편과 차를 사고파는 쌍방향 무역이 이루어졌지만, 아편전쟁 이후 중국이 아편 재배를 합법화하자 더 이상 아편을 팔아 차를 사올 수 없게 된 영국은 지체 없이 차 재배 계획을 실행에 옮겼다. 영국이 중국에서 몰래 빼온 차 묘목과 씨앗은 인도 다르질링Darjiling에 뿌리내렸다.[64)]

영국은 인도에서 차를 대대적으로 재배, 생산하기 시작했고, 다르질링, 아쌈, 따밀나두의 닐기리Nilgiri 등에 대규모 차 농장이 들어섰다. 이렇듯 차 생산량이 늘어나자 영국에게는 유럽 이상의 차 소비시장이 필요했다. 그리하여 눈을 돌린 곳이 바로 자신들이 통치하던 인도였다. 20세기 초, 영국은 인도인들을 대상으로 차 마시기 캠페인을 벌이는 등 차를 대대적으로 광고했다. 찻잎을 무료로 나누어주는가 하면 우유와 설탕을 넣어 마시는 영

---

64) 하지만 차나무는 인도 아쌈에 이미 자생하고 있었다. 기원전 750년 전부터 찻잎을 먹었다는 기록이 있다. 아쌈에 거주하던 싱포 부족과 캄띠 부족은 전통적으로 찻잎을 채소로 먹거나 끓여서 음료로 마셔왔지만 영국이 그 존재를 알게 된 것은 19세기 초가 지나서였다. 영국은 곧 아쌈의 야생 차나무 씨앗으로 새로운 묘목을 재배하기 시작했고, 20세기에 이르러 아쌈은 대표적인 차 생산지로 발돋움했다.

시장 골목에서 짜이왈라를 만나면 꼭 짜이 한 잔을 마시게 된다. 인근 상인들에게 인정받기 위해 더 맛있는 짜이를 만들지 않을까 싶어서다. 그리고 십중팔구는 그러하다.

국식 티 음용법도 알려주었다. 그렇게 인도인들 손에 쥐어진 홍차는 '마살라 짜이masala chai'라는 형태로 퍼져나갔다.[65]

짜이[66]는 대개 비슷한 방식으로 만들어진다. 길거리에서 짜이를 파는 짜이왈라 앞에는 약한 불 위에서 냄비가 데워지고 있다. 가루를 낸 홍차, 카다멈과 생강 서너 조각이 물속에서 진하게 우러난다. 주문을 받으면 이내 물 양을 조절하고 불 세기를 올린다. 설탕, 우유를 넣고 얼마되지 않아 이내 우유가 맹렬하게 끓기 시작하는데, 짜이왈라는 넘치기 직전까지 기다렸다가 냄비를 낚아채 컵[67]으로부터 멀찍이 떨어진 높이에서 짜이를 따른다. 힘차게 한 줄기를 이루며 떨어지는 짜이를(다른 한 손으로는 체를 받쳐 홍차가루와 향신료를 걸러낸다) 짜이왈라는 솜씨좋게 끊어가며 여러 컵에 나눠 따른다.

짜이도 취향에 따라 주문을 달리할 수 있다. 진한 짜이를 원한다면 '까닥 짜이kadak chai'를 주문해보자. 물 양을 줄여 홍차를 진하게 우려낸 짜이다. 크림을 원한다면 '말라이 마르 께 짜이malai mar ke chai'를 주문하면 된다. 진하게 끓인 짜이 위에 크림 한 스푼을 듬뿍 떠서 올려준다.

---

65) 인도인들에게는 아유르베다에 따라 생강, 카다멈, 시나몬, 클로브 등 다양한 향신료와 허브, 약재를 끓인 전통차를 마시는 풍습이 있었다. 영국식 티는 전통차를 끓이는 방식과 결합해 '마살라(향신료)'를 넣은 '짜이(차)'가 됐다.

66) 오늘날 인도에서 '마살라 짜이'라고 하면, 10가지 남짓한 향신료를 배합한 '짜이 마살라'를 넣은 특별한 밀크티를 가리킨다. 보통의 인도 밀크티는 그냥 '짜이'라고 부르며 카다멈과 생강이 기본 재료다.

67) 종종 토기 잔인 꿀하르kulhar에 짜이를 내어주는 곳이 있는데, 이는 한 번 입을 대고 나면 씻어서 재사용하는 것이 아니라 깨뜨려서 다시 흙으로 돌려보낸다. 일종의 일회용 컵인 셈이다. 전통적인 카스트 제도하에서 낮은 카스트가 사용했던 그릇에 (깨끗이 씻었다 해도) 차를 마시거나 음식을 먹는 일은 그 카스트로 추락하는 타락 행위였다. 따라서 길거리에서 파는 짜이나 요거트(다히), 라씨, 아이스크림(꿀피) 등은 모두 꿀하르에 담겨서 판매됐다. 지금은 더 저렴하고 가벼운 폴리스티렌이나 종이컵으로 대체되고 있는 추세다.

다채로운 짜이의 세계

인도 전역에서 대부분 비슷하게 만들어지는 짜이지만, 지방마다 나름의
특색은 있다. 가령 유제품이 풍부한 뻔잡 지방에서는 우유를 많이 넣어
끓이는 한편, 께랄라에서는 통후추와 넛멕을 넣거나 레몬그라스, 민트 잎,
뚤시 잎[68]을 넣어 끓이곤 한다. 남인도에서는 우유를 따로 끓이는데, 이
는 손님의 기호에 따라 우유와 홍차의 비율을 조절하기 위해서다. 다음은
대도시에서 볼 수 있는 몇 가지 독특한 짜이다.

1) 럭나우의 카데 쩜마찌 끼 짜이khade chammach ki chai는 '찻숟가락이 서
는 짜이'라는 뜻으로, 실제로 짜이에 숟가락을 꽂으면 그대로 선다. 컵 바
닥에 3cm가량 두텁게 깔린 설탕 때문이다. 굵은 설탕을 써 적당히 단맛
을 내면서 녹지 않은 설탕으로 흥미를 유발하려는 의도가 다분하다.

2) 하이데라바드의 이라니 짜이Irani chai는 홍차와 우유를 따로 끓인다. 진
하게 우려낸 홍차에 우유는 무려 12시간을 끓여 연유 상태로 만든 것을
섞는다.

3) 대도시의 경제관념을 반영한 짜이도 있다. 뭄바이의 커팅 짜이cutting
chai, 방갈로르의 바이 투 짜이by-two chai는 그 이름처럼 한 잔을 사 두 사
람이(절약해야 하는 회사원이나 학생 등) 나눠 마실 수 있는 짜이다. 덜어
마실 수 있도록 빈 잔을 하나 더 준다.

'일반적인 짜이(우유와 설탕을 넣어 끓인 홍차)'가 아닌, 지역마다 특색 있
는 짜이(차)도 있다.

4) 께랄라 무슬림들이 즐겨 마시는 술래마니 짜이Sulaimani chai에는 우유
가 들어가지 않는다. 카다멈, 클로브, 인도 월계수 잎 등의 통향신료를 넣
고 끓인 홍차에 설탕과 라임즙을 넣어 마신다.

5) 까쉬미르에서는 눈 짜이noon chai를 마신다. 짜이가 분홍빛을 띠는 데다
크림 한 덩이를 올려주기 때문에 마치 딸기셰이크처럼 보이지만, 까쉬미
르어로 눈은 '소금'을 뜻한다. 즉, 짭짤한 짜이다. 설탕은 전혀 넣지 않고 소
금으로 간을 하며 홍차가 아닌 녹차를 우린다. 녹차 잎에 소다(분홍색을 띠
게 만든다), 소금을 넣고 끓이다가 우유, 카다멈, 시나몬을 넣어 끓인다.

까뻬, 인도의 커피 이야기

인도 하면 커피보다 홍차가 먼저 떠오르지만 인도는 주요 커피 생산지일 뿐만 아니라 커피 산지 확장에 중요한 역할을 했다. 무굴 제국 상류층 사이에서 유행했던 음료도 바로 커피다. 귀족들은 아랍과 터키, 페르시아에서 그러하듯이 곱게 간 커피 가루를 카다멈 등의 향신료와 함께 진하게 끓여 마셨다. 특히 차따 촉 Chhatta Chowk[69]에는 당시 이슬람권에서 유행하던 커피하우스가 세워져 귀족 및 관료들이 이곳에 모여 커피를 마시고 물담배를 피우며 담소를 나누곤 했다. 아우랑제브 황제 또한 커피를 좋아해 평생 동안 즐겼다고 전해지는데, 사망하기 두 해 전에는 지방 제후로부터 원두를 선물 받았다는 기록도 남아 있다.

커피가 아랍 수피들 사이에 처음 알려져서 중동에 커피하우스 문화를 꽃피운 뒤 인도에 당도한 것은 16세기 초반이었다. 당시 커피는 오직 예멘에서만 생산됐으며, 18세기 중반까지도 커피 수출은 예멘의 항구도시 모카Mocha에서만 독점적으로 이루어졌다. 이러한 흐름에 일대 변혁을 가져온 사건은 1670년경에 일어났다. 바바 부단Baba Budan이라는 수피가 메카로 성지 순례를 갔다가 옷 속에 커피 씨앗 7알을 숨긴 채 인도로 돌아온 것이다(물론 예멘에서는 생두 반출을 금하고 있었다). 이 씨앗은 까르나따까주의 한 언덕[70]에 뿌리를 내려 웨스턴 가츠 산줄기를 따라 퍼져나

---

68) 영어로 홀리 바질holi basil이라고 하는 인도 원산의 관목. 힌두들에게는 신성한 존재로 여겨지며, 향기로운 꽃과 잎은 차로 우려 마신다.

69) 델리의 랄 낄라 성문을 통과하면 들어서게 되는 긴 골목이다. 성 안에 거주하는 귀족들, 특히 성 밖 출입이 어려웠던 궁궐 여성들을 상대로 보석, 장신구, 옷감, 은 식기 등을 팔던 궁내 시장이었다.

70) 이 언덕은 훗날 바바 부단 기리Baba Budan Giri라고 불리게 되는데, 수피의 이름에 언덕을 뜻하는 현지어를 붙인 것이다.

갔다.[71] 오늘날 인도의 커피 생산량은 세계 6위인데, 이 중 70%
가 까르나따까에서 생산된다.

남인도에서는 필터 커피 혹은 흔히 '까삐'라 하는 커피를 마신
다. 여기에 넣는 커피 파우더는 중배전한 원두를 곱게 간 것에 볶
은 치커리 뿌리 가루를 20~30% 섞은 것이다. 세계대공황을 맞
은 커피 업계는 커피에 치커리 뿌리를 섞어 양을 늘리기도 했는
데, 이렇게 하면 바디감이 생겨나고 쓴맛이 다소 가미되면서 커
피 맛이 풍부해지는 효과도 있었다. 치커리 뿌리를 섞은 커피 파
우더가 인도인들 입맛에는 잘 맞았던지, 지금도 인도에서 생산·
판매되는 커피 파우더의 상당 부분을 차지하고 있다. 이 커피 파
우더를 금속 소재로 만들어진 남인도식 필터 안에 담고 물 빠짐
덮개를 덮은 위로 뜨거운 물을 붓는다. 이 덮개는 물이 천천히 내
려가도록 하는 역할을 한다. 이렇게 뽑아낸 커피는 진한 맛과 향
을 갖는다. 여기에 설탕과 따뜻한 우유를 넣은 뒤 컵 2개를 이용
해 1m 이상의 낙차를 주면서 두세 차례 번갈아 부어 충분한 우
유 거품을 만들어준다.

71) 커피나무가 세계로 퍼지게 된 것은 이로부터였다. 1661년 께랄라 북부에 다섯 번째 상사를 세
우며 세를 확장하고 있던 네덜란드 동인도회사. 그 지휘관이었던 아드리안 판 오멘Adrian van
Ommen은 1696년 께랄라주의 커피나무를 자바섬으로 보내라는 명령을 받는다. 이미 인도네시아
를 장악하고 있던 네덜란드는 자바섬에서 커피를 재배하고자 하는 야망에 차 있었다. 지진과 홍
수로 인해 첫 번째 시도는 실패로 끝났지만, 1706년 결국 커피 원두 수확에 성공했다. 자바섬 커
피나무 샘플은 곧 암스테르담의 식물원으로 보내졌고, 이는 후에 유럽 각국으로 퍼져 (열강들의
식민지였던) 신대륙에까지 이르게 된다.

인도만의 특별한 커피가 두 가지 있다. 첫 번째는 마이소르 너겟Mysore Nuggets이다. 바바 부단이 가져온 커피는 아라비카종으로, 그중에서도 최상급 품종이 인도 최대 커피 생산지인 쿠르그Coorg(까르나따까주에 속한 지역으로, 공식 명칭은 꼬다구Kodagu다)에서 재배됐는데, 여기서 난 커피 원두를 가리킨다. 전통적이면서도 자연 친화적인 재배 방식, 기후 조건, 특히 4월에 내리는 가벼운 비가 쿠르그 커피 품질을 우수하게 만들어준다. 두 번째는 몬순드 말라바monsooned malabar다(사진 왼쪽). 말라바 해안(남인도 서해안) 항구에서부터 유럽까지 운송되는 몇 개월 동안 커피콩은 높은 습도며 몬순 계절풍에 노출되면서 특이한 변화를 보였다. 원래 녹색이었던 생두는 노랗게 변했고, 크기는 약간 부풀었다(사진 오른쪽). 이를 로스팅해 추출한 커피는 신맛이 줄고 묵직하면서도 부드러운 풍미가 생겨났다. 오늘날에는 운송기간이 짧아져 자연적인 몬수닝 효과를 얻기 힘들기 때문에, 생두를 몬순 우기 3~4개월 동안 해풍이 잘 통하는 공간에 펼쳐놓고 숙성시킨다.

더위를 물리치는 인도의 음료 이야기

: 라씨, 님부 빠니, 잘 지라

17세기 중반에 인도를 여행하고 그 이야기를 책으로 남긴 프랑스 의사 프랑수아즈 베르니에François Bernier는 여행 중 어느 날에 대해 이렇게 썼다.

> 바싹 마르고 시든 내 몸은 마치 체가 된 것 같았다. 물 한 동이를 들이켜자마자 모두 땀구멍을 통해 빠져나갔다. 손가락 끝으로도 빠져나가는 것 같았다. (…) 밤이 되기 전에 죽을 것 같았다. 내 소망은 오직 레모네이드를 만들 라임 네댓 개, 물에 타서 설탕을 넣어 마실 약간의 요거트가 아직 남아 있기를 바라는 것이었다.[72]

베르니에처럼 절박한 상태까지는 아니더라도 무더위 속에 여행길을 걷다 한 잔 마시면 "으, 살 것 같네" 소리가 절로 나오는 음료가 있다. 베르니에가 썼듯이, 요거트에 물을 타 묽게 만들어 마시기 좋게 만든 인도 전통 음료, 바로 **라씨**lassi다. 길거리 노점상들은 여전히 옛 방식대로 날이 달린 전용 도구를 이용해 요거트를 젓는데, 크리미하면서도 기분 좋게 넘어갈 정도로 묽은 농도를 맞추는 것이 맛있는 라씨의 관건이다. 잘 만들어진 라씨를, 옛 분위기를 살려 토기 잔이나 금속으로 된 긴 컵에 담아주는 가게를 만나면 금상첨화다.

스위트 라씨는 간단하게 사프론과 카다멈만 넣은 것에서부터

---

72) Francois Bernier, *Travels in the Mughal Empire*, Ross&Perry, 2001.

바나나, 망고, 아보카도, 파파야, 키위, 딸기 등 과일뿐만 아니라 초콜릿, 캐러멜, 커피, 견과류, 코코넛을 넣은 것까지, 그 종류가 무궁무진하다. 그런데 전통적인 라씨는 스위트 라씨가 아니라 암염을 넣어 약간 짠맛이 나는 솔티드 라씨salted lassi다. 여기에는 보통 향신료 커민을 넣으며, 민트 잎을 넣기도 한다. 라씨가 사랑받는 가장 큰 이유는 요거트가 여름철 더위를 식혀주기 때문인데, 특히 솔티드 라씨에 들어가는 검은빛을 띠는 암염, 깔라 나막 kala namak[73]은 아유르베다에 의하면 열을 식히는 기능을 하며 소화를 돕는 효과가 있다고 한다. 결국 솔티드 라씨는 요거트와 암염을 섞어 마심으로써 무더운 날을 건강하게 보내고자 했던 옛 인도인들의 지혜의 산물이라 할 수 있다.

뜨거운 한낮, 길거리에는 손수레 위에 작은 라임(레몬이라 부르지만 라임이다)이 가득 담긴 유리컵을 줄지어 세워놓고서 손님을 기다리는 장수들이 있다. 바로 **님부 빠니**nimbu pani(쉬깐지shikanji라고도 한다), '라임 워터'를 파는 이들이다. 시원한 물에 라임 두어 개를 짜 넣고, (솔티드 라씨처럼) 몸의 열을 내리는 데 좋다고 여겨지는 민트 잎, 커민 가루, 깔라 나막을 넣어 짭짤하게 마신다. 가끔 개구리 알처럼 생긴 것을 위에 얹어주기도 하는데, 바질 씨앗을 물에 불린 것이다. 이 또한 열을 내리는 효능을 갖고 있다고 하여 여름철 음료에 많이 섞어 마신다.

주문에 따라 설탕을 넣어 달콤하게 만들어주기도 하지만, 대

---

[73] 직역하면 검은 소금이라는 뜻이다. 덩어리 상태에서는 검은 빛깔이 강하지만 가루로 분쇄하면 검붉은빛을 띤다. 보통 유황 냄새 또는 썩은 달걀 냄새라고 말하는 특이한 향을 지니고 있어 익숙지 않은 입맛에는 거부감이 들 수 있다.

남부 소다. 병마개를 눌
러서 여는 현지 소다수
에 라임을 짜 넣어 즉
석에서 만들어준다(대물
에 탄 것은 남부 빠니,
소다수에 탄 것은 남부
소다다).

부분은 짭짤한 남부 빠니를 찾는다. 보통의 레몬에이드를 상상
하고 마셨다가는 깜짝 놀랄 수도 있다. 분명 입을 즐겁게 하기 위
해 마시는 음료는 아닌 듯한데, 더위를 가시게 하는 효과만은 즉
각 느낄 수 있다. 더위를 타지 않고 건강한 여름을 나기 위해서는
바깥 온도가 아닌 몸속 열을 내리는 것이 중요하다는 사실을 실
감케 한다.

외국인으로서는 생소하게 여겨지지만 인도인들이 즐겨 마시
는 또 다른 여름철 음료 중 하나는 **잘 지라**jal jeera다. 힌디어로 '잘'
은 물을 가리키며 '지라'는 향신료 커민을 뜻한다. 델리 길거리
를 다니다 보면 자전거 뒤에 빨간 천으로 싸맨 항아리를 싣고 다
니는 장사꾼들을 볼 수 있다. 항아리 입구는 라임과 민트 잎을 빙
둘러 장식해놓곤 한다. 이들이 파는 것은 후추, 풋망고 가루인 암
추르, 깔라 나막, 민트 잎, 타마린드즙, 그리고 라임즙을 섞은 얼
음물이다. 더위를 가시는 데 효과가 있다고 하는 것들을 전부 섞
은 음료다.

더위를 먹은 것 같다면 약이라고 생각하고 한번 마셔보자. 유리
컵 가득 담긴 잘 지라 위에는 병아리콩 가루 반죽을 작게 튀긴 알
갱이, 분디boondi를 한 줌 띄워준다. 표주박에 담긴 물 위에 나뭇
잎을 띄워주었다는 우리의 옛 이야기처럼 천천히 마시라는 배려
일까. 알 수 없는 조합이지만 현지인들이 추천하는 여름철 특효
음료다.

페르시아의 향기, 셔벗

라씨에 가려 외국인에게는 자주 선택받지 못하는 인도 전통 음

료가 있다. 이븐 바투타가 정찬에서 식전에 나왔다고 쓴 **셔벗**
sherbat이다. 과즙이나 꽃잎 즙을 물과 섞어 시원하게 마시는 음료
로, 페르시아와 터키, 아랍, 아프가니스탄에서는 샤르밧sharbat 또
는 셰르벳sherbet, 프랑스에서는 소르베sorbet, 이탈리아에서는 소
르베토sorbetto 등 비슷한 이름으로 불린다. 이들 모두 '마실 것',
'마시다'라는 뜻의 아랍어 샤르바sharba에서 유래한 것이다.

북인도에서 색색의 음료를 파는 가판대가 보인다면 십중팔구
셔벗 가게일 것이다. 레몬, 오렌지, 망고, 파인애플, 석류처럼 우
리에게도 친숙한 과일에서부터 레몬그라스 같은 향을 내는 풀인
쿠스khus로 만든 초록 시럽, 팔사phalsa의 보랏빛 과즙, 벨bel의 노
란 과즙, 까쉬미르산 사프론의 오렌지빛 추출액, 진한 백단향, 향
기롭고 투명한 께우라, 바질 씨, 치아 씨, 히비스커스 꽃을 우려
낸 선명한 핏빛 에센스(구르할gurhal) 등 이국적인 것에 이르기까
지 온갖 재료가 셔벗에 색과 향, 달콤함을 준다. 과실은 설탕에
재워서, 풀과 꽃 등은 뜨거운 물에 진하게 우려낸 뒤 설탕을 섞어
셔벗 농축액을 얻는다.

---

74) 인도의 셔벗 장수들도 많이 사용하고 일반 가정에서도 애용하는 셔벗 시럽 중 하나는 루흐 아
    프자Rooh Afza다. 오렌지, 파인애플, 라즈베리, 블랙 커런트, 시금치, 당근, 장미수 등 천연 재
    료들을 농축시켜 만든 시럽으로, 몸을 시원하게 만들고 일사병이나 탈수 예방에도 효과가 있다
    고 한다. 1907년 올드 델리에 있던 한 작은 허브 약방에서 처음 만들어졌으며, 마트에서도 쉽
    게 구할 수 있다.

인도에서 먹는 얼음과자

우리나라에서도 과즙으로 만든 빙과류를 샤베트라고 부르던 시절이 있었는데, 인도에도 셔벗을 이용한 빙과류가 있다. 골라gola 또는 추스끼 chuski라고 부르는 이것을 골라왈라들은 우리의 옛날식 빙수 기계를 놓고 즉석에서 만들어준다. 커다란 얼음 덩어리에서 깎아낸 얼음톱밥 한 움큼을 공 모양으로 뭉친 다음, 들고 먹을 수 있도록 막대기를 꽂아 컵에 담는다. 그리고 그 위로 원하는 셔벗 시럽을 뿌려준다. 얼음 공은 이내 셔벗 시럽에 따라 색색으로 물든다. 막대기를 쥐고서 얼음에 입술을 대고 쭉쭉 빨아먹는 모양새가 영락없이 옛 샤베트다. 1960~70년대를 살았던 이들이 본다면 '아이스께끼' 장수들이 팔던 얼음과자를 떠올릴지도 모르겠다. 바부르 황제는 시원하지 않은 셔벗은 마시지 않았다. '얼음도 없는 인도'에 불만을 가졌던 황제를 위해 히말라야 산맥에서부터 운반해 온 얼음으로 셔벗을 만들어 바쳤는데, 수레 가득 실린 얼음을 천으로 잘 감싸서 출발해도 궁정에 도착하면 단 몇 킬로그램밖에 얻을 수 없었다고 한다. 몬순이 되어 비가 내리기 전, 사막에서 불어오는 뜨거운 바람에 기온이 40~50도까지 올라가는 날씨를 견뎌야 했던 것은 시골 촌부나 황제나 마찬가지였을 것이다.

바부르의 곤경이 무색하리만큼 손쉽게 얼음을 구할 수 있는 지금. 얼음을 가득 채운 유리잔에 셔벗 시럽[74]과 물을 따라 황제 부럽지 않은 기분을 느껴보자. 와인 같은 매혹적인 루비색 액체가 투명한 얼음 사이사이로 퍼진다. 처음 마실 때는 진한 과일 향과 장미 향에 이어 옅은 샌달우드 향이 낯설게 느껴질 수 있는데, 익숙해지면 더위에 이토록 위안이 되는 음료도 없다. 우리가 여름에 시원한 보리차나 매실냉차를 마시듯, 인도의 건조한 무더위에는 인도 음료가 제격인 이유가 분명 있는 듯하다.

천연주스도 갈증 해소에 좋다. 바로 짜주는 달
콤한 시탕수수즙(간네 까라스ganne karas)
으로 수분을 보충해보자(왼쪽). 그렇지만 무엇
보다 가장 위안이 되는 것은 물 아닐까. 생수를
지니고 다니면서 틈틈이 마시자

PART
02

인도 음식,
그 베일 속으로

외국인들은 '한식' 하면 비빔밥이나 불고기를 떠올리지만 실제로 우리 밥상에 매일 올라오는 것은 많이 다르듯이, 인도인들 식탁에 일상적으로 오르는 것도 버터 치킨이나 꼬르마가 아니다. 인도 음식이 결코 '커리'라는 한 단어로 막연히 통칭될 수 없는 이유도 이 일상적인 식탁 위에 있다. '인도'라는 하나의 이름을 가진 나라지만 (흔히 하는 말로) "200km를 넘어갈 때마다" 언어도, 풍광도, 옷차림도 달라질뿐더러 그중에서도 가장 드라마틱하게 변하는 것이 바로 음식이기 때문이다.

그동안 만난 인도 어머니들은 수줍은 듯, 그러나 막힘없는 손놀림으로 이방인인 나에게도 식사를 차려주었다. 델리의 한 어머니는 갓 구운 짜빠띠가 식을세라 보온 그릇에 담아놓고 시장에서 사온 양배추며 감자, 가지를 향신료로 양념해서 맛깔스런 채소 반찬을 만들어주었고, 께랄라 고랭지 마을에서 만난 어머니는 고춧가루와 코코넛으로 양념한 민물고기를 바삭하게 튀겨 쌀밥과 함께 내주었다. 자신의 고향 꼴까따의 음식을 맛보여주겠다며 회사 동료가 싸온 도시락에는 머스터드 소스에 조린 생선과 시금치 나물이 담겨 있었다.

2부는 이들의 주방과 식탁에 가까이 다가가 좀 더 자세히 들여다보는 여정이다. 인도인들은 어떤 '밥'을 해 먹을까? 과연 어떤 재료, 어떤 양념으로 어떤 음식을 만들어 먹을까? 지금부터는 채소 요리에서부터 다양한 생선·육류 요리며 감초처럼 곁들이는 반찬들, 갖가지 달콤한 디저트까지 인도인들의 식탁과 일상을 수놓는 먹거리들을 만나보자.

그 시작은 무수한 인도 음식을 관통하는 유일한 주제, 바로 향신료 이야기다.

08

_{〰〰〰}

인도의 부엌을
들여다보다

향신료 상자 '마살라 답바'

———

세계 어디에서나 비슷한 채소며 고기로 음식을 만들지만 각각을
개성 있게 만드는 것은 단연 양념이다. 인도 요리를 특징짓는 첫
번째 요소 또한 인도의 양념, 향신료다. 인도에서는 이를 '마살라
masala'라 부른다. 철기시대에 인도 대륙으로 들어온 아리아인이
이 땅에 살던 부족을 '강황 먹는 사람들'이라고 불렀을 만큼 인도
에서 향신료의 역사는 길다. 예부터 인도인은 몸에 이로운 야생
의 산물(향신료)을 음식에 넣어 일상적으로 섭취했는데, 이는 음
식과 약을 하나로 여기는 아유르베다의 개념과도 연결된다. 향
신료를 특별한 풍미와 향을 내기 위해 사용하는 양념으로만 정

의하는 서양과 달리, 인도에서 향신료가 갖는 의미는 이처럼 포
괄적이다.

인도 어느 가정이든 식당이든 매일 사용하는 향신료들을 칸칸
이 나누어 담아놓은 상자, '마살라 답바masala dabba'를 갖고 있다.
마살라 답바에서 갖가지 향신료를 연신 떠 넣어가며 커리를 끓
이는 모습은 마술사를 연상케 한다. 그들로서야 당연한 일이겠
지만 그 많은 향신료가 저마다 어떤 맛과 향을 내는지, 얼마만큼
넣어야 조화로운 맛을 내는지에 대한 '감'이 있다는 사실이 외국
인인 우리로서는 신기할 따름이다.

지금부터는 마살라 답바에 담긴 향신료를 하나씩 살펴볼 것인
데, 먼저 짤막한 글 한 편을 만나보자. 인도의 음식 칼럼니스트인

비끄람 닥터Vikram Doctor가 쓴 글을 일부 간추렸다.[1] 향신료 각각의 독특한 향과 성질을 사람의 성격에 비유한 글로, '인도인의 향신료 소개글' 정도로 생각하면 흥미로울 듯하다.

시나몬과 넛멕은 친근하고 사교적인 사람이다. 다른 이들과 잘 지내고 싶어하며 적극적이지만, 그것이 지나칠 때도 있다. 후추는 든든한 사람이다. 그 힘 이면에는 감성적인 면도 갖고 있다. 갈아서 바로 쓰면 놀랍게도 꽃 같은 향을 낸다. 클로브는 반항적인 개인주의자다. 모양새나 성격이나 까탈스럽고 독특하다. 펜넬은 태양처럼 밝은 사람, 늘 생기가 넘치고 여름 같다. 커민과 코리앤더는 매우 친밀하지만 닮지 않은 형제다. 생강은 향신료 중에서도 지위가 낮다. 가격도 그렇지만, 혁명을 열정적으로 부르짖지 않는가. 사프론은 생강 반대편에 있는 귀족, 적극적으로 나서지 않는 듯하지만 결국은 지배하는 존재다. 카다멈은 얍삽한 사람이다. 첫 만남에서는 달콤하고 향기롭고 즐거운 사람처럼 보이다가도, 상대가 경계를 풀면 심술궂은 펀치를 날린다.

인도 토종 향신료
: 강황, 후추, 카다멈, 시나몬, 인도 월계수 잎

카레가루에 노란색을 내는 주인공 **강황**turmeric은 중세 유럽에 몰아쳤던 향신료 무역 열풍에서 시나몬이나 후추에 비해 별 관심을 받지 못했다. 상당히 강한 맛과 향을 갖고 있어 요리의 맛을

---

1) Vikram Doctor, "Sneaky Seduction". 인도 신문인 《이코노믹 타임스The Economic Times》에 실린 글이다.

살리는 게 아니라 (아주 조금만 넣어도) '커리'스럽게 만들면서 전체적인 인상을 장악해버리기 때문이다. 때문에 인도에서도 실력 있는 요리사라면 강황을 조심스럽게 쓴다(즉 광고 문구에서 강조하듯 강황 함량을 높여 카레 맛을 진하게 만드는 것은 오히려 맛의 조화를 깨뜨리는 일일 수 있다). 4인분을 기준으로 한 인도 요리 레시피에서 강황이 한 티스푼 이상 들어가는 경우는 매우 드물다. 그렇지만 강황이 전혀 들어가지 않는 인도 요리도 (디저트를 제외하면) 거의 없다.

강황은 인도 밖에서보다 안에서 대접받는 향신료다. 예부터 신성하게 여겨졌으며, 오늘날에도 종교 의식이나 세속 의례에 쓰인다. 일례로 힌두 결혼식에서는 신랑이 신부에게 여러 겹의 실로 이루어진 긴 목걸이, 망갈라 수뜨라mangala sutra를 둘러주는데 이 실은 강황물로 노랗게 물들인다. 또한 상을 당했을 때에는 열흘 동안 음식에 강황을 넣지 않음으로써 애도를 표한다.

강황은 힌디어로 할디haldi인데, 흥미롭게도 결혼식 전날에 치르는 한 의식 또한 '할디'라 한다. 신랑 신부 각자의 집에 가족, 가까운 친척, 친구가 모여 신랑 신부의 얼굴, 목, 팔, 다리에 강황 반죽을 발라주면서 떠들썩한 시간을 보낸다. 이는 피부 미용 효과와 더불어 성스러운 혼례를 앞두고 몸과 마음을 정화시키며 악한 기운을 물리친다는 의미를 갖은 동시에, 새로운 미래를 앞둔 신랑 신부가 느낄 긴장감 등을 풀어주는 의례다.

인도인들에게 강황은 치유의 향신료이기도 하다. 염증을 막고 면역력을 높이며 몸에서 독소를 배출하는 효과가 있다고 여겨진다. 가장 보편적인 민간요법 중 하나가 감기 기운이 있을 때 따뜻한 우유에 강황 가루 한 스푼을 타서 마시는 것이다. 이러한 강황의 효능에 대한 믿음은 부엌에서도 이어진다. 대부분의 요리에 강황 가루를 넣는 건, 음식이 상하는 것을 막을 수 있다고 여겼기 때문이다. 또한 생선에 강황 가루를 뿌려놓음으로써 비린내를 제거하고 더운 날씨에 쉽게 변질되는 것을 막는다.

후추pepper는 남인도 서부 말라바Malabar 해안이 원산지인 피페르 니그룸piper nigrum이라는 다년생 덩굴식물의 열매로부터 나온다. 이 열매는 작은 알갱이 수십 개가 길쭉한 송이를 이룬 모양인데, 한두 개가 빨갛게 익기 시작할 때 수확한다. 줄기째 수확해 살살 밟아 열매를 떨어낸 뒤, 뜨거운 물에 몇 차례 담갔다 건지는 소독 과정을 거친다. 이를 햇빛 아래에 두면 쭈글쭈글하게 쪼그라들 면서 까맣게 마르는데, 이것이 우리에게 익숙한 흑후추다. 백후 추는 같은 열매이되, 수확 시기와 처리 방식이 다르다. 완전히 빨 갛게 익은 열매를 수확해 일주일 정도 물에 담가놓아 불린 껍질 을 손으로 비벼 벗겨낸 뒤에 말리면 흰 후추를 얻을 수 있다.

　과거 후추 원산지로서 명성이 자자했던 께랄라는 오늘날 최고 급 후추 생산지로 알려져 있다. 후추 알갱이의 크기에 따라 등급 이 나뉘는데, 지름이 4.25mm 이상인 가장 큰 후추 알갱이만이 '탈라쎄리Thalassery' 또는 영어식으로 '텔리체리' 후추라는 이름 을 얻는다. 이는 전체 수확량의 10% 정도에 불과하며, 값도 가장 비싸다. 알갱이가 클수록 등급이 높게 매겨지는 것은 껍질 표면 적이 커지면서(두께 역시 두꺼워진다) 여기에 포함된 성분, 즉 후추의 매운맛을 내는 피페린piperin이나 감귤류 향을 내는 테르펜terpene 등이 풍부해지기 때문이다. 알갱이가 작은 후추는 찌르는 듯한

매운맛이 강한 반면, 알갱이가 큰 후추는 상대적으로 온화한 매운맛을 내며 향기는 훨씬 복합적이다.

> **Tip**
>
> 독특하게도 인도에서는 후추로 국을 끓여 먹는다. 남인도 사람들이 일상적으로 먹는 국물 음식인 라삼rasam이 그것이다. 이 라삼은 우리에게는 생소하지만 서양에서는 대중적인 인도 음식이다. 영국 식민 통치 시기, 영국인들에게 수프 대신 라삼에 닭 육수, 버터, 밀가루를 넣어 진하고 걸쭉하게 만들어 내놓은 것이 그 시작이었다. '멀리가토니mulligatawny'(따밀어로 라삼을 가리키는 명칭인 밀라구 탄니르milagu thanir에서 비롯된 이름으로 밀라구는 후추를, 탄니르는 물을 뜻한다)라고 불리는 이 수프는 현재 하인즈 같은 대형 식품회사에서 통조림 제품으로도 내놓을 만큼 대중적이다.

남인도 정글이 원산지인 **카다멈**cardamom은 향이 무척 독특하고 강렬해 기분 좋은 경험을 통해 익숙해지는 과정을 거쳐야 즐길 수 있는 향신료다. 시나몬 향이 묵직하게 깔린 가운데 달콤한 감귤류 향을 내는 테르펜 성분, 유칼립투스나 박하 같은 화한 향을 내는 시네올cineole 성분이 더해져 과연 '향신료의 여왕'이라 불릴 만한 상당히 복잡하고 화려한 향을 풍긴다. 요리에 카다멈을 쓸 때는 테르펜만 드러나도록 하는 것이 관건이다. 무심코 카다멈을 씹어 껍질 아래에 있던 시네올 성분이 입안에 퍼져나가면 거의 약 같은 엄청난 맛이 몰려온다(이 효과를 이용해 인도인들은 식후에 카다멈을 껌처럼 천천히 씹기도 하는데, 구취 제거와 소화에 효과적이라고 한다).

인도에서 카다멈은 짜이나 스위트에 자주 쓰이며(서양에서 바닐라를 쓴다면 인도에서는 카다멈을 쓰는 격이다) 비리야니를 비롯해 채소나 고기 등으로 만드는 일반적인 음식에도 두루 쓰인다. 향이 워낙 강해 한두 개만 넣어도 충분한데, 너무 강한 맛을 내지 않도록 균형을 잡는 일이 중요하다. 효과적인 방법 중 하나는 카다멈을 다른 강한 맛(특히 단맛은 카다멈의 매력을 돋보이게 해준다)과 짝짓는 것이다. 이렇게 하면, 혼자일 땐 제멋대로 휘젓고 다니던 카다멈이 아주 기분 좋게 변한다.

Tip

인도에서는 두 가지 카다멈이 재배된다. 하나는 위에서 살펴본 그린 카다멈이며, 다른 하나는 히말라야 산기슭이 원산지인 블랙 카다멈이다. 그린 카다멈이 여성 소프라노 같은 가볍고 발랄한 향을 낸다면 블랙 카다멈은 묵직한 바리톤 같은 향을 내는데, 레몬과 말린 대추를 연상케 하는 복합적인 과일 향에 훈연해 말리는 과정에서 더해지는 스모키한 향이 특징이다. 특히 머튼 요리에 사용하면 상당히 매력적이다.

시나몬cinnamon 하면 계피를 떠올리는 이들이 많다. 하지만 우리가 수정과에 넣는 계피는 카시아cassia다. 둘 다 나무껍질을 말린 향신료지만, 서로 다른 나무에서 얻는다.[2] 시나몬을 얻을 수 있

---

2) 계피(카시아)를 얻는 나무는 보통 우리가 육계나무 내지 계피나무라고 부르는 것으로, 학명은 시나모뭄 카시아다. 중국과 히말라야 동부 지역이 원산지이며, 나중에 동남아시아로 전파됐다. 카시아는 시나몬에 비해 나무 결이 거칠고 매운맛이 더 강하다. 빛깔도 조금 다른데, 카시아가 더 붉다.

01. 메이스 02. 클로브 03. 넛멕 04. 커민 05. 후추 06. 그린 카다멈

07. 펜넬 08. 머스타드 大 09. 머스타드 小 10. 페누그릭 11. 캐롬

는 나무의 학명은 시나모뭄 제일라니쿰Cinnamomum zeylanicum이
다. 직역하면 '진짜 시나몬 나무'라는 뜻으로 스리랑카, 미얀마,
인도 께랄라 지역이 원산지인 상록수다. 이 나무의 거친 겉껍질
을 긁어낸 뒤 두툼한 내피를 벗겨내 햇빛에 말리면 원통형으로
돌돌 말린 시나몬이 된다. 가루로 미리 빻아놓으면 향이 빨리 날
아가기 때문에, 나무껍질 상태의 시나몬을 바로 갈아 쓰는 것과
는 비할 수가 없다.

힌디어로 달치니dalchini라고 하는 시나몬을 인도 요리에 쓸 때
에는 통째로 넣는 것이 일반적이다. 보통 조리 첫 단계에서 기름
을 넉넉히 두른 팬에 갖가지 통향신료를 넣어 튀기듯이 볶아 향
을 내곤 하는데, 시나몬도 이때 넣는다. 가루로 넣을 때에는 향이
매우 강해서 소량만 쓴다.

인도 월계수 잎 Indian bay leaf은 지중해가 원산지인 월계수 잎bay leaf
과 이름만 같을 뿐 완전히 다른 식물의 잎이다. 서양의 월계수 잎
은 솔잎 향과 레몬 향을 내는 반면, 인도 월계수 잎은 독특하게도
시나몬 향을 풍긴다. 인도 북부, 부탄, 네팔이 원산지인 상록수의
잎으로 인도 요리 중에서도 무굴 요리에 많이 쓰인다. 길쭉한 모
양새에 나란한 세 줄 잎맥을 갖고 있으며, 황토색에 가까운 올리
브색을 띤다.

몰루카 제도에서 온 향신료
: 클로브, 넛멕, 메이스

인도에서 '이건 정말 먹기 힘들다' 싶은 음식은 십중팔구 **클로브**

clove 때문이다. 치과에서 사용하는 마취제 맛이 나기 때문이다. 실제로 한 알을 천천히 씹다 보면 혀끝이 살짝 마비된 듯한 감각이 이는데, 클로브 특유의 독특한 향을 담당하는 성분인 유제놀 eugenol은 살균 소독 및 마취 효과를 갖고 있다. 때문에 과거 오랜 기간 동안 클로브는 약재와 향료로 쓰였다. 기원전부터 인도·중국에서는 클로브를 구취 제거제나 향수를 만드는 데 썼고, 이는 로마에서도 마찬가지였다. 클로브가 언제부터 요리에 쓰였는지는 분명치 않다. 유럽에서 본격적인 향신료로서 클로브 사용법은 이슬람 아랍에 의해 퍼져나갔다고 하며, 중세 시대에는 육류 요리에 널리 사용됐다.

클로브는 시지기움 아로마티쿰Syzygium aromaticum이라고 하는 키 큰 상록수의 꽃봉오리를 말린 것인데, 꽃피우기 전에 따야 하기 때문에 타이밍이 중요하고 수확 기간도 짧다. 10m가 넘는 나무에 대나무로 만든 외발 사다리를 타고 올라가 위에서는 일일이 장대로 털고 아래에서는 이를 모아 말릴 장소로 옮긴다. 이같이 노동 집약적인 수확 작업을 단 며칠 만에 끝내야 한다(다음 해 수확과 직결되기 때문에 가지가 부러지지 않게 주의를 기울여야 함은 물론이다). 이어 잔가지를 일일이 손으로 떼어낸 후 사흘가량 햇빛에 말리면 진분홍색이었던 꽃봉오리가 검은 갈색을 띠면서 둥근 머리에 끝이 가늘고 뾰족한 못 모양의 클로브가 된다. 중국과 한국에서는 丁(못 정) 자를 써서 '정향'이라고 하는데, 클로브라는 영어 이름도 라틴어로 못을 뜻하는 clavus에서 유래했다. 19세기 이후로는 인도에서도 재배됐지만, 그 이전까지 클로브는 원산지인 인도네시아 몰루카 제도가 유일한 산지였다.

8개의 꼭짓점이 있는 별처럼 생긴 팔각(사진 중앙)은 인도 요리에서 클로브(팔각 왼쪽, 못처럼 생긴 것)와 유사하게 비리야니, 육류 커리 등에 통으로 소량 들어간다.

힌디어로 랑그laung라고 하는 클로브는 인도에서 오랫동안 약재로 쓰이다가 무슬림 왕조를 거치면서 요리에 쓰이기 시작한 것으로 보인다. 향이 독특하고 강해 고기가 들어간 꼬르마나 육류 께밥처럼 진한 고기 요리에 통째로 한두 개 넣곤 한다.

넛멕nutmeg, **메이스**mace 이 둘은 육두구 나무(학명은 뮈리스티카 프라그 란스Myristica fragrans다) 열매로부터 얻는 향신료다. 복숭아처럼 둥근 열매를 반으로 쪼개면 크고 둥근 씨가 드러난다. 가장 눈에 띄는 것은 씨를 둘러싼 껍질로, 그물 같은 모양새도 독특하지만 경보를 울리는 듯 선명한 빨간색이다. 이 빨간 껍질을 말리면 주황색 메이스가 되는데, 밝은 색 요리에는 넛멕 대신 메이스를 넣는다. 둥근 씨 또한 말리면 (마치 나무를 깎아 만든 구슬처럼 보이는) 넛멕을 얻을 수 있다. 메이스는 약 2주 동안, 넛멕은 한 달 이상 건조시킨다.

말린 넛멕은 단단하기 때문에 대부분은 시판되는 가루 형태 제품을 사서 쓰곤 하는데, 한번이라도 강판(일반 강판으로는 갈리지 않을 만큼 단단해 금속제 치즈강판을 써야 한다)에 갈아 바로 써봤다면 가루 제품은 다시 사용하고 싶지 않을 만큼 그 향이 향기롭다. 시나몬과 비슷한 톤이지만 달콤한 향이 옅은 대신 견과류 같은 묵직한 인상을 준다. 메이스는 넛멕보다 좀 더 매운 향을 지녔는데, 태생이 과실임을 일깨워주는 레몬류 향을 풍긴다. 인도에서는 주로 무굴 요리, 그중에서도 머튼이나 달걀 요리에 쓰인다.

유럽에서 온 향신료

: 코리앤더, 커민, 펜넬, 사프론

코리앤더coriander는 쌀국수 위에 얹어 나오는 '고수'의 씨앗을 가리키는 말이다(고수 자체를 가리키기도 한다). 허브로 쓰이는 고수 잎은 보통 실란트로cilantro라고 따로 부른다. 인도에서는 각각을 다니아dhania, 꼬트미리kothmiri라고 한다. 작은 구슬처럼 생긴 코리앤더는 잎과 전혀 다른 향을 지녔는데, 오렌지 같은 감귤류 향에 달콤한 꽃향기가 어우러진 매력적인 향신료다.

흔히 생각하듯이 고대 및 중세 무역에서 향신료가 한 방향으로만 흘러간 것은 아니었다. 인도는 서방세계에 후추, 카다멈, 시나몬을 주었고 코리앤더, 커민, 펜넬, 사프론을 받았다. 지중해로 둘러싸인 땅이 원산지인 코리앤더는 수세기 동안 그리스인, 로마인에 의해 요리에 자주 쓰였다. 향기가 좋을뿐더러 구하기 쉬워서였다. 또한 기원전 3000년경 수메리아 문명에서 만들어졌다는 초기 형태의 맥주에 향료로 쓰이기도 했다. 현대에 이 기법을 되살려 코리앤더를 넣은 밀맥주가 만들어졌는데, 그 대표적인 예가 호가든Hoegaarden으로, 특유의 오렌지 향은 코리앤더에서 비롯된 것이다.

그런데 중세를 거치는 동안 코리앤더는 유럽에서 점차 사라졌다. 《스파이스》에서 잭 터너는 이국적이고 강력한 풍미를 지닌 동양 향신료가 당도하면서 유럽인들은 코리앤더를 잊게 됐다고 말한다. 동방의 향신료가 의미하는 것은 유행과 화려함이었던 반면, 값싸고 흔한 코리앤더는 너무 촌스러웠다.

실제로 오늘날 코리앤더는 유럽보다 인도에서 훨씬 많이 쓰인다. 인도 내에서도 사람들이 가장 많이 쓰는 향신료일 것이다. 다른 향신료들은 티스푼으로 조금씩 넣는 반면, 코리앤더 가루는 밥숟가락으로 넣는 것만 봐도 알 수 있다. 코리앤더는 쌀겨처럼 푸석하게 마른 외피 조직을 갖고 있는데, 이 껍질까지 갈아 쓴다. 이는 음식에 달콤하고 구수한 맛을 내는 동시에 수분을 강력하게 빨아들임으로써 국물을 걸쭉하게 만든다. 우리나라나 일본의 카레가 국물을 걸쭉하게 만들기 위해 밀가루를 넣는다면, 인도 요리에서는 코리앤더가 그 역할을 하는 것이다. 하지만 인도에서도 코리앤더는 주목받는 향신료가 아니다. 오히려 커민이나 펜넬이 주인공으로 활약하는 경우는 있어도, 코리앤더는 늘 조연에 머문다. 그럼에도, 대부분의 요리에 필수적으로 들어가는 공기 같은 존재다.

커민cumin은 양꼬치가 유행하면서 우리에게도 많이 익숙해진 향신료다. 큐미눔 키미눔Cuminum cyminum이라는 학명을 가진 식물의 씨앗을 말린 것으로, 원산지는 지중해 연안과 이란 지역으로 알려져 있다. 서양에서는 성서에도 등장할 만큼 오래전부터 쓰였으며, 특히 중동 지역에서 필수적인 향신료다. 하지만 오늘날 커민의 최대 생산국이자 최대 소비국은 인도다. 전 세계 생산량의 60% 이상을 소비한다니 실로 어마어마하다. 커민처럼 지중해 유럽이 원산지인 향신료는 재배하는 데 대체로 따뜻하면서도 약간의 추운 시기가 있는 북인도 기후가 알맞아, 구자라뜨주와 라자스탄주가 주요 생산지다.

커민의 힌디어 명칭은 지라jeera로, 박하처럼 화한 향에 시나몬처럼 달콤한 향이 섞인 약간 묵직한 향을 낸다. 이 역시 대부분의 인도 음식에 들어가는데, 여러 향신료와 조화롭게 쓰이면 향이 도드라지지 않으면서도 감칠맛을 준다. 반면 커민만의 풍미를 강조한 음식들도 사랑받는다. 가장 대표적인 것이 지라 라이스jeera rice로, 바스마띠 쌀을 기와 커민에 잘 볶다가 물을 붓고 지은 밥이다. 커리와 함께 먹으면 상당히 맛있고, 요거트나 아짤 한두 조각을 곁들여 간단한 식사로 먹기도 한다.

펜넬fennel의 그리스식 이름은 마라토스다. 올림픽의 꽃이라 불리는 마라톤은 잘 알려져 있듯 기원전 490년 페르시아-그리스 전쟁 중에 벌어진 전투에서 그리스가 승리하자 이 소식을 알리기 위해 마라톤 평원에서부터 아테네까지 달려간 파발병에서 유래했는데, 이 마라톤이라는 지명은 '마라토스로 가득한 곳' 즉 '펜넬의 평원'을 뜻한다. 펜넬은 이처럼 지중해 연안이 원산지로, 서양에서는 향신료인 펜넬의 씨앗뿐만 아니라 꽃봉오리와 셀러리처럼 두툼한 줄기 역시 요리에 사용한다. 오늘날에는 쉽게 재배할 수 있어 전 세계에 퍼져 있지만 커민이나 코리앤더와 마찬가지로 인도에서 가장 많이 재배, 사용된다.

한국에서 인도 음식점에 가면 계산대 옆에 녹색 향신료와 굵은 설탕을 담아놓은 작은 그릇이 놓여 있는데, 이 녹색 향신료가 바로 펜넬이다. 식후에 씹어 먹으면 구취를 제거해줄 뿐만 아니라 소화를 촉진시킨다고 여겨진다(펜넬이 인도에서 사랑받는 가장 큰 이유다). 힌디어로는 소프saunf라 하는 펜넬은 박하 같은 화한 느낌에 약간 떫은 듯한 달콤한 맛을 가져 버터, 설탕이 많이 들어가는

01. 클로브 02. 시나몬 03. 넛멕 04. 메이스 05. 코리앤더 06. 페누그릭 07. 펜넬

08. 페누그릭 09. 캐롬 10. 나이젤라

빵에 잘 어울린다. 실제로 인도 전통 스위트인 라두나 인도식 카스테라에 향료로 넣곤 한다.

사프론saffron은 담배, 술, 향수, 화장품 등에 색과 향을 내는 데 쓰이며 인류 역사상 가장 오랫동안 약재로 활용되어왔고, 아유르베다에서는 여전히 귀하게 취급된다. '세상에서 가장 값비싼 향신료'로도 알려져 있는 사프론은 보랏빛 꽃을 피우는 사프론 크로커스saffron crocus(정식 학명은 크로커스 사티부스Crocus Sativus다)의 새빨간 암술을 말린 것이다.

사프론 크로커스는 한 번 심으면 15년 정도를 사는 다년생 구근 식물이지만, 재배가 쉽지 않은 데다 수확하는 것도 정말 힘들다. 사프론은 1년 중 단 20일 동안만 꽃을 피운다. 더욱이 꽃이 굉장히 예민해 일일이 손으로 따야 하는데, 그것도 햇빛에 꽃술 색이 바래지 않도록 꽃봉오리가 반쯤 벌어진 동틀 녘에 이슬을 털어내면서 따야 한다.

수확된 꽃의 붉은색 암술은 최상급 사프론, 노란색 수술은 값싼 사프론, 꽃잎은 채소로 먹거나 감기에 처방하는 전통 약재로 쓰인다. 암술은 다시 암술머리와 '꼬리'라고 부르는 암술대(끝부분이 노란색을 띤다)로 나뉘는데, 암술머리에 향기와 색이 집중되어 있기 때문에 암술대가 적게 포함될수록 좋은 사프론이다. 꽃 한 송이에서 붉은 암술은 단 세 대가 나오며 최상급 사프론 1g을 얻으려면 꽃 150송이가 필요하다니, 그토록 값비싼 이유를 납득할 수 있다.

여타 향신료들의 향 성분은 대체로 지용성인 반면, 사프론의 핵심 향 성분인 크로신crosin은 수용성이다. 물에 사프론 몇 가닥을 넣으면 황금빛 액체로 변하면서 섬세하고 깨끗한 '마른 짚' 향이 난다. 지방이 함유된 액체, 가령 우유에 넣으면 크로신 외의 다른 성분들까지 녹아 향과 색이 풍부해진다.

사프론은 고급 요리를 추구했던 무굴 제국 주방에서 자주 쓰였는데, 특히 비리야니를 만들 때 가장 중요한 향신료였다. 인도에서 유일하게 기후 조건이 적합한 까쉬미르에서의 사프론 재배는 무굴 시대를 거치면서 더욱 장려됐고, 오늘날 까쉬미르 사프론은 향이 깊고 색이 진하게 우러나 최상품으로 인정받는다.

기타 향신료

: 머스터드, 페누그릭, 아사페티다, 고추, 포피시드, 캐롬, 석류 씨, 나이젤라

까만 구슬처럼 생긴 **머스터드**mustard는 그냥 씹으면 씁쓸한 맛이 나지만, 액체에 섞이면 머스터드 특유의 맵싸한 맛이 난다. 특히 튀기듯 볶은 머스터드는 견과류 같은 경쾌한 고소함과 후추 같은 매콤한 풍미를 낸다. 우리에게는 (강황을 넣어 색을 낸) 노란색 머스터드 소스가 익숙하지만 향신료로 쓰이는 머스터드는 검정색, 흰색, 갈색의 세 종류로 나뉜다. 그중 인도에서 주로 쓰이는 것은 갈색 머스터드인데, 힌디어로는 살손sarson이라 한다. 히말라야 산자락이 원산지이며, 오늘날 까쉬미르주에서 많이 재배된다. 그에 인접한 뻰잡 지방은 인도 최대 머스터드 재배지로, 노란 머스터드 꽃이 만발한 뻰잡 들판은 유채꽃이 핀 제주도만큼이나 아름다운 풍경이다. 까쉬미르에서는 머스터드 오일을 많이 사용하며, 뻰잡에서는 머스터드 잎을 이용해 만든 '살손 까

사그'³⁾를 겨울철 별미로 먹는다.

이러한 머스터드에 대한 열정은 흥미롭게도 북인도 중심부를 건너뛰어 멀리 동쪽 끝에 위치한 웨스트벵갈로 이어진다. 머스터드 오일은 벵갈리들이 가장 좋아하는 요리 기름이며, 이들이 사랑하는 독특한 머스터드 소스도 있다. 물에 불린 갈색 머스터드 알갱이에 머스터드 오일을 붓고 곱게 간 다음 새콤한 암추르를 섞어 만든 것으로, 까순디kasundi라고 불리는 이 벵갈식 머스터드 소스에 튀김을 찍어 먹으면 머리가 띵하고 눈물이 찔끔 날 정도로 매운맛이 난다.

페누그릭fenugreek은 특이한 혈통을 가진 향신료다. 식물 분류상으로는 콩에 속하면서도 향신료로 취급받기 때문이다. 콩이 열리는 식물 자체도 페누그릭이라 한다(우리나라에서는 호로파라고 부르는 식물이다). 꽃이 진 후에 가느다랗고 길쭉한 콩깍지가 달리는데, 그 안에 알알이 맺힌 작은 연녹색 열매를 말린 것이 향신료 페누그릭이다. 한 알을 천천히 씹어보면 먼저 씁쌀한 쓴맛이, 이어 매콤한 맛과 단맛이 느껴진다. 익히지 않은 상태에서는 녹두를 연상케 하는 아린 맛과 풋콩 특유의 향이 난다. 여기서 비끄람 닥터의 글을 다시 한 번 인용하자면, 페누그릭은 "어른의 맛이다. 다른 맛들을 질서정연하게 줄 세우고, 지나치게 탐욕스러운 맛을 바로잡아 조화를 이루게 하는 엄격한 훈육의 맛"이다. 이 '엄격한 훈육의 맛'

---

3) 뺀잡 지방에서는 농부들이 겨울에 머스터드 농사로 생계를 이어간다고 할 정도로 많이 재배한다. 머스터드 잎은 매운맛이 강해 시금치, 무청 등의 다른 잎채소와 섞어서 조리하는데, 전통적으로 생강, 소금만 넣어(오늘날에는 여러 가지 향신료를 넣는다) 푹 익힌 뒤 기나 버터를 듬뿍 올려 먹는다.

덕분에 페누그릭은 느끼하거나 기름진 음식에서 진가를 발휘한다. 양파와 향신료를 충분히 볶은 뒤 닭고기, 페누그릭 잎, 생크림을 넣어 하얗게 끓인 '메티 무르그 말라이metti murgh malai'가 훌륭한 예다(개인적으로 열 손가락 안에 꼽는 인도 요리다). 페누그릭은 가루를 내면 쓰고 매운 맛과 향이 강해져 보통은 통으로 쓴다.

아사페티다asafoetida는 무척 생소한 이름이지만, 한번 냄새를 맡아보면 결코 잊을 수 없는 향신료다. 청국장이나 블루치즈 냄새를 맡았을 때처럼 하나같이 기겁을 하면서 '이걸 진짜 먹는다고?'라는 반응을 보인다. 영어권 사람들은 이런 상황을 어느 정도 예상할 수 있는데, 이름에 이미 '냄새가 고약한'이라는 뜻의 페티드fetid가 들어 있기 때문이다. 서양에서는 심지어 '악마의 똥devil's dung'이라고도 불렸다. 인도에서는 간단하게 힝hing이라고 한다.

아사페티다는 이란 및 아프가니스탄의 사막이 원산지인 미나리과 식물에서 채취한다. 식물 줄기와 뿌리를 잘라내면 하얀 유

액이 흘러나오는데, 시간이 지나면 송진처럼 끈적끈적하게 굳는
다. 이를 뭉쳐서 말리면 짙은 갈색을 띤 아사페티다 덩어리가 된
다. 망치로 깨야 할 정도로 단단하기 때문에 가정에서는 시판되
는 아사페티다 가루를 쓴다. 아사페티다 덩어리는 양파를 고기
와 함께 오래 끓였을 때 날 법한 냄새에 후추처럼 톡 쏘는 향을
가진 반면, 아사페티다 가루는 소위 '썩은 달걀 냄새'라 하는 유
황 냄새가 강하다.

　인도인들은 도대체 왜 이런 고약한 향신료를 쓰는 걸까? 냄새
를 감내하고서라도 먹게 되는 무언가가 있는 걸까? 우선 아사페
티다는 음식이 상하는 것을 더디게 해주며, 푹 끓이는 요리에 감
칠맛을 더해준다. 콩류의 소화를 돕는 효과도 있어 채식주의자들
에게 중요한 단백질 공급원인 콩으로 끓인 커리, '달'을 만들 때
필수적이다. 가장 큰 특징은 열을 가하면 양파와 마늘을 볶는 진
한 향을 낸다는 점이다. 이는 다른 어느 나라에서보다도 인도에서
강한 매력을 갖는다. 특정한 날에 (양파와 마늘을 먹지 않는) 절제된 식
단을 따라야 하는 힌두들에게 특히 큰 위안이 됐을 것이다.

고추chilli pepper는 15세기 말 포르투갈이 신대륙에서 들여온 수입
품이었다. 같은 시기에 들어온 감자나 옥수수에 비해 고추는 폭
발적인 반응을 불러일으켰고, 샤 자한 재위 당시 완전히 유행하
게 됐다. 인도에서 사랑받는 붉은 고추는 크게 두 종류다. 첫 번
째는 매운맛은 덜하지만 선명한 붉은색을 내는 고추로, 북인도
에서는 까쉬미르 칠리를, 남인도에서는 (까르나따까주에서 재배되는)
비야다기 칠리Byadagi Chilli를 선호한다. 두 번째는 엄청나게 매운

인도에서는 고추를 양
념으로도 쓰고, 식사
에 풋고추 튀김을 곁들
이는 등 밥반찬으로도
먹는다.

고추다. 인도 최대 고추 산지인 안드라 쁘라데쉬Andhra Pradesh에서 재배되는 군뚜르 칠리Guntur Chilli와 북동부 지역에서 재배되는 부뜨 졸로끼야Bhut Jolokia가 대표적이다. 특히 부뜨 졸로끼야는 타바스코 소스보다 무려 400배나 매워 세계에서 가장 매운 고추 중 하나로 알려져 있다. 힌디어로는 '고추의 왕'이라는 뜻에서 라자 밀치raja mirchi라고 부른다.

포피시드poppy seed는 이름 그대로 양귀비 씨앗이다. 견과류의 성격이 다분할뿐더러, 특별히 강한 향을 내지도 않기에 향신료로 분류하기는 애매하다. 하지만 인도 요리에서 향신료처럼 다뤄지므로 함께 소개하고자 한다. 특히 북인도 동부인 벵갈 및 비하르Bihar 지역에서 포피시드를 즐겨 쓰는데, 그 계기는 이곳 역사와 관련이 있다.

18세기 중반 벵갈의 마지막 나왑을 몰아낸 영국 동인도회사는 (오늘날의 비하르주 및 오디샤주까지 포괄하는) 넓고 비옥한 벵갈 지역을 본거지로 삼았다. 이곳에서는 질 좋은 아편이 생산되고 있었는데, 아편이 인도뿐만 아니라 중국에서도 큰 이익을 낼 수 있음을 알게 된 영국은 더 많은 양귀비를 심고자 했다. 이들은 벵갈 농부들에게 경작할 수 있는 모든 땅에 양귀비를 심게 했다. 그런데 아편은 양귀비의 씨앗 주머니를 말려서 만드는 것으로, 씨앗 주머니 안에 든 아주 작은 씨앗에는 마약 성분이 전혀 없다. 이 씨앗은 단순히 아편 생산 과정에서 버려지는 부산물이었을 뿐이다. 벵갈리들은 갑자기 흔해진 양귀비 씨앗을 활용할 방법을 모색하기 시작했다.

이렇게 해서 요리에 쓰이게 된 포피시드는 물에 불렸다가 갈아 넣으면 소스를 걸쭉하게 만들 수 있었으며, 섬세한 허브 향은 감자나 가지, 호박 등을 넣은 채소 요리에 잘 어울렸다. 또 견과류처럼 고소한 맛을 내는데, 여기에 머스터드 가루를 섞으면 생선 요리에 잘 맞는 소스가 됐고, 타마린드를 섞으면 새콤하니 톡 쏘는 암발ambal이 됐다. 간 생코코넛과 다진 청고추를 섞어 오후 간식이나 식사에 곁들일 만한 튀김 반죽을 만들기도 했다. 특히 물에 불렸다가 간 포피시드(뽀스또)에 머스터드 오일, 소금, 다진 청고추를 섞으면 벵갈리들이 좋아하는 뽀스또 바따posto bata가 만들어지는데, 식사를 시작할 때 뜨거운 쌀밥에 비벼 먹는다.

힌디어로 아주와인ajwain이라 불리는 **캐롬**carom seed은 인도가 원산지인 향신료다. 커민과 비슷하게 생겼지만 길이가 절반 정도로 짧다. 고소하면서도 화한 향을 내는데, 서양 허브인 타임과 비슷한가 하면 깨와 커민이 더해진 듯한 인상을 준다. 이를 드라이 로스팅하거나 기에 튀기듯 볶아 커리에 넣으면 구수한 향이 일품이다. 주로 북인도에서 쓰이며, 로띠 반죽에 넣기도 한다.

석류 씨pomegranate seed는 인도 및 페르시아 요리에 쓰이는 독특한 향신료 중 하나다. 우리가 흔히 '석류 알갱이'라고 생각하는 루비처럼 붉은 과육은 사실 하얀 씨를 감싼 껍질로, '석류 씨'라 하면 이 껍질까지 포함한 것이다. 석류 씨는 통째로 말려서 향신료로 사용하는데, 붉은 껍질은 마르면서 형태가 사라지고 조청처럼 끈끈하게 변한다. 이렇게 말린 석류 씨는 주로 북인도 육류 요리에 쓰이며, 단맛과 새콤한 맛을 내고 석류 향을 더하는 역할을 한다. 힌디어로는 아나르다나anardana라고 한다.

힌디어로는 깔론지kalonji라고 하는 **나이젤라**nigella seed는 깨와 비슷한 크기에 우아하게 각진 모양새다. 흔히 양파의 씨라고도 불리지만 양파와는 상관없는 다년생 식물에서 얻는다. 견과류의 맛에 후추의 매콤함이 가미되어 있다. 난 겉면에 붙여 굽기도 한다.

남인도 맛 내기 삼총사
: 타마린드, 커리 잎, 코코넛

타마린드tamarind가 아프리카로부터 인도 대륙에 닿은 것은 기원전 수천 년 전이었다. 인도에서는 이를 이믈리imli라고 불렀지만 이슬람교가 창시되기 전부터 인도와 빈번히 무역하던 아랍 상인들은 '인도의 대추야자'라는 뜻을 가진 '따마르-알-힌디tamar-al-hindi'라는 이름으로 불렀다. 이 이름이 영어로 옮겨지면서 지금의 타마린드가 됐다. 이들이 타마린드 열매가 대추야자 같다고 한 것은 커다란 씨가 있다는 점, 과육이 말린 대추야자 속살과 비슷하다는 점에서였지만 이 외에 닮은 점은 없다.

사실 외양만 보면 타마린드는 오히려 거대한 땅콩이 나무에 매달려 있는 듯하다. 10m 이상 자라는 키 큰 나무인 타마린드는 놀랍게도 콩과 식물이다. 딱딱한 열매 껍질을 부수면 안에는 곶감처럼 찐득한 과육이 콩깍지 모양대로 채워져 있는데, 이 과육을 수십 개씩 뭉쳐 납작한 직사각형 덩어리로 압축시킨 다음 반건조 상태로 유통되는 타마린드는 쉽게 변질되지 않아 저장성이

향신료 사용 설명서

음식에 향신료를 넣는 가장 큰 목적이 풍미와 향을 돋우기 위해서인 만큼, 향신료를 쓸 때 가장 중요한 것은 이를 어떻게 잘 우려내는가에 있다. 향신료의 핵심적인 향 성분은 대부분 지방에 용해되는 성질을 갖고 있다. 따라서 향신료를 사용하는 첫 번째 방법은 통향신료를 기름에 튀기는 것이다. 이러한 방법을 힌디어로는 따드까tadka라 하는데(이때 튀겨진 통향신료와 뜨거운 기름을 통틀어서도 따드까라고 한다), 조리 과정 중 가장 첫 단계에서 쓸 수도 있고 가장 마지막 단계에서 쓸 수도 있다. 전자의 경우에는 팬에 기름을 두르고 통향신료를 넣어 튀긴 뒤(향신기름이 된다), 여기에 주재료들을 차례로 넣어 조리한다. 후자의 경우에는 요리가 완성된 뒤 작은 팬에 따로 따드까를 만드는데, 달궈진 기름(3~4 큰술)에 통향신료를 넣고 튀긴 다음 이를 통째로(즉 기름과 통향신료 모두) 음식 위에 붓는다.

향신료를 사용하는 두 번째 방법은 가루로 빻아서 쓰는 것이다. 가루 향신료는 보다 강하고 풍부한 향을 낸다. 통향신료에서 습기를 완전히 제거하고 더 풍부한 향을 뽑아내기 위해 마른 팬에 천천히 볶은 후 가루를 내기도 한다. 전동 기구가 나온 지금도 옛 방식대로 절구에 빻아 쓰는 방법을 고수하는 집이 많은데, 옛날에는 이 일을 업으로 삼은 마살치masalchi가 이른 아침에 집집마다 방문해 그날 쓸 마살라를 갈아주었다고 한다.

인도에서는 보통 이 두 가지 방법을 함께 사용하는데, 특히 아래 과정은 기본적인 조리법이라 부를 수 있을 만큼 반복해서 쓰인다(이하 본문에서는 '기본 조리법'으로 표기하겠다).

1) 팬에 기름을 넉넉히 두르고 통향신료를 넣는다.
2) 다진 마늘, 생강 약간과 채 썬 양파를 넣고 투명해질 때까지 오래 볶는다.
3) 갈거나 작게 썬 토마토와 가루 향신료를 넣는다. 여기서 중요한 건, 처음에 넣은 기름이 국물에서 분리되어 나올 때까지 뭉근하게 끓이는 것이다. 이렇게 되어야 '향신료가 제대로 익었다'고들 말한다.
4) 여기에 주재료와 물을 넣고 한 번 더 끓인다. 주재료가 잘 익고 국물 농도와 간이 적절하게 맞춰지면 요리가 완성된다.

왼쪽부터 코코넛 밀크, 풋망고, 타마린드, 꼬꿈kokum이다. 타마린드와 꼬꿈이 담긴
그릇 아래에 놓인 것은 커리 잎으로, 이들은 전부 '남인도스러운' 맛을 내는 데 필수 재
료다. 꼬꿈은 열대과일(학명 가르시니아 인디카garcinia indica)의 껍질을 말린 것으
로 풋망고, 타마린드와 함께 신맛을 내는 데 쓰인다.

뛰어나다.

타마린드를 사용할 때에는 우선 적당한 크기로 잘라 뜨거운 물에 10여 분 담가놓는다. 손으로 과육을 잘 풀어준 다음 체에 걸러내면 타마린드즙이 되는데, 음식이나 음료를 만들 때 쓴다. 이 즙은 겉모습만 봐서는 결코 상상할 수 없는 맛을 낸다. 마치 배즙 같은 묵직한 과일 맛에, 강렬한 새콤함이 더해진다. 유독 신맛이 강한 살구나 자두를 먹었을 때 느껴지는 새콤함이다. 신맛이 사라지고 나면 마지막에는 상쾌한 달콤함이 옅게 감돈다.

남인도 요리에 공통된 특징 중 하나는 신맛을 좋아한다는 점이다. 새우나 흰살생선을 넣고 끓인 커리에도, 닭고기나 돼지고기로 만든 요리에도 새콤한 맛을 낸다. 코코넛 식초를 넣을 때도 있지만, 새콤한 과일 맛이 음식에 또 다른 매력을 더해주기 때문에 타마린드즙이 애용된다. 또한 타마린드는 몸의 열을 내리고 소화를 촉진하는 효과가 있어, 타마린드 과육과 설탕을 섞어 만든 젤리는 예부터 여름철 간식이자 소화제로 쓰였다.

커리 잎curry leaf을 둘러싼 혼동이 시작된 것은 아마도 남인도 동쪽 항구도시 마드라스(지금의 첸나이)에서였을 것이다. 이곳에 처음 동인도회사를 세운 영국인들이 정착하면서 '집어낸', 오늘날 인도 요리를 일컫는 일반명사가 된 '커리'라는 단어 때문에 계속 제 이름으로 살아오던 커리 나무는 영문도 모른 채 당황스러운 순간들을 맞닥뜨린다. 마살라 도사를 먹다 발견한 잎사귀가 커리 잎이라는 사실을 알게 된 외국인들에게서는 이런 질문들이 쏟아져 나온다. "이걸로 커리를 만드는 거야? 이게 어떻게 커리가 되는 거지?"

키 큰 커리 나무 가지에서 여러 갈래로 뻗은 잎줄기에는 마치 아카시아 나무처럼 20여 장의 잎이 가지런히 달려 있다. 평범해 보이는 이파리건만 향기가 어마어마하다. 이국적인 향이라고밖에는 설명할 길이 없는데, 처음 맡을 때에도 상당한 호감을 받을 수 있다.

다시 이름 이야기로 돌아가면, 마드라스가 위치한 따밀나두주 지역 언어인 따밀어로 커리 나무는 '까리베뺄라이karivepilai'라고 한다. '검은 님neem 나무'라는 뜻으로, 인도에서 약재로 쓰이는 님 나무와 비슷하게 생겼으나 잎의 색이 진해서 붙여진 이름이다(여기서 '까리'는 검다는 뜻이다). 공교롭게도 영국인들이 따밀어로 고기 혹은 채소를 뜻하는 (또 다른 단어인) '까리'를 '커리'로 받아들여 사용하면서 '검은(까리) 님 나무'까지도 커리 나무로 번역되어 마치 커리를 만들어내는 핵심 재료처럼 여겨지는 상황에 이르렀다. 온갖 혼란에도 불구하고 분명한 것은, 커리 잎이 남인도 요리의 개성을 만들어내는 데 없어서는 안 될 재료라는 사실이다.

코코넛coconut은 인도에서 종교 의식은 물론이거니와 속세의 중요한 의례에서도 등장한다. 새로운 일을 시작하는 기념식에서는 (우리가 리본을 자르듯) 코코넛을 깨는데, 이는 신의 축복을 기원하는 동시에 성공적인 수행을 다짐하는 의미다. 힌두 결혼식에서 입구가 좁은 토기 항아리 위에 놓인 코코넛은 풍요와 다산을 의미한다. 어부들은 강이나 바다에 코코넛을 바치며 풍어를 기원한다. 북인도에서 코코넛은 이렇듯 상징적인 의미로 쓰일 뿐, 요리에 쓰이는 경우는 (벵갈 지역을 제외하고는) 찾아보기 힘들다.

반면 남인도에서는 코코넛이 쓰이지 않은 음식을 찾아보기 힘들 정도다. 특히 남인도 서부 해안을 따라 길게 뻗은 께랄라주는 그 이름부터가 '코코넛kera의 땅alam'이라는 의미를 갖고 있다. 이곳에는 '어머니 젖 다음에는 코코넛 꽃의 젖'이라는 말이 있는데, 옛날에 갓난아이가 모유를 떼고 이유식을 먹을 시기가 되면 신선한 코코넛 수액을 먹이던 데서 비롯된 말이다. 이렇듯 남인도에서 코코넛은 완전식품으로 여겨졌고, 따라서 신에게 바치는 봉헌물로 적합한 음식이었다.

코코넛 나무에 대한 남인도 사람들의 애정을 넘어선 성스러운 경배심은 께랄라 크리스천 커뮤니티 사이에 전해지는 이야기에서 잘 드러난다. 주인공은 아기 예수를 데리고 피신길에 오른 요셉과 마리아다. 지치고 남루해진 그들은 바나나 나무 앞에게 쉼터를 내달라고 부탁하지만 거절당한다. 이어 코코넛 나무 앞에 이른 그들은 같은 도움을 요청한다. 그러자 코코넛 나무는 자신의 커다란 잎으로 그들을 덮어주었다. 나뭇잎 은신처에서 쉬며 기력을 회복한 마리아는 이러한 자비로움에 감동하여 코코넛 나무에게는 축복을 내렸고, 바나나 나무는 저주를 받았다. 그리하여 바나나 나무는 열매를 단 한 번 맺고 죽을 운명을 갖게 됐지만 코코넛 나무는 1년 내내 풍성한 열매를 맺을 뿐만 아니라 나무의 모든 부분이 인류에게 유익하게 쓰임으로써 사랑받게 됐다는 이야기다.

실제로 코코넛 나무는 매달 하나씩 새로운 꽃대를 내밀면서 1년 내내 열매를 맺는다. 보통 코코넛 나무 한 그루에는 동시에

5~6대의 꽃대가, 그리고 각각의 꽃대에는 20개 정도의 코코넛이 달린다. 나무가 건강한 경우에는 열매 하나에 500ml 이상의 물이 담기는데, 이 정도로만 계산해도 나무 한 그루가 50l 이상의 천연 코코넛 워터를 품고 있는 셈이다. 코코넛 나무가 땅에서 물을 빨아올려 저장하는 능력은 사람들로 하여금 코코넛 워터 외에도 코코넛 수액을 먹을 수 있게 해준다. 코코넛 수액은 더운 날씨 탓에 그대로 놔두면 반나절 만에 발효되어 토디toddy라고 하는 술로 변하는데, 이를 다시 초산 발효시킨 토디 비니거는 남인도 요리에서 다양하게 쓰이는 식초다.

코코넛은 익은 정도에 따라서도 쓰임새가 달라진다. 그린 코코넛 또는 텐더 코코넛이라고 불리는 덜 익은 코코넛은 부드러운 연녹색 껍질로 덮여 있는데, 주로 코코넛 워터를 마시기 위해 수확된다. 코코넛이 익으면서 이 껍질은 점차 고동색으로 변하며 딱딱해진다. 이때 코코넛 워터의 양은 현저하게 줄어들며, 주로 흰 과육을 먹기 위해 수확된다. 이 과육은 갈아서 갖은 요리에 양념처럼 넣곤 한다. 또 이를 뜨거운 물로 우려낸 코코넛 밀크는 국물 요리나 달콤한 먹거리를 만드는 데 우유 대신 쓰인다. 말린 코코넛에서는 오일을 짜내는데, 이것이 남인도 사람들이 요리할 때 주로 쓰는 코코넛 오일이다. 이렇듯 남인도 요리에서 코코넛이 차지하는 비중은 실로 엄청나다.

마살라, 다양한 개성의 조화

마살라masala는 '향신료'를 뜻하는 힌디어로, 이 단어의 실제 쓰임은 훨씬 넓어서 인도의 양념을 통칭한다. 각각의 향신료도 마살라지만 보통은 여러 통향신료를 배합한 것이나 이들을 가루로 빻은 것, 또 여러 향신료를 양파·마늘·생강·토마토와 볶아 다대기처럼 만든 것 등 '여러 가지가 섞여 있는 양념'이라는 뉘앙스가 강하다. 춤, 노래, 드라마 등 여러 요소가 섞인 인도 영화를 일컬어 '마살라 영화'라고 하듯이, 제각각 맛과 향이 다른 향신료를 섞은 '마살라'는 인도라는 나라를 묘사하기에 참으로 적절한 단어다.

인도에서는 (우리가 카레 가루를 쓸 때처럼) 한 가지 마살라로 모든 요리를 하거나 가루 마살라를 찬장에 1년 내내 두고 쓰는 경우가 극히 드물다. 지방에 따라, 요리에 따라(가령 채소 요리는 순하게, 고기 요리는 진하게 쓴다) 배합이 달라지며, 보통은 조리하기 직전에 통향신료를 갈아서 쓴다.

예외적으로 미리 만들어놓고 쓰는 마살라를 아래에 소개해놓았다. 빈번하게 쓰이는 조합이어서 이름도 잘 알려져 있다. 하지만 이 역시 단독으로 쓰이지 않으며, 특정한 맛을 더하는 역할을 한다. 가루 마살라를 쓸 때 중요한 건, 생생한 향기가 사라지기 전에 사용해야 한다는 것이다. 서너 달이 지나면 지푸라기 가루만이 남을 터이니 말이다.

가람 마살라garam masala에서 가람은 '맵다' 또는 '뜨겁다'는 뜻을 갖고 있다. 양념을 수식하는 단어이니 당연히 맵다는 뜻일 것 같지만, 뜨겁다는 뜻이다. 여기에는 아유르베다의 개념이 깔려 있다. 즉 혀에서 느껴지는 매운 감각이 아니라 먹고 난 후 몸속에서 '뜨거운' 열을 내는 마살라라는 의미다. 따라서 가람 마살라는 따뜻한 성질을 가진 시나몬, 클로브, 후추, 넛멕, 메이스, 그린 카다

남인도 요리에 주로
쓰이는 마살라. 소금
과 두 가지 고춧가루
를 제외하고는 후추
(왼쪽 위), 강황(왼쪽
가운데), 코리앤더(오
른쪽 아래) 정도가 전
부일 정도로 향신료
를 가볍게 쓴다.

멈, 블랙 카다멈, 인도 월계수 잎이 중심을 이룬다. 이를 기본으
로 많게는 20여 가지의 향신료를 섞어 만들기도 한다. 특히 북인
도에서는 가람 마살라를 자주 쓸뿐더러 한 번에 조금만 넣기 때
문에 이렇게 미리 만들어놓는 것이 효율적이다. 시중에 나온 제
품이 여럿 있어 쉽게 구할 수 있지만 여전히 많은 가정에서는 직
접 만들어 쓰는 것을 선호한다.

깔라 마살라kaala masala는 인도 중서부 마하라슈뜨라주에서 사용
하는 검은 빛깔의 마살라로, '깔라'는 현지어인 마라트어로 '검
다'는 뜻이다. 주된 향신료는 가람 마살라와 비슷하게 시나몬, 클
로브, 팔각, 후추, 카다멈, 인도 월계수 잎이며 여기에 짙은 갈색
이 나게 볶은 코코넛, 참깨, 말린 고추, 그리고 특이한 향신료인
깔빠시kalpasi(말린 이끼류)와 나그께사르nagkesar(철력목ironwood의 말린
열매)가 더해진다. 깔라 마살라는 가람 마살라의 맵싸한 향에 묵
직함과 고소함이 더해진 풍미를 낸다.

베르 마살라ver masala는 까쉬미르주 특유의 마살라로, 다른 마살
라처럼 가루가 아니라 말린 다대기 형태다. 까쉬미르 칠리 가루,
생강가루에 가루로 빻은 페누그릭·코리앤더·아사페티다·커민·
클로브·펜넬을 넣은 다음 머스터드 오일을 부어가며 반죽을 만
든다. 재료가 잘 어우러지도록 잠시 숙성시켰다가 둥글납작하
게 빚어 햇빛에 말린다. 완전히 건조된 베르 마살라는 로간 조
쉬 같은 고기 요리에 특징적인 빨간 빛깔과 함께 깊고 묵직한
맛을 낸다.

빤츠 포란panch phoran은 벵갈 지역에서 쓰는 마살라로, 벵갈어로 '다섯 가지 향신료'라는 뜻이다. 다른 마살라와 달리, 통향신료를 같은 비율로 배합해 쓴다. 다섯 가지 향신료란 페누그릭, 펜넬, 나이젤라, 머스터드, 커민을 말한다. 대부분의 벵갈 요리는 기름을 넉넉히 두른 팬에 빤츠 포란을 넣어 향을 우려내는 것으로 시작하는데, 인도인들은 그 냄새만 맡고도 근처에 벵갈리가 산다는 사실을 알아차린다고 한다.

버터와 기를 만드는 부엌

인도에서 의아했던 것 중 하나는 큰 마트에 가도 신선한 우유를 찾기 힘들다는 사실이었다. 더욱이 북인도에서는 우유를 이용해 다양한 먹거리를 만들어 먹는데도 냉장고 구석에 우유 몇 통이 놓여 있을 뿐이다(아니면 멸균우유가 쌓여 있거나). 알고 보니 인도 사람들은 우유 가게에서 따로 사거나 두드왈라doodhwala(우유 배달부)로부터 그날 아침에 짠 원유를 받는다. 이들은 자전거나 오토바이에 만화 〈플란다스의 개〉에나 나올 법한 금속 우유통을 달고 다닌다. 아침이면 사람들은 그릇을 들고 나가 선불쿠폰을 내고 우유를 받아온다. 이런 옛 방식이 여전히 대도시 어디서나 이루어지고 있는 것은, 가정에서 버터와 기를 직접 만들기 때문이다.

받아온 우유는 먼저 끓여서 살균한다. 두어 시간 식히면 크림층이 형성되면서 위로 떠오른다(우리처럼 균질화 과정을 거친 가공우유를 사지 않는 이유가 여기에 있다). 이 크림을 걷어내 버터와 기를 만들고, 남은 우유는 그대로 마시거나 요거트로 만들어 먹는다. 걷어낸 크림은 믹서기에 넣고 돌리다 보면 어느 순간 버터 덩어리와 버터밀크로 분리되는데, 그중 버터 덩어리만 모아 천천히 가열하면 처음에는 완전히 녹았다가 계속 끓이면 성분에 따라 층이 분리된다. 바닥에서는 하얀 덩어리가 모여 점점 노릇하게 튀겨지며, 표면에는 단단한 흰 막이 형성된다. 이 둘 사이에 타지 않고 맑은 액체층이 생기는데, 이것만 모은 것이 바로 기다. 실온(25도 이상)에서는 식용유처럼 액체 상태로 있다가 약 18도 아래로 내려가면 촛농처럼 반투명하게 굳는다. 기는 버터 특유의 향에 견과류 같은 고소함이 더해져 매력적인 풍미를 낸다. 이미 오랜 가열 과정을 거치면서 분리해낸 것이기에 버터처럼 쉽게 타지 않으며, 발화점이 250도로 높아 조리 및 튀김용 기름으로 훌륭하다.

　요리 재료이기 이전에, 기는 인도인들에게 매우 중요한 존재다. 힌두교에서 신성시하는 소의 젖, 그중에서도 가장 순수한 것만을 모은 성스러운 물질이기 때문이다. 신도들이 신에게 바치는 봉헌물은 불의 신 아그니Agni를 통해 정화 과정을 거침으로써 신성한 형태로 변형되어야 비로소 신이 받아들인다고 여겨지기 때문에, 여러 종교적인 의식에는 특별한 불의 의식이 거행된다. 이때 아그니 신을 활활 타오르게 하는 가장 중요한 봉헌물이 기다. 힌두 결혼식에서도 부부의 앞날을 가로막는 것을 전부 불태워줄 아그니 신을 타오르게 하기 위해 기를 계속 부어주며, 이는 장례 절차에서도 마찬가지다. 시신을 감싼 장작더미에 불을 지필 때, 기는 불을 붙이는 실제적인 역할도 맡지만 가장 크게는 쓸모를 다한 육신을 자연의 신에게 돌려보내는 모든 과정에 신성함을 부여하는 의미를 갖는다.

인도의 소금과 설탕 이야기

19세기 말, 인도를 식민 통치하던 영국은 인도인들의 소금 제조나 판매를 금하는 소금법을 제정했다. 이 법으로 인해 인도인들은 영국으로부터 소금을 사야 했는데 그 가격이 터무니없이 비쌌다. 그리하여 일어난 것이 1930년의 소금 행진Salt March으로, 선두에서 행렬을 이끈 이가 바로 마하뜨마 간디다. 그는 인도 북서부 구자라뜨 해변을 따라 24일간 390km가 넘는 거리를 행진해 작은 해변 마을 단디Dandi에 닿자 '소금을 만들었다.' 이는 간디가 주도한 시민불복종 운동의 시작이었으며, 본격적인 인도 독립 운동으로 이어졌다. 영국이 행한 수많은 착취 가운데 소금 문제가 특히 민감했던 것은, 더운 기후를 살아가는 인도인들에게 소금은 각별한 존재였기 때문이다.

오늘날 인도에서 생산되는 천일염의 70%를 담당하는 지역이 바로 이 소금 행진의 발자취가 남아 있는 구자라뜨다. 한데 그중 절반만이 해안에서 만들어진다. 나머지 절반은 놀랍게도 구자라뜨 내륙의 사막에서 만들어진다. '란 오브 꿋츠Rann of Kutch'라 불리는 이 사막('란'은 사막을 뜻한다)은 언뜻 보통 사막과 다를 바 없어 보인다. 사람도 살지 않고 풀도 나지 않는 메마른 땅이 끝없이 펼쳐져 있다. 하지만 이곳은 일반 사막과는 다른 소금 사막이다. 아라비아해로부터 10km 남짓 떨어진 이곳은 수세기 전까지만 해도 바다였다고 한다. 지각 변동으로 인해 바닥이 상승해 지금과 같은 사막이 된 것이다. 지표면 수백 미터 아래에 있는 천혜의 염수원鹽水原으로부터 물을 끌어 올려 소금을 만든다.

인도에서 나는 또 다른 특별한 소금은 '히말라야 소금'이라 불

리는 암염이다. 뻰잡 지방으로 뻗어 내려온 히말라야 산줄기에
는 소금 광산이 있다. 7,000만 년 전 인도 판이 유라시아 판에 붙
을 때 바닷속에서 생성된 소금층을 포함한 지층이 히말라야 산
맥으로 솟아오른 것이다(지질학자들에 따르면 이 소금지대가 형성된 것은
무려 8억 년 전이라고 한다). 여기서 채취되는 암염은 일반적인 나트륨
에 미네랄이 더해져 복합적인 맛을 내는데, 미네랄 성분 및 함량
에 따라 분홍색이나 검은색을 띤다. 해외에 수출되는 것은 주로
분홍색 암염이지만, 인도인들은 '깔라 나막'이라 부르는 검은색
암염을 선호한다. 몸의 열을 내리고 일사병을 예방하는 효과가
있다고 여겨지기 때문이다.

설탕을 가리키는 영어 단어 sugar의 어원은 산스끄리뜨어 사까
라sakaraa다. 예로부터 인도에서는 사탕수수, 대추야자나무에서
얻은 달콤한 수액으로 비정제 설탕을 만들었는데, 이를 영어로
는 재거리jaggery, 힌디어로는 구르gur라고 한다. 인도의 대서사시
〈마하바라따Mahabharata〉에는 5,000년 전부터 재거리로 다양한
스위트를 만들었다는 기록이 있는데, 지금도 스위트를 만들 때
에는 주로 재거리를 넣는다. 스위트를 봉헌물로 바치려면 반드
시 전통적인 채식 재료를 써야 하기 때문이다. 정제된 백설탕은
채식 재료가 아닌 것으로 여겨지는데, 정제 과정에서 일반 숯 대
신 동물 뼈를 태워 얻은 값싼 숯을 쓰는 경우가 있기 때문이다.
이러한 종교적인 이유 외에도, 재거리는 (당분만을 추출해낸 설탕에는
없는) 특유의 감칠맛과 복합적인 풍미로 사랑받는다.
　　대추야자 수액으로 만든 날렌 구르nalen gur라는 시럽은 벵갈과

피라미드 재거리라고도 불리는 고아의 코코넛 재거리.
코코넛 수액을 끓인 다음 수분을 날려 만든다.

오디샤 지역에서만 만들어지는 액상 재거리로, 그 맛과 풍미가 메이플 시럽에 견줄 만하다(다만 장기간 보관이 어렵다). 이를 넣어 만든 체나 스위트는 벵갈 지역의 별미다.

또 다른 전통적인 단맛 재료로 곡물 조청이 있다. 인도 중부 및 북서부처럼 건조한 기후를 가진 지역에서 자라는 수수, 옥수수, 보리 등으로 만든 조청이다. 꿀 역시 고대부터 애용돼왔다. 그렇지만 아유르베다에서 꿀은 끓이면 풍미가 약해지고 독성이 생긴다고 하여, 가열하는 요리에는 잘 넣지 않는다.

09

〰〰〰〰

아름다운
채식 메뉴들

채식주의자 인구가 세계 어느 나라보다 많은 나라답게, 인도의 채소 요리는 오랜 세월을 거쳐 발전해왔다. 이 장에서는 이들 채소 요리를 만들어내는 다양한 채소를 만나볼 것이다. 그에 앞서 **섭지**subzi라는 이름을 알아놓자. 북인도에서 가장 기본적인 채소 요리인 섭지는 채소를 가리키는 일반명사이자 '채소로 만든 음식'이라는 의미도 갖는다. 보통 '기본 조리법'(241쪽 참조)으로 만드는데, 주재료가 감자면 알루 섭지, 여기에 콜리플라워가 추가되면 알루 고비 섭지 등 주재료 이름을 붙여 부른다. 일상적인 음식인지라 '알루 고비'처럼 재료 이름으로만 부르는 경우가 허다하다. 섭지는 국물을 자작하게 만들기도 하고 전혀 없게 만들기도 한다. 이 중 후자는 이름에 마살라 또는 수카sukha(물기가 없음을 뜻하는 힌디어)를 붙여 부르기도 한다(가령 국물 없는 콜리플라워 섭지는 고비 마살라나 수카 고비라고 한다).

만능 감자, 알루

오늘날 인도 채소 요리를 이야기할 때 빠질 수 없는 채소가 감자, 즉 '알루aloo'다. 그런데 1800년 즈음 인도에 주재했던 한 영국인을 다룬 윌리엄 달림플William Dalrymple의 논픽션《하얀 무굴White Mughals》에는 감자가 얼마나 희귀했는지 보여주는 대목이 있다. 이 주재원은 꼴까따에 사는 친구에게 보내는 편지에 이렇게 쓴다. "감자도 넉넉히 (보내주었으면 좋겠어). 엄청 좋아하는 내가 이걸 못 먹은 지 벌써 두 해나 됐다네." 당시 감자는 영국 동인도회사가 직접 통치했던 꼴까따, 뭄바이, 첸나이 인근에서만 재배되었다.

이미 무굴 시대에 포르투갈인에 의해 들어왔지만, 주방에 받아들여지기까지는 200년이 넘는 시간이 걸렸다. 인도에는 감자와 비슷한 토종 뿌리 작물(토란, 마, 고구마 등)이 있었기 때문이다. 감자는 영국이 식민 통치를 하는 동안 차츰 유행하기 시작해 20세기 들어서야 기본적인 식재료로 자리 잡았다.[4]

감자는 완두콩, 콜리플라워, 당근 등을 넣은 다양한 섭지 외에도 통감자를 튀겨서 조린 덤 알루dum aloo, 삶은 감자를 넣어 구운 빵 알루 빠라타aloo paratha 등으로도 먹는다. 특히 삶은 감자 으깬 것에 고추, 양파, 실란트로, 각종 향신료를 넣어 동글납작하게

---

[4] 오늘날 감자로 만드는 음식 대부분은 오랫동안 토란으로 만들던 것이다. 하지만 이제 토란은 가끔씩 별미로나 즐기는 재료가 됐다(인도인들이 토란을 점차 멀리하게 된 데에는 특유의 미끌미끌한 질감이 한몫했다). 토란은 힌디어로 아르비arbi라고 한다.

살 것이 없어도 이런 채소 가게를 만나면 왠지 들어가보고 싶어진다.
본문에 여러 번 등장하는 호리병박(로끼)를 찾아보자. 가지 옆에 수
직으로 세워져 있는 길쭉한 연녹색 채소다.

빚은 뒤 기름에 구운 알루 띠끼aloo tikki는 노점에서도 흔히 볼 수 있는 북인도 간식거리다.

녹색 채소, 사그 요리

인도에서는 잎채소를 사그saag 또는 삭saak이라고 한다. 잎채소로 만든 요리도 같은 이름으로 부른다. 시금치, 무청, 근대, 갓(머스터드 잎)을 비롯해 일반적이지는 않지만 우리처럼 고구마 줄기, 명아주, 비름(아마란스), 고춧잎, 콩잎, 호박잎, 고사리를 먹는 지방도 있다. 필리핀과 인도네시아에서는 깡콩, 중국에서는 공심채라고 부르는 잎채소 깔미kalmi 역시 북인도 채소 가게에서 쉽게 찾아볼 수 있다.

기본적인 조리법은 마늘, 양파, 청고추 등을 기름에 볶다가 잎채소와 향신료를 넣고 익히는 것인데, 우리가 푸른 색감을 살려 살짝만 익히는 반면 인도에서는 뭉개질 정도로 푹 끓이는 것을 선호해 선명한 녹색을 띠는 경우가 드물다. 또한 처음부터 잎채소를 짤막하게 썰거나 아예 믹서에 갈아서 쓴다. 이러한 특징들은 더운 날씨에 음식을 살짝만 익히는 것을 꺼리는 통념에 더해, 로띠로 떠먹기 쉽게끔 혹은 쌀밥과 섞어 손으로 떠먹기 좋게끔 발달한 결과라고 볼 수 있다.

잎채소 중에서도 빨락, 즉 시금치를 많이 먹는데, 우리나라 시금치는 길이가 짧고 짙은 녹색을 띠지만 인도에서 흔히 파는 시금치는 색이 연하고 길이가 훨씬 길다. 그 맛도 달짝지근하기보다는 밋밋한 쪽이어서 근대와 비슷하다고 말하는 이들도 있다. 앞서 소개한 빨락 빠니르를 비롯해 감자를 넣어 끓인 알루 사그,

머튼을 넣어 끓인 머튼 사그 등이 대중적이다.

인도 최북단 까쉬미르 지방에서는 케일과 비슷하게 생긴 콜라비 잎(현지어로 학haak이라고 한다)을 즐겨 먹는다. 학을 조리할 때에는 다지거나 갈지 않고 잎채소 그대로 쓰며, 단출하게 머스터드 오일에 아사페티다, 소금, 붉은 고추만을 넣어 볶아 먹는다. 다소 쌉쌀한 맛에 구수한 단맛을 내는데, 까쉬미르식 상차림에서 빠지지 않는 채소다.

Tip

인도 사람들조차 아래 채소들은 잘 모를지도 모른다. 우리가 무슨 나물인지 잘 모르면서도 맛있게 먹듯이 말이다.

1) 명아주pigweed(힌디어로는 바투아bathua라 한다)는 다른 사그와 비슷하게 조리해 먹는다. 또 데친 명아주 잎을 다져 요거트, 향신료에 섞어 샐러드처럼 만들어 먹거나(바투아 라이따), 빵 반죽에 넣어 구워 먹는다(바투아 빠라타). 말린 명아주 씨앗을 죽이나 커리로 끓여 먹기도 한다.

2) 우리는 비름이라 부르는 아마란스amaranth는 인도가 원산지로, 히말라야 산줄기에서부터 저 아래 남인도에 이르기까지 인도 대륙 전역에서 자란다. 각 지방마다 저마다의 방식(과 이름)으로 이 식물의 잎과 말린 씨앗을 조리해 먹는다. 가람 마살라, 코리앤더 가루, 커민, 고춧가루 등을 넣어 볶은 촐라이 까 사그chaulai ka saag를 비롯해 라이따, 로띠, 커리 등으로 만들어 먹는다.

인도 토종 채소, 가지 요리

앞서 언급했던 영국 주재원은 편지에 감자만이 아니라 완두콩, 프렌치빈, 양상추, 셀러리, 콜리플라워 등의 씨앗을 부탁하면서 그 보답으로 자신이 보낼 수 있는 것은 오직 '가지 씨앗'뿐이라고도 쓴다. 요컨대 가지는 인도에서 언제든 구할 수 있는 흔한 식재료였다. 때문에 그 가치를 칭송받는 일은 별로 없지만, 인도 전역에서 일상적으로 먹는다. 아이러니하게도, 바로 그렇기 때문에 지방마다 다른 별미를 맛보는 재미가 가장 큰 식재료가 가지다. 인도에서는 뱅간baingan 또는 브린잘brinjal이라 부르는데, 보랏빛 외에도 흰색, 노란색, 녹색 등 색깔뿐만 아니라 크기, 모양도 가지각색이다.

수많은 가지 요리 중에서도 특히 하이데라바드에서 만드는 바가라 뱅간baghara baingan은 튀긴 가지를 땅콩, 코코넛, 참깨로 만든 소스에 끓인 것으로, 가지를 좋아하는 사람이라면 기뻐하지 않을 수 없는 음식이다. 뻔잡에서 만드는 뱅간 까 바르따baingan ka bharta도 색다르다. 가지를 직화로 익힌 뒤 까맣게 탄 겉껍질을 벗겨내고 속살만 모아(이렇게 하면 가지 맛을 최대한 이끌어내는 동시에 불 향을 입힐 수 있다) 잘 으깬 다음, 여기에 양파·토마토·청고추를 잘게 다져 볶은 것을 섞어준다. 요거트나 생크림을 넣기도 한다. 이렇게 완성된 뱅간 까 바르따의 모양새는 흡사 빵에 발라 먹는 스프레드 같은데, 짜빠띠 같은 빵에 듬뿍 올려 먹으면 그만이다.

박의 향연

뜻밖에도 인도에서는 '박'을 즐겨 먹는다.[5] 우리에게도 친숙한

까렐라 장수. 인도에서는 까렐라로 다양한 음식을 만들어 먹는다.

로끼(호리병박), 빠드왈(뱀오이), 뚜라이(수세미), 까렐라(여주)에서부터 사과처럼 둥근 띤다, 작고 끝이 뾰족한 빠르왈, 고슴도치처럼 생긴 깐똘라, 길쭉한 수박을 닮은 뻬타 등 생소한 박도 있다.

이들 박은 무굴 궁정에서 채소 요리 재료로 큰 비중을 차지했지만 외래 작물인 감자, 콜리플라워, 토마토가 보편화된 뒤로는 별반 주목받지 못했다. 하지만 인도 가정에서는 여전히 자주 쓰이는 식재료로, 섭지를 만드는 데 일상적으로 쓰인다(로끼 끼 섭지, 빠르왈 끼 섭지 등). 특히 로끼는 잘게 채 썰어 익힌 다음 꼬프따를 빚거나 라이따에 넣어 먹기도 하고, 녹두를 섞어 빈대떡처럼 부쳐 먹기도 한다. 특이하게 스위트 재료로도 쓰인다.

흥미로운 것은 까렐라다. 우리나라에서는 말려서 차茶로만 마시지만 인도에서는 반찬을 만들어 먹는다. 까렐라는 쓴맛이 매우 강해 먼저 순하게 만들어야 하는데, 썰어서 말리거나 소금에 절여 물기를 뺀 다음 기름에 튀기면 기분 좋을 만큼 쌉쌀한 맛으로 변한다. 까렐라 요리 중에서도 '바르완 까렐라bharwan karela'('속을 채운 까렐라 요리'라는 뜻이다)는 어린 까렐라 속에 양념을 채워 넣고 실로 동여매서 튀긴 것이다. 속재료로 벵갈 지방에서는 생코코넛·캐슈넛·아몬드·요거트·향신료를, 뻔잡 지방에서는 갈색을 띨 만큼 잘 볶은 양파에 가람 마살라, 암추르를 섞어서 넣는다.

까탈스러운 여인의 손가락, 오크라 요리

힌디어로 빈디bhindi라 하는 오크라okra는 여러모로 독특한 채소

---

5) 호박, 수박, 오이, 참외 등도 전부 박과科에 속하지만, 이 책에서 언급되는 '박'의 종류에서 이들은 제외된다.

다. 풋고추인가 싶지만 고집스럽게 다섯 면으로 각진 몸매는 우아하게 뻗어나가 한 끝으로 수렴된다. 레이디스 핑거lady's finger라고 불리는 이 채소는 표면이 솜털로 촘촘히 덮여 있는 데다 속에는 찐득한 진액이 들어 있다. 오크라 요리에서 관건은 이 진액을 어떻게 최소화하는가에 달려 있다. 물과 닿는 순간 생기는 진액이기에 씻은 다음에는 반드시 물기를 제거해야 한다(손이나 칼, 도마도 완전히 마른 상태에서 조리해야 한다). 또한 기름에 튀기거나 재빨리 볶으면 미끈한 질감이 없는 음식을 만들 수 있다. 소금 간은 가장 마지막에 하고, 익힐 때는 뚜껑을 덮지 않는다. 결정적인 방법은 조리 끄트머리에 신맛 나는 양념을 넣는 것이다. 레몬즙, 식초, 암추르, 타마린드 등을 넣으면 그 즉시 미끈거림이 사라지고 연하면서도 아삭한 식감이 만들어진다. 이렇듯 까탈스러운 구석이 있는 오크라의 매력을 발견하기에 딱 좋은 요리가 꾸르꾸리 빈디kurkuri bhindi(힌디어로 꾸르꾸리는 바삭하다는 뜻이다)다. 오크라를 길게 잘라 가루 향신료와 병아리콩 가루에 버무려 30분쯤 놔둔다. 팬에 기름을 붓고 달궈지면 노릇하게 튀겨낸다. 소금, 암추르 또는 레몬즙을 뿌려 바로 먹는다.

하나도 버릴 것이 없는 바나나 나무 요리

바부르 황제는 인도 바나나 나무에 감탄한 나머지 자신의 자서전《바부르나마》에 이렇게 썼다. "넓고 평평한, 아름다운 초록 잎을 가진 잘생긴 나무."

사실 엄밀하게 말하자면 바나나는 나무가 아니라 거대한 풀이다. 목질로 변하지 않고 매끈한 녹색이어서 바나나 줄기라고 표

바나나 꽃의 심과 꽃술
로 만든 벵갈의 모차르
곤또. 생코코넛을 고명
으로 뿌렸다.

현해야 하는데, 웬만한 나무 둥치만큼 굵다. 바나나 잎은 바부르가 썼듯 '넓고 평평'해 남인도 및 벵갈에서는 일회용 접시로 쓰는가 하면, 생선을 싸서 찌거나 구워 먹곤 한다.

채소로 먹는 부분은 바나나 꽃과 줄기다. 바나나 꽃을 먹으려면 얼마간의 인내심과 섬세함이 필요하다. 자줏빛 꽃잎을 들춰보면 바나나로 자라지 못한 작고 가는 꽃술들이 있는데, 이 꽃술 중에서도 맛있는 부분만 따로 다듬어둔다. 꽃잎을 다 떼어내고 나면 하얀 심이 나타난다. 바나나 꽃을 먹는다는 것은 이 하얀 심과 다듬은 꽃술을 먹는다는 뜻이다. 바나나 줄기도 두꺼운 겉껍질을 잘라내고 남는 하얀 심을 먹는다. 보통은 이들을 잘게 다져 쓰는데, 쉽게 갈변하기 때문에 레몬즙이나 요거트, 또는 버터밀크를 섞은 찬물에 담가두거나 소금물에 바로 데친다.

벵갈 지방에서는 여기에 감자나 병아리콩을 섞어 섭지를 만들어 먹는다. 이때 현지어로 바나나 꽃 섭지는 모차르 곤또mochar ghonto, 바나나 줄기 섭지는 토드 곤또thod ghonto라고 한다. 집집마다 바나나 나무 한 그루씩 키우는 남인도는 바나나 요리가 특히 발달했다. 그중 바나나 꽃 볶음[6]은 커리 잎, 생코코넛, 렌틸을 함께 넣고 아삭한 식감을 살려서 볶는다.

바나나 나무는 쓰임에 따라 크게 두 종류로 나뉜다. 하나는 과일 바나나, 다른 하나는 영어로 플랜틴plantain이라 하는 요리용 바나나다. 플랜틴은 딱딱하며 단맛이 전혀 없을뿐더러 전분이 많아 흡사 감자 같은 맛과 질감을 갖고 있다. 하지만 이 전분은

---

6) 바나나 꽃은 남인도 언어로 '와라이뿌vazhaipoo'라 하는데, 바나나 꽃 볶음을 가리켜 께랄라에서는 와라이뿌 토란, 따밀나두에서는 와라이뿌 뽀리얄이라고 부른다.

샬롯(왼쪽 위), 오크라(왼쪽 아래), 가지(오른쪽).
인도 채소시장에서는 크기며 색깔이 다양한 가지를 볼 수 있는데, 이렇게
공처럼 생긴 작은 가지는 바가라 뱅간, 운디유 등을 만들 때 쓰인다.

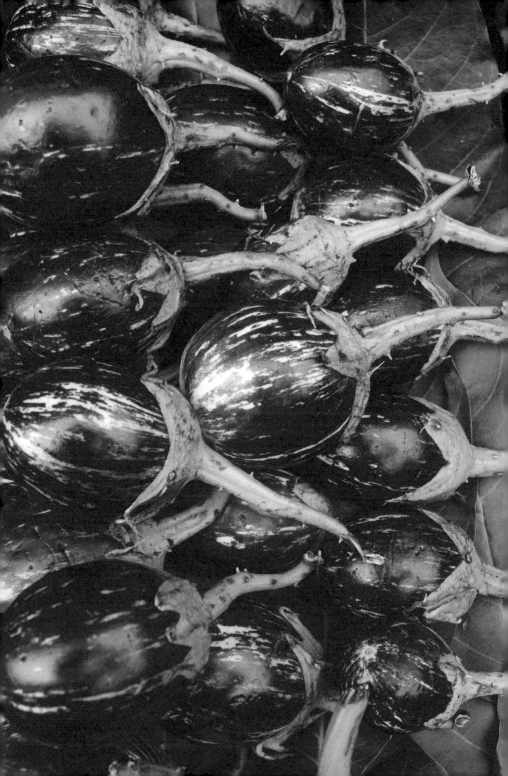

열을 가하면 단맛으로 변한다. 께랄라에서는 플랜틴을 코코넛 오일에 바싹 튀긴 우뻬리upperi가 인기 있는 간식이다. 납작하고 길게 잘라 쌀가루, 밀가루, 설탕으로 만든 튀김옷을 입혀 튀긴 에타까 아빰ethakka appam 역시 즐겨 먹는다. 바나나 꽃처럼 플랜틴으로도 섭지를 만들어 먹는다.

들어는 봤니, 님과 모링가?

님neem과 모링가moringa는 한국인에게 낯선 채소다. 이 둘의 공통점은 10m 이상 거목으로 자라는 나무에서 얻는다는 것인데, 잎이나 꽃을 식재료로 쓴다. 영어로는 마고사margosa라고 하는 님 잎은 처음에는 붉은빛을 띠다가 점점 초록빛으로 변한다. 이때 붉은빛이 가시지 않은 여린 잎을 요리에 쓴다. 주로 다른 채소 요리에 맛을 더하는 재료로 쓰이며, 쌉쌀한 맛을 낸다. 쓴맛을 내는 음식으로 식사를 시작하는 전통이 있는 (식사에 쓴 음식을 꼭 포함시킨다) 벵갈 지방에서는 님 뱅간neem baingan(님 잎을 넣은 가지 볶음)이나 님 알루neem aloo(님 잎을 넣은 감자 조림), 혹은 간단하게 튀긴 님 잎을 가장 먼저 먹곤 한다. 이는 쓴맛을 내는 음식이 입맛을 돌게 하며 소화를 도울뿐더러 피를 맑게 해준다고 여기기 때문이다. 즉 님 잎은 의학적인 효능을 위해 요리에 쓰인다고 할 수 있다.

Tip

님 잎은 상징적인 의미로도 쓰이는데, 안드라 쁘라데쉬·뗄랑가나 지방에서는 새해인 우가디Ugadi에 인생의 경험을 상징하는 음식들을 먹는 풍습이 있다. 가령 바나나와 재거리를 먹으며 인생의 달콤함을, 풋망고와 타마린드를 먹으며 인생의 신맛을 되새기는 식이다. 님의 잎과 꽃은 인생의 쓴맛에 해당된다. 같은 뜻에서 따밀 지방에서는 음력 새해에 님 꽃을 넣은 라삼을 끓여 먹는가 하면, 께랄라에서는 추수감사절인 비슈Vishu에 님 꽃(쓴맛)과 풋망고(신맛), 재거리(단맛)를 넣은 한 그릇 음식, 빠차디pachadi를 끓여 먹는다.

한편 모링가 나무는 잎, 꽃, 풋열매, 씨앗, 나무껍질, 뿌리까지도 식재료 및 약재로 유용하게 쓰인다. 음식으로 먹는 것은 어린 잎과 막대기처럼 생긴 열매로, 이 열매는 영어로 모링가 또는 드럼스틱drumstick[7]이라 한다. 북인도에서도 이 드럼스틱으로 섭지를 만들어 먹곤 하지만, 요리에 적극적으로 쓰이는 것은 남인도 지방에서다. 특히 남인도 국물 요리, 삼발과 아비얄에는 길쭉하게 썬 드럼스틱이 반드시 들어간다. 껍질째 쭉쭉 빨아 속에 든 콩 같은 씨와 즙만 먹는데, 그 맛은 매우 구수하다.

---

7) 힌디어로는 무나가munaga 혹은 사이잔saijan이라고 한다. 남인도에서는 무룽가murunga라고 부른다.

채소로 만드는 한 편의 드라마, 모둠 채소 요리

슉또shukto

슉또를 처음 맛본 것은 벵갈리 가정식을 내놓는 한 식당에서였는데, 지금도 그 맛을 잊을 수가 없다. 포피시드가 섞인 국물이 견과류의 구수함으로 전체를 부드럽게 받쳐주는 가운데, 서양 음식의 크루통 같은 역할을 하는 와디의 바삭함, 잘 익은 채소의 폭신함이 흥미로운 식감을 만들어낸다. 재료로는 무, 플랜틴, 감자, 그린 파파야, 모링가, 고구마, 까렐라 등이 들어간다. 여기서 까렐라는 쓴맛을 담당하는 재료로서 님 잎으로 대체하기도 한다.

만드는 방법은 이렇다.

① 미리 물에 불려놓은 포피시드를 곱게 갈아 준비해둔다. ② 빤츠 포란, 인도 월계수 잎을 따드까한다. ③ 여기에 손질한 채소를 전부 넣은 다음 수분이 빠져나오지 않도록 센 불에서 재빨리 볶는다(아예 먼저 튀겨놓기도 한다). ④ 간 포피시드, 물, 우유를 넣고 다 익을 때까지 끓인다.

운디유undhiyu

수랏을 위시한 구자라뜨 남부 지역은 곡창지대여서 다양한 별미로 유명한데, 그중에서도 운디유는 대표적인 겨울 음식이다. 운디유는 '뒤집힌'이라는 뜻의 구자라뜨어 'undhu'에서 비롯된 이름으로, 그릇을 뒤집어 익히는 전통적인 조리법에서 유래했다. 먼저 입구가 좁은 토기 냄비에 바나나 잎을 여러 장 깔고 재료를 넣은 뒤 다시 바나나 잎 여러 장을 겹쳐 입구를 단단히 봉한다.

슉또. 식사를 시작할 때 흰쌀밥과 곁들여 먹는다. 아래 놓인 것은 까렐리와 모링가다.

이어 구덩이를 파 불을 피운다. 불길이 한풀 사그라지면 커다란 감자 한 덩어리를 놓고 냄비를 뒤집어 올려놓는다. 이 감자는 냄비 입구를 꽉 막아주는 동시에 요리가 다 됐는지 확인하는 역할을 한다. 꼬챙이로 찔러봤을 때 푹 들어갈 정도로 익었다면 완성된 것이다.

재료는 크게 세 종류인데, 마·고구마·작은 알감자·공 모양의 작은 가지·플랜틴 등의 덩어리 채소, 납작껍질콩·수랏 특유의 풋콩인 빠쁘디·잠두·비둘기 콩·완두콩 등의 푸른 콩류, 마지막으로 병아리콩 가루 반죽에 페누그릭 잎을 다져 넣어 만든 완자 튀김인 메티 무티아까지 들어가야 제대로 된 운디유다.

만드는 방법은 이렇다.

① 가장 먼저 메티 무티아를 만든다. ② 덩어리 채소는 오이소박이처럼 열십자로 칼집을 내거나 속을 파낸 다음, 양념을 꼼꼼히 채워 넣는다. 양념은 간 생코코넛, 실란트로, 통깨, 생강, 마늘, 청고추, 여러 향신료를 섞어 만든다. ③ 솥이나 냄비에 통향신료를 따드까한 뒤 메티 무티아, 양념을 채운 채소, 여러 가지 콩을 넣고 센 불에서 튀기듯이 볶는다. 겉면이 노릇해지면 물을 최소한으로 넣고 뚜껑을 밀봉해서 약불로 천천히 익힌다. 전통적인 방식으로는 물을 전혀 넣지 않고 두 시간을 익히는데, 한데 어우러진 온갖 재료의 맛에 장작불 향까지 배어든 운디유가 된다.

아비얄avial

께랄라 채소 요리의 진수를 맛보려면 아비얄을 먹어보자. 지금은 따밀나두에서도 찾아볼 수 있지만 아비얄은 원래 남부 께랄라의 (옛 뜨라반꼬르 왕국에서 전사 계급이었던) 힌두 나이르Nair 커뮤니티가 만들어 먹던 음식이라고 한다. 전통적인 아비얄에는 감자, 양배추, 콜리플라워, 오크라, 토마토 등을 넣지 않는다. 인도 토종 작물이 아니기 때문이다. 외래 작물을 넣지 않는 힌두 사찰 음식과 같은 맥락이다. 아비얄은 명절, 결혼식 등 특별한 날 점심에 먹는 채식 정찬 사디야sadya의 핵심 요리이기도 하지만, 언제든지 남은 자투리 채소들을 모아 끓이는 편안한 음식이기도 하다.

만드는 방법은 이렇다.

① 플랜틴, 마, 껍질콩, 당근, 박, 가지 등 갖가지 채소를 큼직하게 썬다. ② 냄비에 물, 큼직하게 썬 채소, 강황 가루를 넣고 절반쯤 익을 때까지 끓인다. ③ 여기에 풋망고나 요거트 등 새콤한 맛을 내는 재료를 넣는다. ④ 채소가 다 익으면 생코코넛, 샬롯,[8] 커민, 청고추를 갈아 만든 페이스트와 타마린드즙을 넣고 한소끔 끓인다. ⑤ 마지막으로 코코넛 오일에 머스터드 씨와 커리 잎을 따드까해 붓는다. 이렇게 만들어진 아비얄은 가볍고 신선한 맛을 낸다.

---

8) 일반 양파보다 크기가 훨씬 작고 보랏빛이 돈다. 특유의 향기가 좋기로 유명하며 오랫동안 볶으면 단맛이 매우 강해진다.

10

콩 그리고 달

콩은 인도 음식 역사에서 가장 근원적인 식재료다. 쌀과 밀이 전해지기 이전(인더스 문명 전)부터 인도 땅에 자생했던 콩류는 당시 사람들의 주식이었다. 고대 인도의 대서사시 〈마하바라따〉에도, 찬드라굽따 마우리야Chandragupta Maurya(기원전 322~기원전 185)와 그리스 공주가 결혼식을 올리는 장면에도 등장하는 것이 콩을 끓여 만든 음식이다.

오늘날 인도인들이 일상적으로 먹는 콩은 여러 종류이며 그 쓰임새도 상상 이상이다(중세에는 몰타르 재료로도 쓰였다!) 커리나 키츠리를 끓이고, 갈아서 도사나 도넛을 만들고 튀김옷으로 쓰는가 하면 따드까 재료로도 쓰며, 과자 등의 간식거리, 심지어는 스위트로도 만든다. 여기서는 다양한 인도 콩과 콩 요리를 만나본다.

검은눈콩을 사 가는 손님에게 인심 좋게 한 줌을 더해주고 있다.

달, 달, 맛있는 달 요리

인도에서는 콩을 거피해 반 가른 상태로 파는 모습을 흔히 찾아볼 수 있다. 이렇게 손질한 콩을 달dal이라 한다('나누다, 쪼개다'라는 뜻의 산스크리트어에서 유래했다). 물에 불리면 껍질이 벗겨지는 콩이나 껍질이 두꺼운 콩을 달로 만드는데(따라서 강낭콩, 완두콩 등은 달로 가공하지 않는다), 주로 쓰이는 '식재료 달'은 다음 여섯 가지가 있다. 녹두(뭉 달mung dal), 오렌지색 렌틸(마수르 달masoor dal), 팥과 비슷하게 생겼지만 크기가 4분의 1 정도로 작은 검은 렌틸(우라드 달urad dal), 병아리콩(차나 달chana dal), 비둘기콩(뚜르 달toor dal), 터키콩이라고도 하는 나방콩moth bean(마뜨끼 달matki dal)이다.

한편 달을 끓여 만든 커리 역시 '달'이라 부른다. 이는 인도인들에게 소박하지만 위안을 주는 '소울 푸드'인 동시에, 특별한 날이면 경건하게 만들어 먹는 음식이다. 보통은 '기본 조리법'으로 만들며(특정한 날에는 양파, 마늘을 제외한다), 마지막 단계에서 통향신료를 기에 따드까해 붓는다. 달을 만들 때 핵심은 천천히 푹 끓이는 것으로, 콩에서 자연스럽게 풀어져 나온 걸쭉한 질감이 생겨난다.

인도 식당에서 내놓는 대표적인 '달 요리'는 다음과 같다. 어떤 콩을 넣었는지에 따라, 또 향신료나 부재료에 따라 맛이 달라진다. 이 중에는 '달'이라고 부르지만 손질하지 않은 콩으로 끓인 것도 있는데, 달의 개념이 확장돼 콩류로 끓인 커리 모두를 포괄하게 된 것으로 볼 수 있다.[9]

---

[9] 강낭콩으로 끓인 커리는 '달'이라고 하지 않고 재료 이름대로, 즉 '라즈마rajma'(힌디어로 강낭콩을 뜻한다)라고 부르거나 뒤에 마살라를 붙여 '라즈마 마살라'라고 부른다. 인도에서 많이 먹는 검은눈콩(힌디어로 로비아robia라고 한다)도 마찬가지다.

1) 달 따드까dal tadka는 이름에서 알 수 있듯이 조리 과정 마지막에 붓는 따드까를 강조한 음식이다. 주로 비둘기콩으로 만들며, 생강 향과 기의 풍미가 어우러진 가장 기본적인 달이다.

2) 달 마카니dal makhani는 마카니 특유의 토마토-버터-크림 소스로 끓인 달 요리로 검은 렌틸과 강낭콩을 섞어 쓴다. 버터 치킨과 탄생의 역사를 같이한 뻔자비 다바의 음식으로서, 대표적인 북인도 달 요리다.

3) 샤히 달shahi dal 역시 검은 렌틸로 만든다. 궁중식이라는 의미로 '샤히'가 붙은 요리는 공통적으로 기, 곱게 간 아몬드나 캐슈넛 등의 견과류, 크림을 넣어 국물을 진하게 만든다.

4) 빤츠멜 달panchmel dal은 다섯 가지 달(마수르 달만 제외)을 섞어 끓인 것으로, 라자스탄 지역 전통 달 요리다. 악바르 대제와 샤 자한이 좋아했다고 전해진다.

5) 발아콩으로 만든 달도 있다. 마하라슈뜨라 달 요리인 우살usal이다. 싹 틔운 나방콩, 녹두, 병아리콩 등을 삶은 뒤 이 지역 특유의 양념인 깔라 마살라를 넣고 끓여 만든다. 우살의 진수는 뭄바이에서 쉽게 볼 수 있는 길거리 음식, 미살 빠오misal pav다. 매콤한 우살 위에 바삭한 봄베이 믹스[10]를 얹고 모닝빵처럼 생긴 빠오를 곁들인 음식이다.

병아리콩 차나, 그 다재다능함에 관하여

따즈 마할과 샤자하나바드를 지으면서 국고를 탕진한 샤 자한.

---

10) 세브sev(병아리콩 가루로 국수가닥처럼 만든 과자), 볶은 땅콩, 튀긴 렌틸을 섞어 소금과 향신료로 양념한 간식거리다.

따밀나두의 달, 삼발

마라타Maratha는 오늘날 뭄바이를 주도로 하는 인도 중서부 마하라슈뜨라 지방에 왕국을 세우고 오랫동안 통치했던 일족이다. 17세기 말 마라타 왕국의 왕이었던 쉬바지Shivaji는 남인도 탄자부르Thanjavur에 자신의 이복형제를 보내 장악하게 했고, 마라타는 그로부터 2세기 동안 이곳을 통치했다. 때문에 탄자부르에는 마라타 문화와 따밀나두 문화가 뒤섞인 독특한 색채가 남아 있는데, 그중에는 남인도에서 일상적인 음식이 된 삼발sambhar이 있다.

시간이 흘러 마라타 왕국에서는 쉬바지의 아들 삼바지Sambhaji가 왕위를 물려받았고, 탄자부르에서는 샤후지Shahuji가 아버지의 뒤를 이어 왕위에 올랐다. 샤후지는 사촌이자 마라타 왕인 삼바지가 탄자부르를 방문하자 직접 달을 끓여 대접했는데(달은 경건한 존중의 의미를 담고 있기도 하다), 갖가지 채소와 새콤한 타마린드즙이 들어간 독특한 달이었다. 손님이었던 삼바지의 이름을 따 삼발이라 불리게 된 이 달은 오늘날 남인도 전역에서 쌀밥에 곁들이는 국물 음식으로서 거의 매일 식탁에 오른다(이들리나 도사에 곁들이기도 한다). 당근, 콜리플라워, 가지, 호박, 무, 오크라, 모링가, 껍질콩류 등 다양한 채소를 넣어 끓인 모양새는 보기만 해도 풍요롭다.

냉철한 금욕주의자였던 아들 아우랑제브는 아버지를 왕위에서 끌어내려 아그라 성Agra Fort에 가둔다. 아우랑제브는 샤 자한에게 생이 끝날 때까지 성에 갇혀 살 것을 명하면서 한 가지 형벌을 더 내렸으니, 평생 단 한 가지 재료만으로 연명토록 한 것이다. 수심에 잠긴 옛 왕에게 요리사는 병아리콩을 선택하라고 조언하면서, 이것으로 수백 가지 음식을 만들 수 있노라며 왕을 위로했다.

이 이야기는 야사일 뿐이지만, 실제 악바르의 주방에서 만들어진 병아리콩 요리가 52가지에 달했을 정도로 인도 요리에서 병아리콩의 쓰임새가 무궁무진하다는 것만큼은 분명하다. 달은 물론 섭지, 튀김에서부터 그 가루로는 과자나 케이크 등 간식거리까지 만들어낸다. 영어로는 칙피chickpea, 이집트콩Egyptian pea, 벵갈 그램Bengal gram 등이라 하며, 힌디어로는 차나chana라 한다.

병아리콩으로 만드는 가장 일반적인 음식은 섭지다. 북인도에서는 병아리콩 섭지를 **촐레**chhole 또는 **차나 마살라**chana masala라고 하는데, 지방마다 이름은 다를지라도 북인도에서 가장 흔히 볼 수 있는 채식 메뉴다. 하룻밤 동안 불린 뒤 삶은 병아리콩을 '기본 조리법'으로 요리한다. 북인도에서는 가람 마살라, 석류 씨, 암추르 등을 넣어 새콤한 맛과 진한 빛깔을 낸다.

한편 남인도에서는 병아리콩으로 **순달**sundal을 만들어 먹는다. 삶은 콩을 머스터드, 생코코넛, 커리 잎과 함께 노릇하게 볶은 음식이다. 이는 힌두들의 큰 명절인 나브라뜨리Navratri[11]나 가네쉬

한 냄비 가득 끓인 촐레를 흐뭇하게 보여주는 어느 가정집의 요리사.

---

11) 태양이 황도를 지나 계절이 바뀌는 네 시점을 가리킨다. 그중에서도 두 나브라뜨리를 크게 지낸다.

짜뚜르티Ganesh Chaturthi[12)]에 먹는 음식인 동시에, 만드는 방법이 간단해 평상시 간식이나 반찬으로도 자주 먹는다.

인도 사람들은 병아리콩 가루인 베산besan으로도 다양한 먹거리를 만들어왔다. 앞서 채식 꼬프따 편에서 소개했던 '까디'가 대표적이다. 구자라뜨 음식에서 또 다른 독특한 예를 찾아볼 수 있는데, 바로 **도끌라**dhokla와 **칸드비**khandvi다. 유명한 간식인 이 둘은 같은 재료인 베산-요거트 반죽을 달리 조리해 질감이며 맛이 완전히 다르다. 먼저 칸드비를 만드는 방법은

① 냄비에 베산, 요거트, 강황 가루, 생강, 소금을 넣고 섞어 묽은 반죽을 만든다. ② 반죽을 계속 저어가며 풀을 쑤듯 약불에서 익힌다. ③ 이를 평평한 쟁반이나 도마 위에 얇게 펴 식힌 뒤, 길게 잘라서는 돌돌 말아 모양을 만든다. ④ 머스터드와 커리 잎 따드까를 붓고 생코코넛, 실란트로를 얹어 먹는다.

훌륭한 칸드비를 만들려면 예술가의 손길이 필요하다고 말할 정도로 실크처럼 부드러우면서도 갈라지지 않고 쫀쫀한 질감을 만드는 것이 핵심이다. 반면 도끌라는

① 같은 베산-요거트 반죽에 청고추, 설탕, 레몬즙, 식용유, 베이킹소다를 더해 걸쭉하게 만든다. ② 이를 케이크 팬에 부어 찐다. ③ 그 위에 머스터드, 참깨, 커리 잎을 따드까해 붓는다. ④ 실란트로와 생코코넛을 얹은 뒤 작게 잘라 먹는다.

단맛에 매콤함과 새콤함이 더해진 찜케이크 도끌라는 폭신하면서도 입 안에서 사르르 녹는 식감이 매력적이다.

---

12) 힌두 신 '가네샤Ganesha'의 탄생을 기리는 명절로, 열흘에 걸쳐 열린다.

와디, 와다, 빠꼬라

지역에 따라 와디얀wadiyan, 보리bori, 망고디mangodi 등으로 불리는 **와디**wadi는 병아리콩이나 렌틸을 갈아 만든 반죽을 작게 떼어내 햇빛에 말린 것이다.

전통적으로 인도에서 와디를 만드는 일은 종교 의식이자 기예였다. 겨울철 햇빛 좋은 날이면 마을 여인들이 모여, 미리 불려놓은 달을 맷돌로 갈고 여기에 소금과 향신료를 넣어 반죽을 만든다(이때 반죽에서 두 조각 떼어 깨끗한 천 위에 올려놓는데, 이는 신에게 바친다는 상징적 행위다). 그러고 나서 반죽이 매끈해질 때까지 계속 치댄다. 반죽에 공기를 넣어주는 이 과정은 와디의 식감에 결정적이다. 완성된 반죽은 작은 크기로 떼어내 커다란 천 위에 널어놓고 햇빛에 말리는데, 이렇게 만들어진 와디는 수개월간 보관할 수 있다. 오늘날에는 오븐에서 건조시키는 등 대량 생산 공정이 갖춰져 있어 시장에서 쉽게 구할 수 있다. 어느 요리에나 넣을 수 있지만 채소 요리에서 더욱 돋보인다. 식감을 다채롭게 해줄 뿐만 아니라(서양에서 크루통을 쓰듯이 인도에서는 와디를 쓴다) 채소 요리에 부족하기 쉬운 단백질을 보충하는 동시에 고소한 맛을 더해주기 때문이다.

한편 **와다**vada는 와디와 이름만 비슷할 뿐 전혀 다른 먹거리다. 콩 반죽으로 만든 튀김 도넛인데, 가운데가 뻥 뚫린 모양 혹은 동글납작한 모양이다. 도넛처럼 폭신하고 촉촉한 식감에 녹두 빈대떡과 채소 튀김이 섞인 맛을 낸다.

이 와다는 식감에 따라 두 종류로 나뉜다. 먼저 재료를 곱게 갈

두 가지 와다, 이들리, 그리고 삼발 안에
아예 와다를 담근 삼발 와다.

고 부드러운 식감을 내도록 튀긴 와다가 있고, 재료를 굵게 갈아 입자가 살아 있고 딱딱할 정도로 바삭하게 튀긴 와다가 있다. 후자로 유명한 것이 병아리콩으로 만든 빠리뿌 와다parippu vada, 께랄라주의 별미다. 만드는 방법은 이렇다. 불린 콩에서 물기를 완전히 뺀 다음 굵게 간다. 여기에 양파, 생강, 청고추, 커리 잎, 향신료를 섞어 둥글납작하게 빚어 바싹 튀긴다.

한편 전자는 '부드럽다'는 뜻을 가진 메두 와다medu vada[13]로, 몇 시간 불린 달(주로 검은 렌틸)을 곱게 간 것에 향신료, 청고추, 다진 양파 등을 넣은 반죽을 도넛 모양으로 만들어 튀긴 것이다. 아무런 수식어 없이 '와다'라고 하면 보통 이 메두 와다를 가리킨다. 과거에는 남인도에 국한된 먹을거리였지만 지금은 북인도 곳곳에서도 다양한 와다를 파는데, 어디서 먹든 삼발과 코코넛 쩌뜨니를 곁들여 먹는 것이 정석이다.[14]

빠꼬라pakora는 튀김옷을 입혀 튀긴 음식을 말한다. 인도에서는 베산으로 튀김옷을 만드는데, 여기에 강황 가루, 고춧가루를 넣어 양념한다. 베산 튀김옷은 밀가루 튀김옷에 비해 바삭함이 떨어지지만 대신 구수한 콩 맛에 매콤한 커리 맛이 가볍게 섞여 매력적이다. 구자라뜨·마하라슈뜨라에서는 바지야bhajiya, 남인도에서는 바지bajji라고 하는 이 빠꼬라는 주로 콜리플라워, 가지,

---

13) 이는 까르나따까주에서 부르는 이름이고, 따밀나두·께랄라에서는 울룬두 와다이, 안드라 지방에서는 가렐루라고 한다.
14) 델리·뭄바이에서는 이 와다가 '현대식'으로 변형된 모습을 볼 수 있다. 뭄바이에서는 와다를 햄버거 빵 사이에 끼워 먹는 한편(와다 빠오), 델리 사람들은 와다 위에 요거트를 끼얹고 새콤달콤한 타마린드 소스를 뿌려 먹는다(다히 와다).

잘게 썬 잎채소 빠꼬
라와 가지 빠꼬라.

풋고추, 감자, 양파, 빠니르, 호박꽃 등으로 만든다(우리의 채소 튀김과 닮았다). 남인도에서는 삶은 감자를 으깨 공처럼 빚은 것이나 삶은 달걀에 튀김옷을 입혀 튀긴 본다bonda도 즐겨 먹는다. 잘게 썬 잎채소나 허브를 섞은 튀김 반죽을 숟가락으로 뚝뚝 떠넣어 튀긴 마이소르 본다Mysore bonda는 와다와 매우 유사하다.

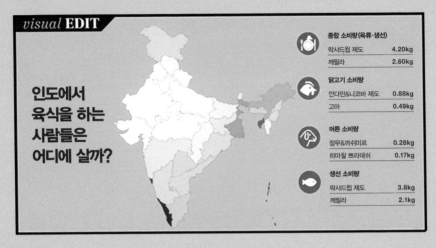

	종합 소비량(육류·생선)	
	락샤드윕 제도	4.20kg
	께릴라	2.60kg
	닭고기 소비량	
	안다만&니코바 제도	0.88kg
	고아	0.49kg
	머튼 소비량	
	잠무&까쉬미르	0.28kg
	히마찰 쁘라데쉬	0.17kg
	생선 소비량	
	락샤드윕 제도	3.8kg
	께릴라	2.1kg

인도에서 육식을 하는 사람들은 어디에 살까?

위 그래프는 주州별로 2014년 한 해 동안 소비된 닭고기, 머튼, 생선 세 가지 고기의 총량을 인구수로 평균해 색으로 구분한 것이다. 파란 색이 짙을수록 소비량이 높음을 뜻한다. (지도 오른쪽 항목별 수치는 1인당 1개월간 평균 섭취량이다)

육류 및 생선 요리를 소개하기 앞서

2014년 인도 정부 산하 조사기관에서 닭고기, 머튼, 생선 등을 일상적으로 먹는 인구 비율을 조사·발표했다. 위 그림에서 파랑 색이 짙은 지역은 비채식 인구 비율이 높음을, 옅은 지역은 채식 인구 비율이 높음을 뜻한다. 이는 4~5장에 걸쳐 살펴볼 비채식 요리의 전체적인 흐름을 짚는 데 더없이 유용한 자료다. 음식만 소개하다 보면 각 지역이 이 음식을 어느 정도로 먹는지 알 수 없기 때문이다. 예컨대 께랄라와 따밀나두는 같은 남인도에 바다를 끼고 있으며 나름의 생선 요리가 발달했지만, 위 자료가 보여주다시피 '일상적으로 먹는' 정도는 다르다. 따밀나두는 전통적으로 채식 문화가 강한 지방이기 때문에 해안지대가 아니고서야 생선 요리를 만나기 어려운 경우가 많다.

또한 북인도 중부 및 서부 지역은 다른 곳에 비해 채식 인구 비중이 현저하게 높음을 알 수 있다. 하리야나Haryana와 뻔잡이 가장 밝은 색이고 구자라뜨, 라자스탄, 우따르 쁘라데쉬, 마디야 쁘라데쉬도 채식 인구 비중이 상당히 높다. 께랄라를 비롯해 남 인도 서부 해안의 고아가 가장 짙은 파랑색을 띠는데, 통계 수치 가 보여주듯이 (락샤드웹 제도를 제외하고) 닭고기 소비량은 고아가, 생선 및 육류 소비량은 께랄라가 가장 높다. 그다음은 북동부 일 곱 자매주 중 하나인 뜨리뿌라에 이어 웨스트벵갈, 아쌈, 아루나 찰 쁘라데쉬 순이다. 11~12장에서는 이들 지역의 육류 및 생선 요리를 주로 소개할 것이다. 더불어 육류 요리 중에는 무슬림들 의 요리가 많은데, 무슬림 음식은 인도 어디서나 비슷한 형태다. 특정한 지역이 언급되지 않은 고기 요리는 인도 전역에 살아가 고 있는 무슬림들이 공통적으로 먹는 음식이라 봐도 무방하다.

11

⌄⌄⌄⌄⌄

인도의 육류 요리

머튼이라며? 그런데 염소 고기라고?

———

앞서 설명했듯이 인도에서 머튼은 거의 대부분 양이 아닌 염소 고기다. 왜 고트goat가 아닌 머튼으로 부르게 됐는지는 알 수 없지만, 아무튼 푸줏간에서는 염소 고기를 판다. "머튼이라며? 그런데 염소 고기라고?" 인도 현지 음식 탐험에 나선 영국인 셰프들이 한 번씩 겪는 해프닝이다.

1부에서 다룬 께밥, 꼬르마, 꼬프따, 비리야니 등 많은 머튼 요리는 이슬람 왕조 아래에서 발달했고, 무슬림의 큰 축일인 바끄라 이드Bakra Eid는 머튼 요리와 강하게 연결되어 있다.[15) 때문에 인도에서 머튼 요리는 무슬림 음식이라는 인식이 지배적이다.

여기서는 좀 더 지평을 넓혀, 여러 커뮤니티의 다양한 머튼 요리를 살펴볼 것이다.

빠싼드

힌두 커뮤니티 중 하나인 까야스타Kayastha는 예부터 문서 기록에 관련된 일을 하던 이들이다. 무굴 제국 궁정에 문관으로 등용됐고, 왕실을 드나드는 관료로서 높은 지위를 누렸다. 힌두지만 자연스럽게 이슬람 궁중 문화로부터 영향을 받은 이들의 음식은 점차 무슬림의 것과 비슷해졌으며, 지금도 육류 요리를 즐겨 먹는다. 그중 대표적인 것이 빠싼드pasand다. '가장 좋아하는 것'이라는 뜻으로, 염소 고기 중 가장 선호되는 부위인 허벅짓살로 만든다. 근육이 많은 다릿살을 연하게 만들기 위해 나무 방망이로 두들겨서 얄팍하게 만들거나 얇게 저며서 쓴다. 요거트나 크림, 코코넛 밀크, 간 아몬드로 만든 페이스트를 넣고 끓인 빠싼드 국물은 부드럽고 온화한 맛과 풍미를 내며, 향신료도 가람 마살라, 고춧가루, 마늘, 생강 정도로 순하게 쓴다. 이 국물에 고기를 넣고 끓이는데, 국물이 고기를 감쌀 정도로까지 졸인다. 마지막으로 튀긴 양파를 위에 얹는다. 북인도 무슬림 식당에서 쉽게 찾아볼 수 있으며, 요즘에는 닭고기나 새우로도 만든다.

---

15) 선지자 이브라힘이 알라의 뜻에 따라 아들의 희생까지 감수하고자 했던 신앙심을 기리는 날이다. 그에 감복한 신이 염소(힌디어로 바끄라bakra 또는 고싯gosht이라고 한다)를 내려 보내 제물로 바치도록 했다고 한다. 무슬림들은 이날 아침 기도가 끝나면 산 염소를 신에게 바치는 의식을 치르는데, 이를 삼등분하여 3분의 2는 가난한 자와 이웃에게 베풀고 3분의 1은 집에서 요리해 먹는다.

단삭과 살리 보띠

단삭dhansak과 **살리 보띠**sali boti는 빠르시Parsi라 불리는 커뮤니티[16]의 대표적인 음식이다. 이들은 오랫동안 구자라뜨에 거주하다 영국 식민 통치 시절 뭄바이로 대거 이주한 커뮤니티로, 고대 페르시아의 피를 이어받아 조로아스터교를 신봉하기에 인도에서는 보기 드물게 음식에 대한 금기가 없을뿐더러 식사에 술을 곁들이는 자유로운 식습관을 가졌다. 단삭은 페르시아 음식인 코레쉬에 구자라뜨 남부의 풍부한 콩과 채소(단삭은 '달과 채소'를 뜻한다)가 더해져 변형된 요리다. 특징적인 점은 들어가는 재료가 상당히 많은데도 고기와 걸쭉한 국물만 보인다는 것이다. 만드는 과정은 대략 이렇다. ① 머튼을 삶아놓는다. ② 머튼 삶은 육수에 달 서너 종류, 채소 대여섯 가지, 페누그릭 잎, 민트 잎, 실란트로를 넣고 푹 끓인다. ③ 이를 한꺼번에 곱게 갈아 부드러운 국물로 만든다. ④ 여기에 삶아두었던 고기를 다시 넣고 끓이다가 20여 가지 향신료를 따드까해 부어준다.

한편 살리 보띠는 깍뚝썰기한 머튼('보띠'는 살코기를 도톰하게 깍뚝썰기한 것을 가리킨다)을 '기본 조리법'으로 끓여 만드는데 식초, 설탕을 넣어 새콤달콤하게 만든 커리 위에 감자칩(살리)을 듬뿍 얹어 먹는 음식이다.

나하리

나하리nahari 혹은 **니하리**nihari라 불리는 이 음식은 쉽게 말해 인도

---

16) 이들의 음식을 직접 먹어보고 싶다면 407쪽을 참고하자.

식 곰탕이다. 염소의 족발, 질긴 힘줄, 도가니 등을 밤새 푹 곤 국물에 향신료를 넣은 것으로, 나하리를 파는 식당은 우리네 해장국집처럼 아침 일찍 문을 열어 아침식사로 팔곤 한다. 나하리의 유래에 대해 전해지는 이야기는 이렇다. 무굴 시대, 샤 자한이 수도를 아그라에서 델리로 옮기려 하자 궁정 의사인 하낌은 델리의 운하 물이 오염되어 수도로 적합하지 않다며 천도에 반대했다. 왕이 해결책을 묻자, 하낌은 백성들이 기와 향신료를 많이 넣은 식사를 해야 한다고 말했다. 그렇지만 가난한 이들은 기를 넉넉히 살 형편이 못 됐고, 이들을 위해 고안된 것이 (흔히 버려지는 부위로 요리한) 나하리였다. 그리하여 일출 기도시간이 끝나면 나하리 한 그릇과 꿀짜 한 장이 무료로 제공됐다고 하는데, 날이 밝은 시간을 가리키는 페르시아어 나하르nahar가 음식 이름으로 붙여졌다는 것이다. 자마 마스지드 주변은 무굴 식당이 많아 나하리를 먹기에 가장 적합한 곳이다. 나하리를 주문하면 라임, 다진 고추, 가늘게 채 썬 생강이 접시에 담겨 나온다.

머튼 바비큐

머튼을 덩어리째 또는 통째로 굽는 요리는 서민들이 쉽게 먹을 수 없는 고급 요리였다. 요거트-향신료 양념을 골고루 바른 염소 다리를 하루 동안 재워놓았다가 숯불에 굽는 **란 무살람**raan musallam에서부터 염소 뱃속에 쌀, 닭고기, 삶은 달걀, 아몬드, 피스타치오 등 비리아니 재료를 채워 넣고서 굽는 **딴두리 바끄라**tandoori bakra도 있다. 무엇보다 독특한 것은 **덤 바 비리아니**dum ba biryani다. 예전에는 왕을 위해서만 만들었던 귀한 음식으로, 오늘

란 무살람. 이를 먹으려면 사전에 예약해야 하는 경우가 많다.

머튼의 특수 부위 요리

어느 지역에서든 무슬림들은 머튼의 특수 부위도 요리에 사용하는데, 그 종합판이라 할 수 있는 요리가 하나 있다. 기원전부터 빈번했던 서방세계와의 무역으로 인해 자유분방한 특색을 지니게 된 항구도시 수랏의 요리로, '수르띠 바라 한디Surti baara handi'가 그것이다(바라는 숫자 12를 뜻한다). 12개의 냄비에 특수 부위─뇌, 혀, 콩팥, 곱창, 간, 꼬리, 족발, 도가니, 그리고 살코기 등을 따로따로 담고 그에 알맞은 향신료를 넣어 푹 끓인 음식이다. 주문을 하면 원하는 커리를 내어준다.

이 밖에도 잘 손질한 염소 간을 작게 잘라 향신료에 하룻밤 재워놓았다가 꼬치에 꿰어 숯불에 구운 부젤리 깔레지bhujeli kaleji, 콩팥을 향신료에 매콤하게 볶은 구르다 마살라gurda masala, 뇌 부위를 이용한 튀김 요리 베자 커틀릿bheja cutlet 등이 있다. 이렇게 특수 부위로 만든 음식은 무슬림 마을이 있는 곳이라면 인도 어디서든 쉽게 찾아볼 수 있는데, 음식 이름에 베자bheja가 있다면 뇌, 깔레지kaleji가 있다면 간, 빠야paya가 있다면 족발을, 구르다gurda가 있다면 콩팥을 이용한 것이다.

수르띠 바라 한다. 사진에서 보듯이 냄비가 아예 붙박이장처럼 설치된 작업대 아래에는 장작불이 놓인다. 모든 재료는 6시간 동안 푹 고아 조리하며, 국자에 담긴 것은 골수다.

날에도 결혼식 같은 특별한 날에나 볼 수 있다. 아래 조리법을 보면 그 이유를 짐작할 수 있을 것이다.

① 사프론으로 물들인 삶은 달걀을 메추라기 속에 넣는다. ② 이 메추라기를 다시 (미리 향신료에 재워놓은) 닭 뱃속에 넣는다. ③ 이렇게 뱃속이 가득 찬 닭으로 다시 염소를 채우는데, 염소 배를 갈라 내장을 꺼내고 난 자리에 넣는다. 염소 뱃속이 여러 마리 닭으로 가득 차면 입구를 실로 꿰맨다. ④ 이 염소를 커다란 솥에 넣고 밀가루 반죽으로 솥뚜껑을 단단히 봉한 다음, 솥 위아래에 장작불과 숯불을 놓아 덤 방식으로 천천히 익힌다. ⑤ 사프론을 진하게 우려낸 물과 기로 지은 밥을 거대한 그릇에 담고 한가운데에 염소를 통째로 올린다.

치킨 사랑은 만국 공통

인도에서 가장 많이 소비되는 육류는 닭이다. 그만큼 인도 전역에서는 버터 치킨과 딴두리 치킨 말고도 수없이 많은 닭 요리가 만들어진다. 강하고 맵게 양념하는 지방에서부터 부드러운 소스에 넣어 끓이는 곳, 새콤달콤한 치킨 커리를 만드는 곳도 있는가 하면 생코코넛을 넣은 남인도 닭 요리도 매력적이다.

빠르시들의 닭 요리

앞서 설명한 '단삭'과 함께 빠르시들의 닭 요리도 특색 있다. 먼저 기쁜 일이 생겼을 때나 명절에 빠지지 않는 것이 살구(자르달루)를 넣어 끓인 치킨 커리, **자르달루 마르기**jardaalu marghi다. 살구

(단맛)와 홍고추(매콤한 맛), 강하지 않은 향신료에 감자칩 살리(음식 위에 올린다)가 빚어내는 맛과 풍미, 식감의 조화가 매력적인 음식이다. 고기에 과일을 넣어 함께 요리하는 방식은 지금으로부터 1,000년 전 (빠르시들의 고향인) 페르시아의 전통이 여전히 남아 있음을 보여준다.

물론 요리에 특수 부위를 적극적으로 활용하는 이들다운 별미도 있다. 닭의 간과 모래주머니를 매콤한 향신료 국물에 조려 만든 음식, **알레띠 빨레띠**aleti paleti다. 인도식 닭똥집 요리라 할 수 있겠다.

체띠나드 치킨

따밀나두의 부유한 커뮤니티, 체띠얄Chettiyal의 요리인 **체띠나드 치킨**Chettinad chicken은 현지에서 꼬지 밀라구 마살라kozhi millagu masala라 불린다. '꼬지'는 닭고기를, '밀라구'는 후추를 뜻하니 번역하면 후추치킨인 셈인데, 매콤함을 강조한 닭 요리다(후추, 말린 고추가 압도적으로 많이 들어간 가루 마살라를 쓴다). 양파, 토마토, 가루 마살라를 볶은 양념에 닭고기 토막을 노릇하게 볶은 다음 물을 붓고 조린다.

하리얄리 무르그

하리얄리 무르그hariyali murgh(하리얄리는 푸른 잎을 뜻한다)는 이름대로 온갖 녹색 재료를 넣고 끓인 북인도 커리다. 육류 요리임에도 싱그러움이 느껴지는데, 만드는 방법은 이렇다. ① 시금치, 피망, 실란트로, 민트, 페누그릭 잎, 청고추를 갈아 페이스트를 만든다. ②

닭고기를 향신료와 볶다가 ①에서 만든 페이스트를 넣고 끓인
다. ③ 코코넛 밀크나 요거트 혹은 생크림을 넣는다(무굴식 꼬르마
처럼 견과류를 갈아 넣기도 한다).

치킨 65

전통적인 음식은 아니지만 인도에서 자주 볼 수 있는 **치킨 65**는
남인도식 양념 치킨이다. 튀긴 닭을 매콤한 마살라, 커리 잎, 요
거트로 만든 소스에 조려 만든다. 치킨 65라는 독특한 이름의 유
래에 대해서는 65가지 재료로 닭을 양념해서라거나, 닭 한 마리
에 65개의 말린 고추를 갈아 넣기 때문이라거나, 부화한 지 65일
째인 닭으로 만들어야 맛이 좋기 때문이라거나, 1965년에 개발
된 메뉴였기 때문이라는 등 온갖 주장이 있다. 어느 쪽이 진실인
지는 알 수 없지만 인기 있는 닭 요리인 것만은 분명하다.

꼬리 수까

꼬리 수까kori sukka는 까르나따까주 망갈로르 지방 사람들의 소
울 푸드와도 같은 닭 볶음 요리다. 껍질을 제거한 닭고기(이는 인도
닭 요리의 공통점이다)를 '기본 조리법'으로 요리하는데, 맛의 비결은
코코넛 오일과 생코코넛, 그리고 바삭해질 때까지 노릇하게 볶
은 마늘을 듬뿍 넣은 꾼다뿌리 마살라kundapuri masala다.

인도에서도 쇠고기를 먹을까?

————

힌두교도들에게 소는 시바 신이 타고 다니는 소 난디Nandi와 같

은 존재로 여겨져 신성시되는 동물이다. 오늘날 인도 대부분의 주州에는 소 도축을 금지하거나 판매를 규제하는 법령이 있으며,[17] 힌두들만이 아니라 시크교도, 자인교도 역시 쇠고기를 먹지 않는다. 하지만 통념과는 달리 쇠고기를 즐겨 먹는 인도인들도 있는데, 종교적인 문제에 얽혀 있기 때문에 무슬림과 크리스천이 대다수다.[18] 다만 '비프beef'라는 이름을 단 음식들이 늘 쇠고기 요리는 아니다. 북인도에서는 물소인 버팔로 고기도 '비프'라 불린다. 이 버팔로 고기는 머튼과 동일한 방식으로 조리된다. 북인도 사람들이 즐겨 먹는 깨밥을 예로 들면, '머튼 깨밥'이라고 특정되어 있지 않거나 '비프 깨밥'이라고 이름 붙여져 있다면 버팔로 고기로 만들었다고 보면 된다. 반면 남인도, 특히 전체 인구의 20~25%가 크리스천인 고아주나 께랄라주에서는 (버팔로 고기가 아닌) 쇠고기를 이용해 개성 있는 음식을 만든다. 여기서는 남인도 요리의 특징과 외세의 영향이 묻어 있는 남인도 비프 요리를 알아보자.

께랄라 비프 요리

께랄라의 크리스천 커뮤니티는 전통적으로 향신료 재배 및 거래에 종사했던지라 이들의 비프 요리에는 신선한 향신료가 듬뿍 들어간다.

---

17) 인도에서는 소가 노쇠해 더 이상 우유를 생산하지도, 노동력을 제공하지도 못하거나 병에 걸렸을 때 도축하는 것이 일반적인데, 일부 주에서는 어떠한 경우든 도축을 금하고 있다.
18) 조로아스터교도, 즉 빠르시 커뮤니티는 종교에서 섭식에 제한을 두지 않는데도 쇠고기를 거의 먹지 않는다. 먼 옛날 종교 탄압을 피해 페르시아로부터 인도로 온 빠르시의 조상들은 자신들을 받아들여준 힌두 왕국에 대한 예의로서 쇠고기를 먹지 않았고, 그러한 전통이 지금까지도 지켜지고 있다.

께랄라의 나단 비프 커리. 매콤한 맛(고춧가루·후추)과 달콤한 맛
(코코넛·샬롯), 새콤한 맛(코코넛 식초)이 한데 어우러진 커리다.

1) **나단 비프 커리**naadan beef curry. 께랄라에서 음식 이름에 '나단' 이 붙은 것은 전통적인 방식으로 조리했다는 의미다. 커리의 베이스는 샬롯, 코코넛, 커리 잎뿐인데, 20분 이상 볶아 단맛과 고소함을 최대한 이끌어낸다. 여기에 쇠고기와 가루 마살라, 물을 넣고 끓인 뒤, 마지막에 코코넛 식초를 넣는다.

2) **비프 로스트**beef roast. 이 께랄라식 쇠고기 볶음은 영국의 커리 펍에서도 맥주 안주로 유명하다. 이 역시 샬롯, 코코넛, 커리 잎을 코코넛 오일에 충분히 볶는 것이 관건인데, 이어 쇠고기, 마살라, 약간의 물을 넣고 조리듯 볶는다. 나단 비프 커리나 비프 로스트 모두 고춧가루와 후추, 청고추를 듬뿍 넣기 때문에 상당히 매콤하다.

고아 비프 요리

인도에는 영국의 지배에서 벗어난 후에도 외국 자치령으로 남아 있던 지역이 몇 군데 있다. 프랑스령이었던 뽄디체리Pondicherry와 포르투갈령이었던 고아가 대표적이다. 1498년 고아 항구에 닻을 내린 포르투갈인은 곧 이 일대를 점령했다. 무려 450년이나 포르투갈 영토였던 고아는 1961년이 되어서야 인도에 병합됐다. 때문에 고아는 인도에 속해 있으면서도 또 다른 나라인 듯 독특한 분위기를 지니고 있다. 특히 고아 크리스천 커뮤니티의 요리에는 포르투갈로부터 받은 영향이 고스란히 남아 있는데, 이들의 비프 요리를 보면 이름에서부터 실감할 수 있다.

1) **비프 롤라드**beef roulade는 얇게 저민 쇠고기 위에 채 썬 채소와

고아 소시지(초리조)를 올려 돌돌 만 것을 샬롯-토마토 소스에
조린 음식이다.

2) **비페 아싸도**bife assado는 서양 요리인 포트로스트pot roast와 비
슷한 방법으로 만든다. 향신료 양념에 재워 숙성시킨 고깃덩
어리를 먼저 겉면만 노릇하게 구운 뒤, 코코넛 식초와 말린 고
추가 들어간 남인도식 소스를 끼얹어가며 익힌다.

3) **샤꾸띠**xacuti는 토마토, 간 포피시드, 코코넛 밀크로 국물을 끓
인 쇠고기 커리다. 부드럽고 고소한 맛이 특징이다.

돼지고기 커리를 찾아서

전 세계 어느 곳이나 마찬가지로 인도 무슬림들 역시 돼지고기
를 먹지 않는다. 힌두 경전은 돼지고기를 금하지 않지만, 힌두들
대부분은 가축화된 돼지에 대해 비위생적이라는 인상을 갖고 있
을뿐더러 계급이 낮은 이들이 먹는다는 인식이 있어 돼지고기
요리를 그리 즐기지는 않는다. 인도에서 돼지고기 요리를 먹는
지역은 크리스천 커뮤니티가 형성된 남인도 서부(께랄라·고아 등),
마찬가지로 크리스천 인구가 많고 토착 부족의 전통이 이어지고
있는 인도 북동부(일곱 자매주) 지역이다. 여기서는 그중에서도 세
계적으로 잘 알려진 음식, '포크 빈달루'를 만들어낸 고아의 다양
한 돼지고기 요리를 만나보고, 이어서 북동부 지역의 돼지고기
요리를 찾아 떠나자. 북동부 지역 음식은 인도 음식이라고는 생
각할 수 없을 정도로 독특하다.

고아 돼지고기 요리

고아에는 돼지고기 요리가 특히 많다. 돼지고기가 주요한 육류 식재료로 발달하게 된 것은 이 지역에 소나 염소를 키울 목초지가 별로 없었기 때문이다. 반면 돼지는 닭이나 오리처럼 좁은 땅에서, 음식찌꺼기를 먹여 기를 수 있는 동물이었다. 주로 크리스천들이 먹는 음식인 만큼 (비프 요리와 마찬가지로) 포르투갈의 영향이 고스란히 남아 있다.

1) **포크 빈달루**pork vindaloo는 포르투갈 음식인 '까르네 드 비나 달로스Carne de Vinha d'Alhos'에서 유래했다. '와인과 마늘에 재운 고기 요리'라는 뜻으로, 비나 달로스의 발음이 변형되면서 빈달로vindalho 또는 빈달루라고 불리게 됐다. 그 이름대로 마늘이 압도적으로 많이 들어가며, 다만 와인 대신 식초를 넣는다 (인도에서 와인을 구할 수 없었던 포르투갈인이 이 지역 사람들이 쓰는 코코넛 식초를 사용한 데서 비롯됐다). 빈달루는 쇠고기, 닭, 청어로도 만들지만 돼지고기로 만드는 것이 전통적이다.

2) 고아를 비롯한 인근 해안 지역에서 즐기는 별미인 **소뽀뗄**sorpotel은 돼지의 간, 심장, 선지, 약간의 살코기를 섞어서 끓인 음식이다. 말린 고추와 청고추를 넣어 상당히 매콤한 맛을 내며, 타마린드즙과 상당량의 식초가 들어가 더운 날씨에도 오래 보관할 수 있다(이는 빈달루도 마찬가지다).

3) 고아 소시지인 **초리조**chorizo는 이름부터가 다분히 이베리아식인데, 만드는 방법 역시 스페인과 포르투갈의 초리조 제조 방식과 별반 다르지 않다. 다만 만들 때 상당량의 식초, (훈연한 붉

식초, 마늘을 듬뿍 넣어 만드는 고아 빈달루는 전통적으로 돼지고기로 만든다.

은 파프리카 대신) 말린 고추, 마늘, 각종 향신료가 들어간다. 이를 감자, 양파와 볶으면 새빨간 고추기름이 우러나오면서 맛있는 초리조 프라이가 만들어진다.

4) 포르투갈의 식민지였던 브라질, 필리핀 등에서도 찾아볼 수 있는 **페이주아다**feijoada는 돼지고기나 초리조를 강낭콩과 함께 끓인 요리로, 포르투갈어로 콩을 가리키는 페이장feijão에서 유래한 이름이다(쇠고기로도 만들어 먹는다).

일곱 자매주 돼지고기 요리

메갈라야Meghalaya, 아쌈, 나갈랜드Nagaland, 아루나찰 쁘라데시 Arunachal Pradesh, 마니뿌르Manipur, 미조람Mizoram, 뜨리뿌라Tripura 를 가리켜 '일곱 자매주'라 부른다. 이들 지역은 방글라데시가 독립하면서 인도 대륙과는 다리처럼 좁다란 땅으로 연결되어 있을 뿐, 방글라데시·부탄·중국·미얀마와 경계를 맞대고 있다. 이러한 지리적 특성상 이들의 문화는 인도 타 지역과 사뭇 다른데, 음식 역시 그렇다. 이들 음식에는 향신료가 거의 쓰이지 않으며, 대부분은 마늘, 생강, 고추, 참깨 정도가 양념의 전부다. 중국의 '마라'를 일상적으로 쓰는 곳이 있는가 하면 메주콩을 발효시킨 된장, 죽순, 생선 젓갈 등을 쓰는 곳도 있다. 또한 부뜨 졸로끼야가 이들 지역에서 재배되는데, 돼지고기 요리에는 항상 이 고추가 들어간다. 돼지고기 요리는 일곱 주 중에서도 인구의 절대 다수가 크리스천인 메갈라야, 나갈랜드, 미조람 세 지역에서 특히 발달했다.

그중에서도 고원지대인 메갈라야에서 가장 유명한 돼지고기 요리는 자도jadoh와 도 클레doh khleh다. 돼지 간(선지를 넣기도 한다) 을 넣어 만든 뿔라우인 자도는 현지어로 '쌀과 돼지고기'를 뜻한 다. 양파, 생강, 강황, 후추, 월계수 잎, 납작하게 썬 돼지 간을 볶 은 것에 쌀, 소금, 물을 넣어 지은 밥이다. 현지인들은 여기에 도 클레를 곁들여 먹는데, 훈연한 돼지고기를 숯불에 굽거나 기름 없이 볶아 양념(양파, 생강, 불에 구운 청고추, 소금)에 버무린 음식이다.

한편 나갈랜드에서는 고기가 귀해 이곳 최대 명절인 크리스 마스에 돼지나 소를 잡으면 훈연하거나 소금에 절여 저장해두 고 1년 내내 먹는다. 훈연한 돼지고기를 우리나라 된장과 상당히 비슷한 아쇼네axone를 푼 물에 끓이다가 마늘, 생강, 마라, 부뜨 졸로끼야를 넣어 끓인 아오쉬 끼삐끼 응오 아쇼네awoshi kipiki ngo axone(공용어로 영어를 쓰는 곳이니 보다 간단하게 smoked pork with axone라는 음식을 찾으면 된다)는 우리로 하여금 묘한 동질의식을 느끼게 하는 독특한 별미다. 죽순과 부뜨 졸로끼야를 넣은 제육볶음인 나가 포크naga pork도 대표적인 돼지고기 요리다.

미조람에서는 훈연한 돼지고기를 잘게 찢어 시금치, 느타리버 섯과 함께 볶은 미조 복사mizo vawksa가 대표적이다. 양념은 마늘, 생강, 청고추, 후추 정도로 간단하다.

12

〰〰〰

인도의 생선 요리

남인도를 통치했던 서찰루끼야 왕조[19]의 8대 왕 소메쉬바르데 바Someshvardeva(?~1138)는 12세기 초, 예술·건축·무용·음악·스포츠·요리 등을 실용적인 관점에서 다룬 방대한 산스크리트어 책을 썼다.《마나솔라사Manasollasa》, '영혼의 즐거움'이라는 뜻이다. 그중에서도 음식을 다룬 장에는 채식 요리를 비롯해 돼지, 사슴, 염소, 생선 등 여러 비채식 요리에 관한 이야기를 망라하고 있는데, 흥미로운 것은 생선을 조리하는 네 가지 방법이다. 1130년경에 쓰인 책이니 지금으로부터 900년 전의 레시피인 셈이다.

19) 973년부터 1189년까지 서부 데칸 지역을 통치했다. 6세기에 세워진 찰루끼야 왕조와 구별하기 위해서, 또 같은 시대에 있었던 동찰루끼야 왕조와 구별하기 위해서 서찰루끼야 왕조라고 불린다.

① 손질한 생선을 기름과 소금으로 문질러 비린내를 제거하고 강황 섞은 물로 씻어낸다. 이를 헝겊으로 감싼 뒤 손으로 눌러가며 물기를 제거하고, 미리 익혀서 준비해둔 아나까anaka[20]를 섞어 끓인다. 생선이 익으면 불에서 내리고 간을 한다.

② 잘 손질한 생선을 토막 내 타마린드즙을 바른다. 그 위에 밀가루를 고루 묻히고 기름에 노릇하게 튀긴 다음 암염, 카다멈 가루, 후추를 뿌린다.

③ 토막 낸 생선을 소금과 함께 토기 항아리에 차곡차곡 채워 넣는다. 이렇게 절인 생선은 오랫동안 보관할 수 있으며 반드시 구워 먹어야 한다.

④ 생선의 곤이를 꺼내 불에 굽는다. 탱탱해지면 작게 잘라 기름에 튀겨서 카다멈 가루, 후추, 암염, 아사페티다를 뿌린다.

총 1,700km의 해안선을 끼고 있는 인도 바다에서는 다양한 생선이 잡힌다. 한 조사에 따르면 고아 어시장에서 거래되는 생선 종류만 무려 117가지에 달한다고 한다. 이에 더해 내륙을 흐르는 강에서 잡히는 민물생선, 민물 갑각류 역시 사랑받는 식재료다. 히말라야 산맥에서 흘러내린 물줄기들은 거대한 호수를 이루기도 하고 까쉬미르, 뻰잡, 북동부 일곱 자매주, 벵갈(이들 전부 히말라야 산맥을 끼고 있다) 등에 바다 못지않은 풍부한 어종을 제공해왔다. 이처럼 다양한 생선을 인도 사람들은 어떻게 조리해서 먹고 있을까? 소메쉬바르데바의 '영혼의 즐거움'을 채워주었던

20) 미리 익혀두고서 생선과 함께 끓여 먹었을 재료가 무엇이었을까? 안타깝게도 학자들 역시 아나까가 무엇인지는 밝혀내지 못했다.

생선 요리들을 지금부터 지역별로 살펴보자.

천혜의 어장, 께랄라의 생선 요리

남북으로 좁고 길게 뻗은 께랄라는 상당히 특이한 지형을 갖고
있다. 아라비아해의 석양을 품은 해안 지역을 말라바 해안이라
하는데, 길이가 무려 590km에 달한다. 이와 나란하게 웨스턴 가
츠 산줄기가 놓여 있다. 그리고 그 사이 평지에는 바닷물이 밀고
들어와 소위 백워터backwater라 불리는 거미줄 같은 물줄기를 이
루고, 짠물로 채워진 거대한 석호 다섯 개는 좁다란 운하로 서
로 연결되어 있다. 께랄라의 등뼈인 웨스턴 가츠는 그 자체로도
흥미로운 생태계인데, 여기서 시작되는 40여 개의 계곡물이 백
워터를 만나면서 독특한 수중 환경을 만들어내 생선을 좋아하
는 이들에게는 흡사 천국과도 같은 곳이다. 바다에서 잡히는 고
등어, 정어리, 멸치, 민어, 병어, 연어에서부터 백워터에서 잡히는
머드 크랩, 민물에서 잡히는 메기, 잉어 등 다양한 생선이 이곳
사람들 식탁 위에 오른다.

께랄라 생선 요리의 시작은 관광객들에게 가장 유명한 생선
요리, **까리민 뽈리짜투**karimeen pollichathu다. 까리민[21]이라는 생선을
(초벌로 튀긴 후) 양념해 통째로 바나나 잎에 싸서 구운 것이다. 까

새벽의 수산시장. 대야
마다 아라비아해에서
잡힌 새우며 봄베이
덕이 그득하다.

---

21) 보통 한 뼘 남짓 길이에 납작한 생선이다. 녹색이 도는 진회색 몸에는 검은 줄무늬가 있고, 전
체적으로 흰 점이 박혀 있어 영어로는 펄 스폿pearl spot이라고 한다. 우리나라에는 힘이 좋다
고 하여 力(힘 력) 자를 써서 '역돔', 혹은 태국에서 들여왔다고 하여 '태래어'라고 불리는 양식
어종과 사촌뻘인 생선이다. 께랄라 현지어인 말리얄람어로 병어는 뽐프렛pomfret 또는 아볼리
avoli, 민어는 모타motha, 정어리는 마티mathi, 고등어는 아일라aila, 삼치는 네이민neymeen이
라고 부르는데, 이들 생선으로도 뽈리짜투를 만든다. 만일 특정한 생선 종류를 언급하지 않고
단순히 '민 뽈리짜투'라고 한다면 대개 병어로 만든 것이다.

리민은 민물과 짠물이 만나는 곳에서 잡히는 열대성 어류로, 께 랄라에 형성된 백워터는 까리민이 서식하기에 최적의 환경인 셈 이다. 께랄라 사람들이 가장 좋아하는 생선이지만 일상적으로 먹을 수 있을 만큼 값싼 생선은 아닌데, 달콤한 맛이 나는 탱탱한 생선살을 먹어보면 그 몸값이 이해가 간다.

물론 생선으로도 커리를 만들어 먹는데, 그냥 '피시 커리'라 하면 (주로 고등어, 삼치를 넣은) **민 물라낏따투**meen mulakittathu를 말한 다. 코코넛은 전혀 넣지 않고 샬롯, 커리 잎, 타마린드즙, 고춧가 루, 마살라만으로 개운하게 끓인 생선 커리로, 망고가 열리는 철 에는 타마린드즙 대신 새콤한 풋망고를 넣어 계절 별미로 만든 다. 이 얼큰하고 개운한 국물에 코코넛 밀크를 넣어 끓인 생선 커 리는 **민 마빠스**meen mapas라 한다. 민어, 병어 등 흰살생선으로 끓 인 커리, **피시 몰리**fish molee도 유명하다. 고춧가루는 쓰지 않으며 샬롯, 토마토, 코코넛 밀크로 국물을 끓여 맛이 순하다. 향신료는 강황, 카다멈, 클로브, 시나몬, 월계수 잎 등 여러 가지를 넣지만 강황을 제외하고 전부 통향신료로 넣어 복합적이되 가벼운 향만 을 낸다.

Tip

생선 튀김은 대개 비슷하게 양념하기 때문에(강황, 후추, 고춧가루, 마늘, 생강) 통틀어 '피시 프라이'라고 해도 무방하다. 이때 생선 이름만 현 지어로 기억해두면 원하는 생선 튀김을 먹을 수 있다. 삼치(네이민), 고등어(아일라), 정어리(마티), 병어(아볼리), 그리고 께랄라에서 잡히는 멸치의 일종인 네톨리netholi 튀김도 별미다.

께랄라 북부 인구를 대다수 차지하는 무슬림 커뮤니티인 모쁠라는 조개류 요리로 명성이 자자하다. 특히 이곳에서 채취되는 홍합은 맛있기로 유명한데, 테두리에 청록색 줄이 선명한 그린 홍합이다. 깔룸막까야kallummakkaya('돌에 핀 꽃')라는 아름다운 이름을 붙여 부른다. 커리 잎으로 향을 낸 기름에 매콤하게 양념한 홍합살을 재빨리 볶아낸 **깔룸막까야 프라이**,[22] 생홍합의 입을 열어 쌀-코코넛 반죽을 채워 넣고 찐 뒤 다시 양념해 튀겨낸 **아리 까두까**ari kadukka가 대표적인 홍합 요리다.

벵갈리의 열정 그대로, 민물 생선 요리

벵갈리들과 대화할 때 쉽게 끝마치기 어려운 주제가 정치, 크로켓, 그리고 음식이라고 한다. 이들은 식탁에 쌀밥과 생선 요리를 늘 올리는데, 생선에 대한 이러한 애정은 종교까지 초월해 힌두든 무슬림이든 똑같다. 벵갈만 바다를 마주하고 있으니 당연한 일인 듯하지만, 사실 이들이 선호하는 것은 바닷고기가 아니라 민물고기다(바닷고기가 민물고기보다 맛이 떨어진다고 여겨서다). 심지어 벵갈리들이 사랑해 마지않는 새우와 게도 바다가 아니라 민물에서 나는 것이다. 벵갈 땅에는 얽히고설킨 강이며 호수, 개천이 무수히 많은데, 벵갈리들은 자연스럽게 여기서 나는 풍부한 민물고기를 즐겨 먹었던 것이다.[23]

벵갈 생선 요리는 이 지역 특유의 네 가지 양념— 빤츠 포란, 간 머스터드, 간 포피시드, 생코코넛을 적절히 활용해 만들어진

---

22) 현지어로는 깔룸막까야 바루타투kallummakkaya varuthathu 또는 깔룸막까야 뽀리짜투kallummakkaya porichathu라고 한다.

다. 벵갈에서는 전통적으로 요리에 양파, 마늘을 넣지 않는데, 이
는 생선 요리에서도 마찬가지다. 대신 머스터드 오일, 생강, 강황
가루로 생선 비린내를 잡는다. 가장 일상적인 음식인 **마체르 졸**
machher jhol(마체르는 생선을, 졸은 국물이 자작하도록 조린 음식을 말한다)은
머스터드 오일에 튀긴 생선을 고춧가루, 생강, 강황으로 만든 양
념 국물에 조린 것이다. 고춧가루 대신 머스터드 씨와 청고추를
곱게 갈아 넣으면 마체르 소르셰 졸machher sorshe jhol(소르셰는 머스
터드를 뜻한다)이다. 겨자 풍미가 너무 강하지 않을까 싶지만 끓는
동안 날카로운 맛이 부드러워지면서 기분 좋은 자극을 준다. 위
의 네 가지 양념 모두를 사용한 생선 커리는 바리샬리barishali라
고 한다.[24]

> **Tip**
>
> 벵갈에서 물고기는 식재료 이상의 의미를 지닌다. 번영과 풍요의
> 상징으로서 힌두 벵갈리들의 의례에 다양한 모습으로 등장하는데,
> 가장 대표적인 예가 전통 혼례다. 우리가 함을 주고받듯이 이들도
> 땃또tatto라는 꾸러미를 주고받는데, 여기에는 장신구, 사리, 신발,
> 견과류, 스위트, 그리고 거대한 잉어(루이)가 담긴다. 결혼식 다음날
> 신부는 이 잉어를 요리해 시댁 식구들을 위한 밥상을 차린다(이날 신

---

23) 대표적인 생선 이름을 알아두면 취향에 따라 골라 먹을 수 있다. 벵갈어로 잉어는 루이rui, 머
리 쪽이 크게 발달한 잉엇과 생선은 베뜨끼bhetki, 메기의 일종인 마구르magur, 민물장어인 빠
깔pakal, 작은 숭엇과 생선은 빠르셰parshe, 메기처럼 쫀득하고 달콤한 살을 가진 작은 생선은
빠브다pabda, 농어와 비슷한 꼬이koi 등 여러 가지가 있다. 무엇보다도 벵갈리들이 가장 좋아
하는 민물고기는 일리쉬ilish(힐사hilsa라고도 한다)다. 청어과에 속하는 큰 생선이다. 기회가
된다면 일리쉬로 만든 독특한 별미, '무리 곤또muri ghonto'를 먹어보자. 머스터드 오일에 바삭
하게 튀긴 일리쉬 대가리를 여러 가지 채소와 쌀, 녹두 등을 넣고 볶은 음식이다.
24) 음식 이름에서 마체르 대신 원하는 생선 이름을 넣어 부르면 된다. 예를 들면 빠브다 졸, 베뜨
끼 쇼르셰 졸, 일리쉬 바리샬리 등이다.

부가 만드는 잉어 요리는 루이 졸 또는 루이 소르셰 졸이다). 신랑은 신부 몫이 담긴 그릇과 새 옷을 신부에게 바치는 의식 '보 바뜨bou bhaat'를 행하는데, 이는 평생 동안 먹을 것과 입을 것을 주겠다는 약속이다.

벵갈의 새우 요리도 빼놓을 수 없다. 그중에서도 가장 인기 있는 요리 두 가지를 소개할 텐데, 둘 다 코코넛 밀크에 끓인 새우 커리다. 다만 하나는 머스터드를, 다른 하나는 고춧가루를 더해 각기 다른 매콤한 맛을 낸다.

답 칭그리daab chingri(벵갈어로 답은 코코넛을, 칭그리는 새우를 뜻한다)는 머스터드 간 것, 생코코넛, 코코넛 밀크에 끓인 새우 커리로, 식당에서는 어린 녹색 코코넛을 그릇 삼아 음식을 담아 낸다(이는 보기 좋게 하기 위함이고 실제로 코코넛 과육은 이 녹색 코코넛이 완전히 익어 껍질이 나무둥치처럼 변한 작은 코코넛에서 얻는다).

칭그리 말라이까리chingri malaikari는 크림이 들어간 커리라는 뜻으로, 여기서 크림은 우유 크림이 아니라 진한 코코넛 밀크를 가리킨다. 생강, 강황 가루, 고춧가루, 청고추로 만든 양념에 새우를 볶다가 코코넛 밀크를 넣고 끓여 만든다. 특이하게도 완성된 요리 위에 가람 마살라를 뿌려 먹는다.

다섯 강의 땅, 뻔잡의 생선 요리

뻔잡의 생선 요리라니, 의아하게 여겨질지도 모르겠다. 뻔잡은 딴두르 요리의 발상지, 곡창지대, 다양한 유제품을 만들어내는 곳으로 설명되던 지방이다. 하지만 뻔잡이라는 이름부터가 물과 관련이 있다. 직역하면 '다섯 줄기의 물'이라는 뜻으로, 이는 인

민물새우를 머스터드, 코코넛 소스에 끓인 답 칭그리는 벵갈의 대표적인 새우 요리다.

뻔잡의 생선 튀김인 암릿사리 마치는 북인도에서
꽤나 인기 있는 애피타이저다.

더스 강의 지류인 다섯 개의 큰 강이 흐르는 데서 유래한 이름이다. 히말라야로부터 흘러내린 이들 다섯 강은 파키스탄이 독립하기 이전에 뻔잡 지역을 빗살처럼 균등하게 나누면서 인더스강으로 모였고, 아라비아해와 만났다. 지금은 그중 두 줄기(베아스Beas강과 수뜰레즈Sutlej강)만이 인도 영토 내에 속해 있다. 이 강물은 뻔잡 지방을 곡창지대로 만들어주었을 뿐만 아니라 뻔잡 사람들에게 신선한 생선을 제공해왔다.

이들은 버터 치킨을 생선 버전으로 만든 **피시 마카니**fish makhani, 머스터드 잎을 넣어 끓인 피시 커리, 생선 토막을 꼬치에 꿰어 딴두르에 구운 요리는 물론이고 양념한 생선을 로띠 반죽 여러 장으로 감싸서 구운 요리도 즐기고 있다. 무엇보다도 유명한 것은 바로 생선 튀김이다.[25] 현지어로는 **암릿사리 마치**Amritsari machhi라 하는데, 두툼하게 포를 뜬 생선살에 고춧가루, 아주와인을 넣은 병아리콩 가루 튀김옷을 입혀 튀긴 것이다. 뻔잡 사람들이 이에 가장 적합하다 여기는 생선은 베아스강에서 잡히는 메기와 잉어로, 가을부터 봄까지가 맛있는 시기다. 봄을 맞이하여 갖가지 튀김이며 튀긴 빵을 먹는 바산뜨basant 축제에 뻔잡 요리사들이 때마침 살이 통통하게 오른 메기와 잉어로 튀김을 만든 것은 어쩌면 너무나도 자연스러운 일이었을 것이다. 완성된 암릿사리 마치는 찻 마살라를 살짝 뿌린 뒤 쩌뜨니와 얇게 썬 생양파를 올려 먹는다.

---

25) 뻔잡이 분단됨에 따라 이 생선 튀김 역시 이름이 바뀌는 진통을 겪어야 했다(지명에서 이름을 땄기 때문이다). 똑같은 음식이 이제 파키스탄에서는 라호르, 인도에서는 암릿사르의 이름을 따서 불린다. 즉 파키스탄의 라호리 피시Lahori fish와 인도의 암릿사리 마치는 같은 음식이다.

토마토를 넣어 끓인 잉어 커리. 마소르 뗑아는
쌀밥과 함께 먹는다.

히말라야 설산의 물이 키워낸 생선 요리

티베트 히말라야 산맥에서 흘러내린 물줄기가 중국을 지나 산을 휘감아 돌면서 방향을 바꿔 인도로 흘러든다. 이 강은 나라마다 이름을 달리하며 흐르다가, 인도의 아루나찰 쁘라데쉬와 아쌈에 접어들면 브라마뿌뜨라Brahmaputra 강이 된다. 여기서 작은 강들이 합류해 강폭이 넓어지는데, 아쌈에서 이는 10km에 달해 마치 바다처럼 강 건너편이 보이지 않는다. 아쌈 전역을 길게 관통하는 강 길이만 해도 600km가 넘는다. 장대한 강, 브라마뿌뜨라가 키워내는 민물 생선으로 만든 아쌈의 가장 대표적인 생선 커리는 **마소르 뗑아**masor tenga(아쌈어로 마소르는 생선, 뗑아는 시다는 뜻이다)다. 과연 그 이름대로 이 지역 특유의 신맛 강한 토마토를 넣어 끓으며 마지막에는 라임즙까지 뿌리는데, 생선 요리를 새콤하게 만들어 먹는 성향은 남인도를 닮았다.

앞서 말했듯이 북동부 지역의 요리는 동아시아와 매우 흡사한데, 말리거나 삭히거나 절인 생선을 쓰는 조리법이 발달했다. 가령 마니뿌르주에서는 삭힌 생선에 감자, 잎채소, 부뜨 졸로끼야를 넣어 끓인 **에롬바**eromba를, 메갈라야주에서는 말린 생선을 구워 잘게 찢은 것에 튀긴 양파, 짓이긴 부뜨 졸로끼야 고추를 섞어 만든 **뚱땁**tungtap 등을 먹는다. 자잘한 민물고기로 젓갈을 담그기도 한다. 뜨리뿌라주에서는 생선에 소금을 뿌려 토기에 켜켜이 담은 다음, 머스터드 오일을 생선이 잠길 정도로 붓는다. 이 토기 단지를 3~4주 땅에 묻어두면 잘 삭은 젓갈이 완성된다.

13

~~~~~~

특급 조연들의
이야기

한 끼 식사에서 화려한 색, 다채로운 식감, 그리고 오미五味를 한 꺼번에 경험하는 것. 개인적으로 생각하는 '인도 요리의 매력'이 다. 거창한 만찬이 아니라 일상적인 식사에서도 이러한 매력을 만나는 것이 어렵지 않은데, 바로 지금부터 만나볼 다섯 가지 특 급 조연이 곁들여지기 때문이다. 식사에 강렬한 한 방을 주어 입 맛을 자극하는 아짤, 필요한 순간에 새콤한 맛, 달콤한 맛, 매콤 한 맛, 상큼함 등을 더해주는 쩌뜨니, 부드럽고 순하게 감싸주는 라이따, 바삭함과 고소함을 담당하는 빠빠드, 마지막으로 소화 를 돕고 입안을 정리해주는 빤. 이들은 결코 주인공이 될 수는 없 지만 메인 요리를 돋보이게 하고 식사가 지루해지지 않도록 흥 미로운 전환점을 만들어내며 식사를 완결 짓는 마침표 역할까지

한다. 그야말로 '특급 조연'이라는 표현이 안성맞춤인 반찬이자 '곁들임 음식'이다.

인도 장아찌, 아짤

어느 유명한 인도 요리사는 인도를 '피클의 나라'라고 불렀다. 식사에 곁들여지는 반찬 중에 눈이 잘 가지 않을 정도로 조그맣게 놓여 있는 것이 바로 인도식 피클이자 장아찌, **아짤**achar이다. 한국인들에게 김치가 그러하듯 아짤은 인도인들 정서에 깊숙이 뿌리박혀 있는 음식이다. 어떤 밥상이든 아짤 한두 점은 올라와야 비로소 완성된다. 아짤은 입에 넣는 순간 혀에 직설적인 펀치를 날리며 입맛을 돋우는 강렬한 포인트 역할을 하는데, 입맛이 없을 때 (우리가 맨밥에 장아찌나 젓갈 한 점을 올려 먹듯이) 로띠나 쌀밥 위에 망고 아짤 한 점을 올려 먹거나 짜빠띠에 풋고추로 만든 아짤을 으깨듯이 펴 발라 돌돌 말아 먹으면 톡 쏘는 매콤한 맛에 식욕이 돋는다.[26]

아짤을 담그는 가장 대표적인 재료는 풋망고와 라임이지만, 사실 거의 모든 과일·채소류로 만들 수 있다. 남인도에서는 생선으로도 아짤을 담근다. 멸치처럼 작은 생선은 통째로, 커다란 생선은 토막을 내 만들며, 알과 내장으로도 아짤을 만든다. 또한 라자스탄처럼 신선한 과일·채소가 드문 사막 지역에서 고기로 만

---

26) 대부분의 지역에서는 '아짤'이라고 하지만 남쪽으로 내려가면 명칭이 진혀 달라진다. 구자라뜨주에서는 아타나athaana, 마하라슈뜨라주에서는 론차honcha, 따밀나두주에서는 우루까이oorukai 등으로 불린다. 이름만 다른 것이 아니라 만드는 재료와 방법 또한 무궁무진하다. 전직 변호사였던 한 인도인은 인도 전역을 돌며 무려 5,000여 개의 아짤 레시피를 모아 그중 일부를 책으로 펴내기도 했다.

든 아짤은 매우 중요한 저장식품이다. 북동부 일곱 자매주에서는 쇠고기, 돼지고기, 말린 생선을 비롯해 죽순과 부뜨 졸로끼야 고추로 아짤을 만든다. 지역마다 유명한 아짤은 특산물로 팔리기도 한다.

이처럼 다양한 아짤이 있지만, 기본적인 재료나 만드는 방법은 다음과 같다.

재료

과일·채소·생선 등 주재료, 고춧가루, 각종 향신료, 소금, 오일

향신료는 햇빛에 말리거나 마른 팬에 볶아 수분을 완전히 날린 뒤 빻거나 통째로 넣는다. 오일은 머스터드 오일 또는 볶지 않은 참깨로 짠 생참기름을 쓴다. 경우에 따라 산성 재료를 넣기도 한다. 풋망고, 라임 등 신 과일로 아짤을 만들 땐 넣을 필요가 없지만 알칼리성 채소, 고기나 생선으로 아짤을 만들 땐 암추르나 식초, 라임즙 등을 넣는다. 일반적으로 피클류 음식은 4.6 이하의 pH를 가져야 하기 때문인데, 이는 살균 작용이 원활하게 이루어지는 산도다.

만드는 방법

각종 향신료, 소금, 오일을 잘 섞은 것에 주재료를 넣어 고루 버무린 뒤 토기 항아리나 유리병에 담는다. 그 위에 다시 오일을 부어 기름층을 만들어주고 면보로 입구를 싸맨다. 햇빛 잘 드는 곳에서 숙성시킨다(인도인들은 이를 '햇빛으로 요리한다'고 표현한다).

아짤은 보통 짭짤하게 만드는데, 간혹 달콤하게 만들기도 한다. 만약 여기에 주재료까지 가늘게 채 썰거나 잘게 다져 쓴다면 그 순간 잼과 구분하기 힘들어진다. 대표적인 것이 구자라뜨의 춘다 아짤cunda achar이다. 채 썬 풋망고를 설탕에 재워 이틀 동안 햇빛을 쪼이면 풋망고에 함유된 펙틴에 의해 자연스럽게 걸쭉해지는데, 여기에 가루 향신료를 섞어 마무리하면 새콤달콤한 맛에 잼처럼 진득한 아짤이 된다. 이 춘다 아짤은 분명 아짤이라 불리지만 사실상 잼이라 불러도 아무런 문제가 없다(북인도에서는 아랍의 영향으로 잼을 무라바muraba라 하는데, 춘다 아짤을 '망고 무라바'라고 부르기도 한다). 채 썬 당근과 건과일(건포도, 건살구, 건무화과, 말린 산딸기, 말린 대추야자)을 풍성하게 넣고 만든 빠르시 커뮤니티의 라간 누 아짤lagan nu achar도 마찬가지다.

잼과 소스와 비빔 양념을 넘나들다, 쩌뜨니

어묵과 튀김, 부침개에 양념간장이 빠지지 않듯이 간단한 먹거리에는 어느 나라든 찰떡궁합인 소스가 있게 마련이다. 인도에서는 이를 **쩌뜨니**chutney라 하는데,[27] 다만 쩌뜨니는 단순히 '소스'로서의 역할만 하는 것이 아니다. 메인 요리에 곁들여 먹으면 음식 맛을 북돋아주는 것이 바로 쩌뜨니다. 매운맛을 달콤한 쩌뜨니로 정리하는가 하면 매운맛이 필요할 때는 매운 쩌뜨니를 더하고 느끼한 음식을 먹었을 때는 상큼한 쩌뜨니로 입가심을 하

---

27) 쩌뜨니 역시 남인도에서는 이름이 전혀 달라진다. 따밀나두에서는 토가얄thogayal, 안드라 지방에서는 빠차디pacchadi, 께랄라에서는 참만티chammanthi라고 부른다.

는 등 맛의 방향을 바꾸는 역할도 한다. 어느 지역에서나 너무나도 다양한 쩌뜨니를 만들기 때문에 '이 지역은 특히 이 쩌뜨니로 유명하다'고 한정해서 말하기는 곤란하다. 여기서는 인도 어디서나 가상 보편적으로 만들어지는 네 가지 기본 쩌뜨니를 중심으로, 이들이 어떻게 다양하게 만들어지는지를 살펴본다.

1) 먼저 '녹색'이라는 뜻의 **하리 쩌뜨니**hari chutney는 각종 튀김 요리에 꼭 곁들여지는 쩌뜨니로, 실란트로, 민트 잎, 청고추로 만든다. 만드는 방법은 간단하다. 모든 재료를 갈아주기만 하면 되는데, 따밀나두 및 안드라 쁘라데쉬에서는 여기에 머스터드, 달(검은 렌틸이나 병아리콩), 커리 잎 따드까를 섞어 향과 식감을 다채롭게 만든다. 까쉬미르에서는 말린 석류 씨와 찻 마살라를 첨가한다.

2) **토마토 쩌뜨니**는 기본적으로 머스터드, 말린 고추를 튀겨 향을 낸 기름에 마늘과 양파를 볶다가 곱게 간 토마토를 넣어 끓인다. 여기에 달을 넣어 식감에 재미를 주거나 타마린드즙과 재거리를 넣어 새콤달콤하게 만들기도 하는데, 꼴까따의 앵글로-인디언 커뮤니티는 이렇게 새콤달콤하게 만든 쩌뜨니에 카다멈, 클로브, 시나몬을 통향신료로 넣고 잼처럼 걸쭉하게 졸여 먹는다. 이는 영국으로 전해져 지금은 마트에서도 흔히 볼 수 있다.

3) **코코넛 쩌뜨니**는 생코코넛, 청고추, 커리 잎, 볶은 병아리콩을 곱게 갈아 만든다. 여기에 말린 고추와 머스터드를 따드까해 붓거나 타마린드즙, 토마토, 실란트로, 민트 잎 등을 섞어 만

식사에 곁들이는 여러 종류의 쩌뜨니. 쩌뜨니 재료를 팬에 볶아 완전히 수분
을 날린 뒤 가루로 만들기도 하는데, 이를 뽀디 쩌뜨니podi chutney(뽀디는
가루라는 뜻이다)라 한다. 이는 무더운 날씨에 쉽게 상할 우려가 있는 쩌뜨니
를 오래 보관하기 위함이지만, 오래 볶음으로써 또 다른 풍미가 생겨난다.

들기도 한다. 특히 쌀밥에 코코넛 쩌뜨니 가루를 비벼 먹으면 엄청나게 고소하다.

4) **이믈리 쩌뜨니**imli chutney는 타마린드즙과 재거리를 걸쭉하게 졸여 만든 새콤달콤한 쩌뜨니다. 벵갈에서는 대추야자를 넣어 묵직한 과실의 단맛을 더하며, 께랄라에서는 망고 생강mango ginger이라 불리는 속살이 하얀 생강을 넣어 만든다.

부드럽게 조용하게 상큼하게, 라이따

요거트는 힌디어로 다히dahi라고 한다(몽글몽글하게 응고된 덩어리를 뜻하는 커드curd라는 영어 단어를 쓰기도 한다). 오늘날에도 인도 가정에서는 요거트를 만드는 것이 일과 중 하나다. 우유에 전날 만든 요거트 한두 숟가락을 섞어놓고 한나절을 기다리면 우유가 발효되면서 다음날 먹을 요거트가 만들어지는데, 이 자체로 먹기도 하지만 물을 넣어 묽게 만든 라씨로 마시거나 커리에 넣는 등 식재료로서도 쓰인다. 무엇보다도 이 요거트로 **라이따**raita를 만든다.

라이따는 요거트에 채소나 과일을 섞은 것으로, 요거트는 반드시 걸쭉해야 한다. 집에서 만든 요거트를 헝겊에 싸서 반나절 매달아놓고 물기를 뺀 뒤에 쓰거나 동네 가게에서 걸쭉하게 만들어 파는 요거트를 사서 쓰곤 한다.

만드는 방법은 매우 간단하다. 요거트에 원하는 부재료, 향신료, 소금을 섞으면 그만이다. 가장 보편적인 것은 호리병박(로끼), 당근, 무, 비트, 시금치 등 채소를 넣은 라이따인데, 채소는 작게 자르거나 가늘게 채 썬 뒤 물기를 빼고 넣는다. 향신료로는 보통 고춧가루, 커민, 코리앤더, 후추 등을 넣는다. 마른 팬에 볶은 것

분디 라이따. 병아리콩
가루 반죽을 진주처럼
작게 튀긴 분디를 넣어
만든다.

을 가루로 빻아 뿌리거나 기에 통향신료를 따드까해서 붓는다.

이렇게 만든 라이따는 결코 식탁 위를 장악하는 주된 요리가

되지는 못하지만, 식사를 풍요롭게 해준다. 밥에 커리를 비벼 먹

을 때 라이따를 섞어 먹으면 요거트의 상큼한 맛이 더해져 또 다

른 요리를 먹는 듯한 느낌을 받는다. 식사 도중에 입가심하듯 한

숟가락씩 떠먹기도 한다. 인도 사람들은 비리야니나 께밥, 빠라

타, 심지어는 소박한 콩 커리조차 라이따 없이 먹는 것을 아마 상

상도 하지 못할 것이다. 지역마다 유명한 탈리에도, 바나나 잎 위

에 차려지는 정찬에도 라이따는 절대 빠지지 않는다.

Tip

요거트로 만드는 음식 중에 '커드 라이스'도 있다. 요거트 쌀밥이라니 이상한 맛일 것 같지만, 인도 어느 식당에서나 쉽게 찾아볼 수 있을 만큼 인기 있는 음식이다. 특히 더운 날 입맛이 없을 때나 소화가 안 될 때 속을 편안하게 달래주는 식사로 그만이다. 만드는 방법은 이렇다.

① 고슬고슬하게 지은 밥에 우유를 붓고 요거트를 조금 섞어 반나절 숙성시킨다.

② 이 과정에서 우유가 자연 발효된다. 밥도 요거트를 한껏 흡수하면서 약간의 발효 과정을 거친다.

③ 기에 따드까한 머스터드, 커민, 소금을 부어서 먹는다. 따드까에 커리 잎과 검은 렌틸을 넣어 남인도스러운 풍미와 씹는 맛을 더하기도 한다.

바삭 고소, 빠빠드

현지에서 식사할 때 외국인들이 가장 당황스러워하는 반찬은 아마 **빠빠드**papad가 아닐까 싶다. 나초처럼 생긴 이것을 대체 어떻게 먹으라는 건지 알 수 없거니와 쌀밥이랑 같이 먹으라는 설명을 들어도 여전히 의아하다. 그렇지만 일단 그 바삭함과 고소함에 맛을 들이면 빠빠드 없는 식사가 무척 허전하게 느껴질 것이다. 가장 기본적인 우라드 **빠빠드**urad papad를 예로 들면 검은 렌틸로 만든 반죽을 얇고 둥글게 민 다음 햇빛에 건조시킨 것으로, 먹을 때는 직화로 굽거나 기름에 순식간에 튀겨낸다(간단하게 전자레인지에 돌리기도 한다). 이를 잘게 부숴서 밥과 커리에 섞어 먹거나

(나초처럼) 아짤이나 쩌뜨니를 얹어 애피타이저 내지 간식으로 먹거나, (물에 담갔다 꺼내서 부드러워진 빠빠드에) 매콤하게 양념한 새우를 올려 돌돌 말아서 싼 뒤에 튀겨 먹는다. 특히 튀긴 빠빠드를 잘게 부숴 토마토, 양파, 볶은 땅콩, 삶은 감자 등과 섞은 것에 요거트, 쩌뜨니를 뿌려 먹는 빠쁘리 찻papri chaat은 북인도에서 인기 있는 길거리 음식이기도 하다.

빠빠드는 대개 콩류로 만들지만, 굵게 빻은 쌀가루로 만들어 그 모양새가 영락없이 뻥튀기를 닮은 키치야 빠빠드khichiya papad, 삶은 감자에 고춧가루, 소금을 섞은 반죽을 얇게 만들어 흡사 감자칩 같은 알루 빠빠드aloo papad, 쌀이나 타피오카 반죽에 새우 가루를 넣어 만든 남인도 특유의 프론 빠빠드prawn papad 등 다양한 빠빠드가 만들어진다.

식후 필수 소화제, 빤

마지막으로 등장할 조연은 식사를 끝낼 때 먹는 **빤**paan이다. 식후에 입가심을 하거나 소화제 역할을 하는 무언가를 씹는 것은 인도 어디서나 쉽게 볼 수 있는 습관이다. 그 '무언가' 중에서도 빤은 아레카 너트areca nut[28] 조각을 베텔betel이라는 덩굴 식물 잎에 싼 것을 가리킨다. 이븐 바투타의 여행기에서도 식후에 빤 씹는 모습을 찾아볼 수 있다. 그가 여행했던 델리 술딴 왕조 당시 (원래 힌두들의 전통[29]이었던) 빤은 고급문화의 상징과도 같았다. 상류층

---

28) 아레카 너트는 아레카 카테추areca catechu(아레카 야자나무라고도 한다)의 씨다. 열매는 살구만 한 크기인데, 두터운 겉껍질 속에 들어 있는 나무구슬 같은 씨를 아레카 너트라 한다. 이러한 빤 문화는 인도뿐만 아니라 동남아시아에도 보편화되어 있다.

들 사이에서는 빤을 들고 따르는 하인이 따로 있을 정도였다.

빤을 천천히 씹으면 형용하기 어려운 향과 맛이 차례로 입안에 퍼져나간다. 딱히 나쁘지는 않지만 이국적인 향기와 맛이 한꺼번에 몰려드는 것을 감당하기가 쉽지 않다. 아마 외국인들이 가장 익숙해지기 힘든 것 중 하나가 바로 빤이 아닐까 싶다. 그렇지만 인도 사람들은 빤을 먹어보기 전에는 인도를 다 안 것이 아니라고들 말한다. 인도인들에게 빤은 엄청나게 인기 있는 기호품인 데다, 벵갈 지방에는 식사를 깨끗이 하지 않으면 빤을 먹을 자격이 없다는 말이 있을 정도다.

지방마다, 동네마다 유명한 빤이 있고 또 빤왈라마다 내놓는 빤이 각양각색이지만, 빤은 크게 두 가지로 나뉜다. 기본적인 빤인 사다 빤sada paan과 달콤한 맛을 내는 미타 빤mitha paan이다. 사다 빤은 베텔 잎 뒷면에 석회를 바르고 깟타kattha라고 하는 아카시아종 나무에서 추출한 갈색 즙을 바른 뒤 아레카 너트, 카다멈, 클로브 등의 통향신료를 넣어 싼 것이다(담배 잎을 넣기도 한다). 이 사다 빤은 충분히 씹어서 맛과 향을 느낀 다음 삼키지 않고 뱉는 반면, 미타 빤은 아레카 너트나 담배 잎을 넣지 않으므로 잘 씹어서 그대로 먹는다. 베텔 잎 위에 장미꽃잎 잼인 굴깐드gulkand와 코코넛 조각, 통향신료 등을 놓고 싼다. 이 미타 빤에 점차 디저트 기능까지 더해지면서, 생과일, 초콜릿, 과자, 아이스크림, 커피, 밀크셰이크 등과 결합한 것이 다양하게 만들어지고 있다.

---

29) 힌두들은 베텔 씨앗을 처음 히말라야 산자락에 심은 쉬바 신이 그로부터 자라난 베텔 잎을 먹은 것이 빤의 시초라 여긴다. 신에게 바치는 봉헌물 중 하나로, 손님을 신처럼 섬겨야 하는 힌두 가정에서는 손님에게도 빤을 대접하는 것이 전통이었다.

늘상 먹기에는 빤 가격이 만만치 않아 사람들은 일상생활에서 식후에 무크와스mukhwas라는 것을 씹는다. 통향신료에 설탕, 각종 향유를 섞은 것이다. 통향신료로는 보통 (아유르베다에 따르면 소화를 돕고 구취 제거에 효과가 있다고 하는) 펜넬·카다멈·아니스·딜·참깨 등이 쓰이며, 향유로는 박하유 등이 쓰인다. 무크와스는 한 티스푼 정도를 천천히 꼭꼭 씹어 먹으며, 빤에 넣는 속재료로도 쓰인다.

베텔 잎을 파는 장사꾼.

14

〰〰〰

Sweets, So sweet

단 과자, 단 빵, 케이크 등 단맛을 가진 먹거리를 총칭하는 스위트 또는 미타이mithai는 인도 음식 문화에서 중요한 부분을 차지한다. 인도인들은 자신이 "달콤한 이sweet tooth를 가졌다"고 망설임 없이 말하곤 한다. 스위트는 식후에 먹는 디저트만이 아니라 (구자라뜨, 라자스탄에서처럼) 식사 중간에 등장해 흐름을 바꾸기도 하며, 아침과 오후에 반드시 마시는 차에 곁들이거나 하루 중 언제라도 간식처럼 먹는다.

인도에서 이처럼 스위트가 발달한 이유 중 하나는 종교적인 제례에 봉헌물로 쓰여서다. 힌두 사원으로 가는 길목에는 금잔화를 수북이 쌓아놓고 파는 꽃장수며 묵주·염주·향·장뇌를 파는 장수, 화려한 빛깔을 띤 천이며 모조 보석 등 신을 치장하는 물건

뭄바이 마하락쉬미 사원Mahalakshmi Temple으로 가는 길목에 놓여 있던 가네쉬상.

들을 파는 가게, 성수 그릇이나 금속으로 만든 신상을 파는 가게 등 온갖 상점이 들어서 있는데, 그중에 사람들로 북적이는 곳이 눈에 띈다면 십중팔구는 스위트를 파는 가게다(오래된 스위트 가게 역시 유명한 힌두 사원 근처에 자리 잡은 경우가 많다). 물론 특별한 날이 아니더라도 일상적인 먹을거리이기에 어느 도시, 어느 마을에서든 스위트 가게를 쉽사리 찾아볼 수 있으며, 대도시의 아침을 가장 먼저 여는 것도 잘레비를 튀기는 가게다.

스위트 문화가 특히 발달한 곳은 북인도와 동인도로, 이들 지역 스위트는 재료가 다양할 뿐만 아니라 완성도나 가짓수, 생산량에서 볼 때 거의 산업이라고 할 수 있는 수준이다. 남인도에서는 단 음식에 대한 선호도가 그리 높지 않지만, 워낙 단것을 좋아하는 북인도·동인도에 비교했을 때 그렇다는 것이지 남인도 사람들 역시 우리만큼은 단 음식을 즐긴다. 특히 아이스크림은 인도 어디서든 사랑받는다. 여기서는 인도의 다양한 미타이 세계를 섭렵해보자.

신들의 스위트
: 라두, 키르

신에게 바치는 스위트로 가장 고전적인 것이 **라두**laddu[30]다. 결혼식이나 디왈리 등의 명절에도 라두를 준비하며, 출산이나 승진, 개업 등 좋은 일을 맞이하면 라두 몇 개가 담긴 상자를 친지

---

30) 라두는 특히 가네쉬 신이 좋아한다고 여겨지는 스위트다. 가네쉬는 한 손에 라두가 담긴 그릇이나 커다란 라두 하나를 들고 있는 모습으로 표현되곤 하는데, 여기서 라두는 속세의 부와 안락을 의미한다.

강가(갠지스강) 여신에게 기도를 올리던 어느 힌두교도의
봉헌물. 꽃, 곡식, 그리고 라두 두 개가 놓여 있다.

나 가까운 지인들에게 돌리곤 한다. 무슬림들은 라두에 특별한 의미를 부여하지는 않지만 스위트로 즐겨 먹는다. 이 라두를 만들 때는 쌀, 통밀, 세몰리나, 조, 수수, 보리 등의 곡물에서부터 각종 콩류를 비롯해 참깨, 캐슈넛, 땅콩, 아몬드 등의 견과류 모두 주재료가 될 수 있다. 여기에 재거리, 설탕, 꿀, 혹은 말린 대추야자나 무화과 등을 넣어 단맛을 낸다. 최근에는 초콜릿이나 치즈를 넣은 색다른 라두도 만들어지는데, 결국 오늘날 '라두'는 동그랗게 만든 스위트를 총칭하는 일반명사처럼 통하고 있다. 무수히 많은 라두의 공통점은 오직 두 가지만 남은 듯하다. 동그랗다는 것, 그리고 달다는 것!

만드는 방법은 대개 비슷하며 간단하다.

① 주재료를 가루 상태로 준비해 마른 팬에 충분히 볶는다(가루 색이 진하게 변하지 않도록 약한 불로 볶는다). 통곡식 등 알갱이 상태로 볶을 때는 식힌 뒤에 빻으면 된다.

② 그다음 이를 엉기게 만들 액체 재료를 두 가지 중에 선택한다. 가장 전통적이며 많이 사용하는 것은 기다. 이 경우에는 불에 올린 팬에 ①에서 볶은 주재료, 기타 부재료, 설탕 또는 가루 재거리를 섞은 뒤 기를 한 숟가락씩 넣어가며 계속 젓는다. 반죽이 한 덩어리로 뭉쳐질 때까지 기를 넣은 다음, 불을 끄고 따뜻할 정도로 식힌다. 재거리/설탕을 끓여서 만든 시럽을 사용하는 경우에는 끓고 있는 시럽에 ①에서 볶은 주재료, 기타 부재료를 넣고 계속 젓다가 덩어리로 잘 엉기면 불에서 내려 따뜻할 정도로 식힌다.

③ 손에 기를 바르고 반죽을 적당량 떼어 탁구공만 한 크기로

동그랗게 빚는다. 겉에 통깨나 코코넛, 견과류 가루 등 고물을 묻히기도 한다.

> **Tip**
>
> 마하라슈뜨라주에서 먹는 전통 스위트 중에 모닥modak은 라두의 일종으로 알려져 있지만 만드는 방법이나 완성된 모양이 많이 다르다. 같은 점이라면 가네쉬 신이 좋아한다는 것. 때문에 마하라슈뜨라에서 가장 큰 명절인 가네쉬 짜뚜르티에 힌두들은 모닥을 만들어 봉헌물로 바치고 다 같이 나눠 먹는다. 만드는 방법은 송편과 비슷하다. 쌀가루 반죽에 참깨, 포피시드, 생코코넛, 재거리를 섞은 소를 채우고 꽃봉오리 모양으로 빚는다. 이를 찌면 모닥이 완성된다.

신성한 스위트로 라두에 버금가는 것이 우유에 쌀을 넣고 끓여 달콤하게 만든 **키르**kheer[31]다. 키르는 여러 성스러운 의식에 쓰이기 때문에 특히 '존경'의 의미를 담고 있는 미타이다. 예컨대 갓난아이에게 이유식을 처음 먹이는 날을 안나쁘라사나annaprasana라고 하여 특별한 의식을 치르는데, 이날 먹이는 것이 키르이며, 싯다르타가 득도하기 전에 마을 소녀로부터 봉양 받은 음식도 키르다. 생일이나 결혼식, 축제, 명절에도 빠지지 않는다.

키르는 미타이 가게뿐만 아니라 식당에서도 디저트로 팔기 때문에 쉽게 찾아볼 수 있는데, 만드는 방법은 대개 비슷하다. 전통적인 북인도 방식은 우유와 쌀을 약한 장작불에서 졸이듯이 오

31) 남인도애서는 빠야삼payasam, 동인도에서는 빠예쉬payesh라 한다.

랫동안 끓이면서 계속 저어주는 것이다. 우유가 옅은 노란빛을 띠면서 걸쭉해지면 설탕과 카다멈을 약간 넣어 완성한다. 키르라고 하면 보통 쌀을 끓여 만든 것인데, 쌀 대신 수수나 아몬드, 당근, 가는 버미첼리 국수를 넣어 만들기도 한다.

우유를 끓여 만드는 모든 것
: 쿨찬, 라브리, 뻬다

북인도 스위트는 우유로 얼마나 다양한 스위트를 만들 수 있는지 보여주는 전시장과도 같다.

가령 우유를 뭉근하게 끓이면 냄비에 엉겨 붙는 단백질 덩어리가 생기는데, 이를 긁어모아 설탕을 뿌리면 **쿨찬**khurchan이라는 스위트가 된다. 끓는 우유 표면에 생기는 크림막으로도 스위트를 만든다. 이 막을 걷어내 여러 겹 붙인 것을 말라이malai라고 한다. 여기에 설탕을 뿌려 먹기도 하지만 주로 아이스크림이나 라씨 위에 올려 먹는다. 또 이렇게 크림막을 제거하면서 끓이다가 우유가 걸쭉한 상태로 졸아들면 인도인들이 사랑하는 **라브리**rabri가 만들어진다. 아이보리색 연유다. 차게 식혀 피스타치오, 아몬드, 사프론 등을 얹어 먹기도 하고 과일이나 와플 등에 끼얹어 먹는가 하면 인도식 밀크셰이크인 팔루다falooda 위에 얹어 먹기도 한다. 라브리를 만드는 단계에서 멈추지 않고 우유를 계속 끓여 거의 5분의 1 정도로 졸이면 칼국수용 밀가루 반죽 같은 덩어리가 만들어진다. 이를 코야khoya 혹은 마와mawa라고 한다. 이 코야로 만든 스위트는 어느 미타이 가게에서나 쉽게 맛볼 수 있지만, 가장 대표적인 것이 **뻬다**peda다. 코야에 설탕을 넣고 반죽해 둥글

북인도 인기 스위트인 라브리. 우유를 오래 졸여 만든다.

납작한 모양으로 빚은 것인데 사프론, 망고, 코코넛 등으로 색과 맛을 더한다.

Tip

굉장히 독특하게 만드는 미타이도 있다. 추운 겨울 밤, 차가운 우유를 끊임없이 휘저어서 자잘한 우유 거품을 만든다. 이 거품을 계속 걷어내다가 충분한 양이 모이면 풀밭 위에 놓아두고 새벽이슬을 맞힌다. 너무 많아도, 너무 적어도 안 되며 딱 적정량의 새벽이슬이 들어가야 완성된다는 이 미타이의 이름은 돌랏 끼 찻daulat ki chaat, 직역하면 '부富의 간식'이다. 오직 한겨울에만 이 미스터리한 미타이를 만날 수 있는데, 거품이 꺼져 다시 우유가 되기 전에 사 먹어야 하니 (추운 겨울이 없는) 남인도에서는 구경도 못 할 미타이다.

장미 시럽 스위트 [32]
: 굴랍 자문

이븐 바투타의 여행기에 여러 차례 등장하는 미타이 중 하나가 루까이마뜨-알-까디(59쪽 참조)다. 간단히 루까이맛luqaimat이라고 부르는데, 여전히 중동에서 사랑받는 간식이다. 이 루까이맛이 중세 인도인들 손끝을 거쳐 재탄생한 것이 **굴랍 자문**gulab jamun이다. 굴랍은 페르시아어로 '장미수'를 뜻하며(여기서는 장미수로 향을 낸 시럽을 말한다) 자문은 인도에서 재배되는 과일인데, 그 크기며 모양이 닮았다 하여 붙여진 이름이다. 즉 굴랍 자문은 '장미 시럽

---

32) 인도에는 튀긴 다음 장미수 넣은 시럽에 담가 먹는 스위트가 많다. 1부에서 살펴본 잘레비를 비롯해 밀가루 반죽을 얄팍하게 튀긴 뒤 시럽에 적셔 먹는 말뿌아malpua가 인기 있다.

튀긴 코아를 장미 시럽에
담가 먹는 굴랍 자문.

도넛'쯤으로 옮길 수 있다. 그야말로 '국민 스위트'라 할 수 있을 만큼 사랑받는 굴랍 자문은 (밀가루로 만드는 루까이맛과는 달리) 코야를 반죽해 동그랗게 빚어 짙은 갈색을 띠도록 튀긴 것을 묽은 설탕 시럽에 오래 담가두었다가 먹는 미타이로, 이 시럽은 카다멈, 장미수, 께우라 또는 사프론을 넣어 향기롭게 만든다. 시럽에서 꺼내 먹거나 아예 시럽에 담근 채로 먹는데, 어느 경우든 시럽을 흠뻑 머금어 강렬한 단맛을 낸다.

요거트의 맛
: 미슈띠 도이, 쉬르칸드

요거트로 만든 미타이도 인기 있다. 그중에서도 가장 유명한 것은 벵갈 지방에서 유래한 **미슈띠 도이**mishti doi(벵갈어로 '달콤한 요거트'라는 뜻이다)로, 만드는 방법은 이렇다. 먼저 우유를 오래 끓여 양이 절반 정도로 줄어들 때까지 졸인다. 여기에 설탕과 사프론을 넣고 소량의 요거트를 넣어 발효시킨다. 전통적으로 자그마한 토기에 담아 발효시키는데, 토기의 미세한 구멍을 통해 수분이 빠져나가 마치 커스터드 같은 농도를 갖게 된다. 꼴까따의 전설적인 스위트 가게들은 저마다의 비법으로 만든 특별한 미슈띠 도이를 파는데, 어느 것을 먹든 하나같이 다 맛있다!

미슈띠 도이가 인도 동부의 요거트 스위트라면 서부는 **쉬르칸드**shirkhand로 대표될 수 있다. 가정에서도 쉽게 만들 수 있는 요거트 스위트인데, 이를 만들려면 모슬린 천에 싼 요거트를 몇 시간 동안 매달아두어 수분을 천천히 빼는 과정이 필요하다. 그러면 크림치즈처럼 부드럽고 되직한 요거트가 만들어지는데, 여기에 사프론, 카다멈을 진하게 우려낸 우유 한 숟가락을 섞는다. 설탕으로 단맛을 주고 아몬드나 피스타치오, 설탕을 입힌 장미꽃잎 등을 올려 장식한다. 이 자체로도 더할 나위 없이 만족스럽지만 망고를 잘라 올리면 그야말로 최고의 조합이다.

견과류가 벌이는 축제
: 구지야, 벌피

이븐 바투타가 기록한 궁정 연회에는 두 가지 스위트가 등장한다. 그중 하나는 이름이 명시되지는 않지만 '곱게 간 아몬드와 꿀로 속을 채운 단빵'이다(다른 하나는 앞서 언급한 루까이마뜨-알-까디다). 오늘날 이와 같은 재료로 만드는 스위트가 **구지야**gujiya다. 설탕을 넣어 반죽한 얇은 밀가루피에 아몬드, 캐슈넛, 코야, 코코넛, 건포도, 재거리로 만든 달콤한 소를 채워 반달 모양으로 빚은 다음 튀겨내는데, 그 생김새는 영락없이 만두다. 오늘날 이란에서도 아몬드, 피스타치오, 호두 등으로 속을 채운 달콤한 튀김 만두를 먹는데, 무슬림 통치기에 페르시아로부터 사모사와 함께 들어온 것으로 보인다. 구지야는 오늘날 북인도만이 아니라 남인도에서도 즐기는 범대륙적 미타이인데, 특히 서로를 향해 색색의 가루를 뿌리며 종교·계급을 뛰어넘는 '색의 축제' 홀리Holi에 빠지지 않는다.

또 다른 견과류 스위트로 **벌피**burfi가 있다. 북인도에서 일상적으로 만들어 먹는 스위트로, 페르시아어로 '눈雪'을 뜻하는 barf에서 유래한 이름이지만 인도 전통 스위트다. 원래는 부드러운 코야로 만들었다고 하는데 오늘날에는 견과류로 만들곤 한다. 피스타치오로 만든 삐스따 벌피pista burfi, 캐슈넛으로 만든 까주

달콤한 요거트인 미슈띠 도이(위). 커스터드 같은 식감이 매력적이다.
캐슈넛으로 만든 까주 벌피(오른쪽 위).
뻬다와 뻬타(박을 시럽에 조려 만든 반투명한 스위트)를 겹쳐 만든 스위트(오른쪽 아래).

벌피kaju burfi, 아몬드로 만든 바담 벌피badam burfi가 대표적이다. 주재료를 반죽 또는 가루 상태로 설탕 시럽에 섞은 다음 적당한 농도가 될 때까지 약한 불로 졸인다. 이어 손으로 반죽할 수 있을 정도로 식으면 밀대로 밀어 원하는 두께로 만든 뒤, 사각형으로 잘라낸다. 윗면에 식용 은박을 붙이거나, 아몬드나 피스타치오로 장식하기도 한다.

아라비아의 달콤함

: 할와

아랍어로 달콤한 먹거리를 뜻하는 **할와**halwa는 오늘날 중동, 중앙아시아, 북아프리카, 중동부 유럽, 인도를 비롯한 서남아시아에서 다양하게 만들어진다. 페르시아와 터키, 아라비아 왕국을 위시한 이슬람 세계의 영향을 보여주는 스위트다. 이들 나라에서 만들어지는 할와는 크게 세 종류로 나눌 수 있다. 하나는 주재료를 기에 볶다가 견과류, 건포도, 설탕, 물을 넣어 만든 것인데, 일정한 형태 없이 숟가락으로 떠먹는다. 북인도에서 만들어지는 할와가 대개 이렇다(세몰리나 또는 당근으로 만든 것이 대표적이다). 다른 하나는 참깨나 해바라기 씨처럼 기름기 많은 씨앗을 갈아서 뜨거운 설탕 시럽에 섞어 단단한 덩어리로 굳힌 백색 할와로 인도에서는 거의 찾아보기 어렵다.

또 다른 하나는 전분과 설탕을 이용해 젤리나 양갱처럼 쫀득하게 만든 할와다. 유명한 터키 스위트인 터키시 딜라이트Turkish delight가 이렇게 만들어진 할와인데, 인도에서는 예부터 무역을 통해 아랍의 영향을 강하게 받았던 서부 연안 항구 도시에서 만

인도에서도 강정을 먹는다

겨울이면 활기를 띠는 이들이 있다. 사탕수수대를 싣고 다니며 즙을 짜 주는 장수들이다. 사탕수수 수확철이라는 것은 또한 재거리를 만드는 계절이 시작되었음을 의미하는데, 시장에서는 이 햇재거리를 이용한 스위트, '치끼chikki'를 만드는 손길이 분주해진다.

치끼는 견과류와 재거리로 만드는 스위트로, 우리의 강정과 거의 똑같다. 전통적으로 참깨, 검은깨, 땅콩, 튀밥 등을 갖고 만들지만 캐슈넛이나 피스타치오, 병아리콩, 말린 코코넛, 장미꽃잎 등 독특한 현지 재료로도 만들며, 여기에 카다멈, 시나몬, 장미수 등으로 풍미를 더한다.

우리가 명절이면 차례상에 강정을 올리듯이 치끼 또한 명절에 중요한 위치를 차지한다. 1월 중순이면 뻰잡에서는 몇 주간의 겨울철 추수를 끝내고 로흐리Lohri를 지내는데, 힌두력에 따르면 해가 가장 짧은 섣달그믐이다. 로흐리 밤이면 시골이든 도시든 다 같이 모여 모닥불을 피우고는 수확에 감사하는 의미로 불의 신 아그니의 불길 속으로 각종 곡식을 봉헌물로 던져 넣고, 주변에는 물과 우유를 섞어 뿌린다. 그러고는 모두 불가에 둘러앉아 햇재거리와 햇견과류로 만든 먹거리, 즉 치끼, 뻥튀기, 볶은 옥수수, 땅콩 등을 먹는다.

들어지기 시작했다. 남인도 항구 도시인 꼬리꼬드에서 만드는 꼬리꼬드 할와Kozhikode halwa가 대표적이다(봄베이 할와도 이와 같다). 만드는 방법은 복잡하진 않지만 수고롭다. 먼저 설탕과 물을 끓여 시럽을 만든 다음 과일, 견과류 등 부재료를 넣는다. 여기에 전분 푼 물을 넣고 끓이면서 저어준다. 풀처럼 되직한 반죽이 되면 식용유나 기를 붓는다. 계속 저어주면 (엄청 뻑뻑하다) 반죽이 기름과 섞이면서 튀겨지듯이 익는데, 이때 불을 끈다. 반죽에 섞이지 않은 기름을 제거하고 틀에 넣어 굳히면 젤리 같은 색색의 할와가 완성된다.

봄베이 할와. 식감이 쫀득한 젤리 같다.

인도 전통 아이스크림

: 꿀피

16~17세기 무굴 황제들은 사프론으로 색과 향을 내고 진하게 농축시킨 우유를 얼려 만든 아이스크림을 즐겨 먹었다고 한다. 그렇지만 도대체 어떻게? 무굴 제국 수도였던 델리와 아그라는 겨울에조차 영하로 내려가지 않으며, 한여름이면 40도에 육박한다. 《악바르나마》에 의하면, 얼음이 무굴 궁정에 본격적으로 들어오기 시작한 것은 1586년 악바르가 뻔잡에 다녀온 이후부터다.[33] 아프가니스탄과의 사이에 놓인 힌두쿠시 산맥으로부터 채취된 얼음이 아그라까지 600km를 거쳐 운반됐다. 히말라야 산맥에서 캔 얼음을 수도로 운반해 와서 파는 상인들이 생겨났고, 무굴 상류층이 그 고객이었다. 뱃사공 네 명이 타는 배 한 척에

33) 1부에서 바부르가 얼음을 먹은 이야기를 썼는데(205쪽 참조), 얼음이 상업적으로 들어오기 시작한 것은 악바르 대제 시기다.

가득 실린 얼음이 아그라에 도착했을 때 남는 양은 6kg 남짓. 이
렇게 어렵게 공수된 얼음은 약 1kg이 당시 금 반 돈과 맞먹는 값
이었다. 그럼에도 얼음 수요는 1년 내내 있었다고 하는데, 이 얼
음으로 만든 것 중 하나가 바로 인도 전통 아이스크림 **꿀피**kulfi다.

라브리, 재거리, 사프론, 카다멈, 피스타치오, 아몬드를 섞어서
작은 꿀피 용기에 부은 다음, 이를 소금과 얼음이 담긴 큰 양동이
에 몇 시간 꽂아두면 꿀피가 만들어졌다. 우유를 오래 끓여서 생
긴 라브리 특유의 섬세한 캐러멜 향과 쫀득한 식감이 있으며, 계
속 저어주면서 공기를 주입하는 과정이 없기 때문에 서양식 아
이스크림보다 단단하다. 과일이나 초콜릿, 견과류 등 여러 재료
를 넣은 갖가지 꿀피가 만들어지지만, 단연 인기 있는 것은 잘 익
은 망고를 갈아 넣은 망고 꿀피다.

PART
03

숨겨진
보석을 찾아,
식도락 여행

인도 대륙으로 들어가기 앞서

3부는 각 지역을 돌아보며 '여기서는 뭘 먹을까?', '뭐가 있지?'를 알아보는 여정이다. 그 전에 한 가지 알아둘 것은 **인도 음식은 커뮤니티의 음식**이라는 사실이다. 예컨대 한식은 '어느 지역'의 음식인가에 따라 달라진다. 그렇지만 인도에서는 같은 지형, 같은 기후를 공유하는 동일한 지역에 거주하는 사람들일지라도 그들이 어떤 종교, 직업(카스트), 혈통(인종)을 가졌는지, 또 어떤 언어를 사용하는지에 따라 음식이 달라진다. 이들 조건에 따라 다른 풍습, 규범, 문화가 만들어지며, 음식은 그로부터 직접적인 영향을 받기 때문이다. 이를 공유하는 집단을 인도에서는 **자띠**jaati,[1] 영어로는 **커뮤니티**라고 일컬으며, 앞서 언급했던 말와리, 모빨라, 빠르시처럼 각각의 이름이 있다. 가령 말와리라고 하면 '라자스탄 말와르 지역에 뿌리를 둔 집안에, 힌두교도에, 상인 카스트에 속하는 사람'이라고 이해된다. 즉 커뮤니티는 특정한 목적을 위해 자발적으로 모인 동호회 같은 개념이 아니라, 우리가 경상도니 전라도 사람이라고 말하

---

[1] 사회학자들은 단편적인 기준을 가진 '카스트'보다는 여러 사회·문화적 맥락을 포괄하는 '자띠'를 연구에 활용한다. 원래는 힌두교 내의 체계였지만, 오늘날에는 (특정 종교를 넘어) 인도 사회 전반에 적용된다. 법이나 행정상의 개념은 아니다.

듯 말와리 커뮤니티 출신인 것이다. 전통사회에서 이들은 부락을 이뤄 모여 살았고, 현대에는 여러 곳에 흩어져 살기도 하지만 공통된 정체성은 여전히 강하며 음식은 특히 그러하다.

인도는 2,000개 이상의 커뮤니티로 이루어져 있다고 한다. 결국 '커뮤니티 음식'이 인도 음식을 이루는 사회적 기본 단위라고 할 수 있다. 만약 커뮤니티 음식을 하나씩 들여다보는 〈인도인의 밥상〉 같은 TV 프로그램을 만든다면 1년에 52편씩, 적어도 40년 동안 방송해야 하는 셈이다. 물론 이 책에서 그렇게까지 세분해서 살펴볼 수는 없고, 북서쪽에서 남쪽으로, 남쪽에서 다시 북동쪽으로 올라오면서 각 지역 음식을 소개할 것이다. 이 과정에서 많은 경우 '커뮤니티 음식'을 설명하는 이야기로 흘러들곤 하는데, 바로 위와 같은 이유 때문이다. 가장 극명한 예가 남인도 께랄라주의 요리다. 께랄라주에는 동일한 자연환경을 공유하지만 종교 및 배경은 다른 세 커뮤니티가 거주하고 있어 각각의 개성을 지닌 삼색 요리가 공존한다. 따라서 께랄라 요리에 관한 이야기는 자연스럽게 이들 커뮤니티 음식에 관한 이야기가 된다.

15

인도를 여행하는
식도락가를 위한 안내서

이제 여행을 떠날 시간이다. 어딜 가든 맛있는 음식 먹는 재미를
놓칠 수 없는 식도락가를 위한 여행이다. 한 끼를 먹더라도 제대
로 된 현지의 맛, 현지의 분위기를 느끼고 싶다면 어떻게 해야 할
까? 1, 2부를 섭렵한 독자라면 걱정할 필요가 없다. 거기에 몇 가
지 팁만 더한다면 인도 음식을 풍성하게 즐길 수 있다.

우선 현지 음식을 가장 집약적으로 담아낸 탈리thali**를 주문하자.** 앞서 2
부에서 살펴본 수많은 음식이 탈리를 이루는 기본 요소다. 작은
그릇에 담긴 생선 구이며 채소나 고기 반찬이 밥, 로띠와 함께 한
접시²)에 놓인 (우리식으로 말하면) '백반 정식'이다. 동네 식당에서
파는 소박한 탈리에서부터 한정식처럼 고급스러운 음식으로 구

성한 탈리까지, 가격에 따라 메뉴는 천차만별이다. 하지만 아무리 소박한 채식 탈리라도 여기에 개별 요리 한두 가지만 더하면 여행하면서 누릴 수 있는 최고의 만찬이 된다.

남인도에서는 영어로 '밀meal'이라고 부르는 경우가 많은데, 금속 접시 대신 넓은 바나나 잎 위에 차려주기도 한다. 그럴 때에는 손으로 먹어보자. 현지인들처럼 말이다. 바나나 잎에 놓인 음식을 손으로 먹는 것은 그릇에 담긴 음식을 수저로 먹는 것과는 굉장히 다른 경험이다. 시각, 후각, 청각, 미각에 이어 촉각까지 더해진 식사가 된다. 우리 신체 부위 중에서 가장 예민하며 무수한 신경가닥이 모여 있는 손끝에서 부드럽고 따뜻한 채소, 묽은 소스에 담긴 거칠거칠한 콩 요리, 폭신하게 조린 감자 요리, 커리 소스를 섞어야 손가락으로 집을 수 있는 부슬부슬한 쌀밥, 얄팍하지만 찢을 때 적당한 힘을 필요로 하는 로띠, 미끄러지듯 스치는 바나나 잎까지 다양한 촉감 정보가 계속해서 뇌로 전달된다. 그 감각들을 즐기며 한 끼 식사에 온전히 몰두해보자. 어린 시절 이후로는 오랫동안 잊고 살았던, 손가락이 입에 닿는 감각이 주는 친밀함의 정서까지도 일깨우고 충족시키는 만족스러운 식사가 될 것이다.

사원에서의 대중공양은 어떨까? 인도의 사원에서는 봉헌물을 바치고 기도를 올린 신자들에게 일정한 비용을 받고 대중공양을 한

---

2) 탈리는 '접시'를 뜻하는 단어이기도 하다. 쟁반처럼 둥글고 넓은 금속 탈리 가장자리에는 반찬이 담긴 여러 개의 작은 종지(까또리)를, 가운데에는 쌀밥, 로띠 등의 주식이며 튀김류를 놓는다. 탈리 위에 한꺼번에 차려 나오거나 종업원이 빈 탈리 위에 반찬들을 차례로 서빙해주곤 한다.

손으로 먹는 일이 처음에는 의외로 쉽지 않은데, 예의바른 식습관
은 손바닥이나 손가락 위쪽에 음식물이 묻지 않도록 주의하면서,
손끝(첫 마디 정도)만을 이용해 음식을 흘리지 않고 먹는 것이다.

손으로 먹는 인도 음식

인도의 식당에는 보통 화장실과는 별개로 손만 씻을 수 있는 세면대가 식탁 가까운 곳에 마련되어 있다. 델리나 뭄바이 같은 대도시에서도 음식을 손으로 먹는 문화가 주류를 이룬다. 인도 사람들이 말하는 '인도 음식을 가장 맛있게 먹는 방법' 또한 손으로 먹는 것이다. 손을 써서 먹는 이들의 식습관은 결코 도구를 사용할 줄 모르기 때문에, 즉 문명화되지 않았기 때문이 아니다. 이는 인도 고대 의학 아유르베다에서 비롯된 식습관으로, 아유르베다에 의하면 다섯 손가락은 각각 우주를 이루는 기본 요소인 지수화풍공地水火風空에 해당한다. 따라서 이 다섯 손가락을 움직이고 한데 모으는 행위를 통해 음식을 먹는 것은 '음식'과 '나'를 연결하는 가장 이상적인 방법이자 육체뿐만 아니라 마음과 영혼까지 채우는 일이다. 물론 어느 식당에나 식기는 마련되어 있으니, 손으로 먹을 자신이 없다면 숟가락과 포크를 달라고 요청하면 된다.

Tip
식당에서 자주 쓸 만한 말을 알아보자.
- **채식 탈리 주세요.** *베지 탈리 디지에.*
- **페트병 생수 주세요.** *빠니 끼 보딸 디지에.*
- **시원한 것으로요(시원한 것을 원합니다).** *탄다 왈라 짜히에.*
- **숟가락과 포크가 필요해요.** *짬마찌 오르 까따 짜히에.*
- **가장 인기 있는 메뉴가 뭐예요?** *쌉세 쁘라시드 메뉴 꺄 해?*
- **(옆 테이블 음식 등을 가리키며) 저건 뭐예요?** *웨흐 꺄 해?*
- **설탕(소금)을 줄여주세요.** *치니(나막) 꼬 깜 끼지에.*
- **(식사를 끝내고 나서) 계산서 주세요.** *빌 디지에.*
- **가격이 얼마죠?** *담 꺄 해?*
- **화장실은 어디예요?** *구썰카나 카하 해?*

다. 이름하여 보그 쁘라사드bhog prasad다. 유명한 사원은 하루에 수만 명분의 식사를 마련하는데, 이를 준비하는 인원만 해도 수백 명에 달한다. 사원 음식은 그 지역에서 나는 식재료만을 사용하며, 물론 엄격한 채식이다. 향신료도 최소한으로 넣어 순하게 만드는 이 음식들은 수세기 동안 변하지 않았다. 인도 음식의 원형이 바로 이들 사원 음식에서 이어져 내려오고 있다고 할 수 있다. 현지인들처럼 사원을 둘러보고 기도를 올린 뒤, 대중공양 대열에 참여해보자. 식당 바닥에 깔린 긴 매트 위에 책상다리를 하고 앉아 있으면 양동이며 큰 그릇을 든 배식자들이 차례로 음식을 나누어준다. 음식 자체는 소박한 달과 짜빠띠에서 크게 벗어나지 않을 테지만, 사원과 수많은 신도가 빚어내는 분위기가 특별한 식사로 만들어줄 것이다.

단, 외국인을 포함한 비힌두교도의 입장을 제한하는 힌두 사원도 있기 때문에 미리 확인해야 한다. 여행자가 가보기 좋은 곳 중 하나는 뻔잡주 암릿사르에 위치한 시크교 사원, 황금사원 Golden Temple이다. 이곳에서 무료로 제공하는 점심 공양인 랑가르langar는 국적이나 종교, 카스트에 상관없이 모든 이에게 열려 있는데, 하루에 무려 5만 명이 찾는다고 한다. 찾아오는 이가 많은 만큼 식사를 준비하는 자원봉사자의 수도, 손질하는 재료의 양도, 냄비며 국자의 크기도, 기계로 구워내는 짜빠띠의 개수도 어마어마하다.

축제 기간에만 맛볼 수 있는 음식을 먹어보자. 여행자가 인도 가정에 초대받을 가능성은 거의 없지만, 많은 식당에서 축제 음식을 특

선 메뉴로 내놓는다. 어떤 축제에는 단식을 하는데, 인도에서 단식은 완전한 금식이 아니라 특정 식재료나 음식을 먹지 않는다는 의미다. 이 또한 인도 문화를 알 수 있는 좋은 경험이 될 것이다. 지방마다 즐기는 축제의 종류며 기간은 다르지만, 공통적인 몇 가지가 있다.

힌두 명절인 나브라뜨리Navratri는 태양이 황도를 지나 계절이 바뀌는 네 시점을 가리키는데, 그중에서도 두 나브라뜨리를 크게 지낸다. 여름이 시작되는 3~4월경의 짜이뜨라chaitra 나브라뜨리와 겨울이 시작되는 10~11월경의 샤라드sharad 나브라뜨리다. 북부와 서부에서는 이 시기에 단식을 한다. 계절이 크게 변화하면서 신체의 생체 리듬이 바뀌어 면역력이 떨어지고 쉽게 피로해지는 시기라 가볍고 영양가 높은 식사를 한다는 의미가 담겨 있다. 따라서 달걀이나 육류는 물론 쌀, 밀, 콩, 옥수수, 양파, 마늘을 먹지 않으며, 기름진 조리법은 절제한다. 대신 글루텐이 없는 메밀 등의 잡곡과 사부다나로 키츠리를 만들거나 로띠를 구워 먹는다. 나브라뜨리 식단에는 이 밖에도 과일, 제철 채소인 호박, 호리병박, 물밤 등이 주로 등장하며 스위트 가게에서도 이 기간을 위해 만든 특별한 스위트를 만나볼 수 있다.

9일간의 (겨울) 나브라뜨리가 끝난 다음날은 두쎄라라는 큰 명절이다. 이날 사람들은 끝내 선(라마 신으로 상징되는)이 악(10개의 머리를 가진 악마의 왕 라바나로 상징되는)을 물리쳤음을 경축하며, 진리와 정의를 추구하고 삶에 충실할 것을 다짐한다. 두쎄라에는 좋아하는 음식이며 달콤한 스위트를 마음껏 먹으며 즐거운 하루를 보낸다.

쌀 수확기에 자연과 하늘에 감사하고 풍성함의 기쁨을 표현하는 추수감사절 역시 큰 명절이다. 시골에 뿌리를 둔 커뮤니티와 지역에는 각자의 추수감사절이 있는데, 지방마다 시기도, 명칭도, 즐기는 풍습도 다르다. 벵갈 지방에서는 나반노Nabanno, 직역하면 '햅쌀'이라는 이름의 추수감사절을 지낸다. 이날 사람들은 햅쌀에 가열하지 않은 우유, 재거리, 사탕수수 조각, 작은 바나나를 섞어 신께 바치며 감사 기도를 올린 후, 쌀과 우유, 재거리를 끓여 만든 푸딩을 가까운 이들과 나눠 먹는다. 따밀나두주에는 뽕갈Pongal이라는 유명한 추수감사절이 있다. 이날에는 쌀과 녹두에 기, 향신료를 넣어 끓인 같은 이름의 죽(뽕갈)을 먹는다. 우유, 설탕, 코코넛, 건포도를 넣어 끓인 달콤한 뽕갈을 먹기도 한다. 남인도 서부 께랄라에서는 8월 말부터 9월 초까지 일주일 동안 추수감사절인 오남Onam을 즐긴다. 께랄라 전역에서 쌀 수확이 이루어지고 시장에는 햅쌀 가마니가 쌓이는 시기다. 이날 께랄라 사람들은 마따matta 쌀(붉은빛이 돌며 통통한 쌀알이다)로 지은 밥과 맛깔스러운 채소 요리가 차려진 정찬 사디야Sadya를 먹고 전통 노래와 춤이 어우러지는 즐거운 시간을 보낸다.

기차 여행의 맛, 차내식과 기차역에서 파는 먹거리에도 도전해보자. 인도를 여행한다면 기차를 자주 볼 수 있을 것이다. 인도 전역에 걸쳐 7,000여 개에 이르는 기차역이 있어 가장 손쉽게 이용할 수 있는 교통수단인 데다, 기차에서 1박 또는 2박을 해가며 다른 장소로 이동하는 것도 특별한 경험이다. 인도 최초의 여객 열차가 1853년에 운행됐으니 그 역사가 무려 160년이 넘었다. 허름해 보이는 외관에 연착하는 경우가 허다하지만 직접 타보면 나름 체계적인 시스템을 갖추고 있음을 알 수 있다. 라즈다니Rajdhani, 샤땁디Shatabdi 등의 고속열차는 예매 비용에 차내식이 포함되어 있다. 식사 전에 직원이 돌아다니며 주문을 받는데, 채식과 비채식 중에 고를 수 있다. 이른 아침에는 찻잔과 뜨거운 물이 담긴 보온병, 티백, 설탕, 크림, 과자가 놓인 티 트레이를 좌석마다 놓아준다. 물론 기차역에 설 때마다 재빠르게 올라타는 상인들로부터 짜이 한 잔을 사 마시는 것도 재미있다.

안내 방송이 없는 인도 기차에서, 목적지에 다다르고 있음을 알려주는 이정표 중 하나는 바로 먹거리를 파는 장사꾼들이다. 가령 북인도에서 남인도를 향해 갈 때, 처음에는 사모사였던 간식거리가 점차 와다나 바나나 튀김으로 바뀌어간다. 기차가 정차하는 단 몇 분 사이에 승객들은 출출한 배를 채워줄 따끈한 끼니거리에서부터 바삭한 과자며 먹기 좋게 썬 과일 등을 잽싸게 사들고 돌아온다. 길거리에서 파는 것과 똑같은 군것질거리라도 기차 여행을 하면서 사 먹는 맛과 재미가 제법 쏠쏠하다. 별미를 파는 역을 지나칠 때도 있으니, 기차가 서기 전부터 승객들이 출입구 쪽에 달라붙어 서 있다면 요령껏 따라해보자. 가령 조드뿌르Jodhpur 역에서는 마와(코야) 까초리가, 아그라 역에서는 뻬타(박으로 만든 스위트)가, 꼬리꼬드 역에서는 할와가 유명하다. 단, 정차 시간이 1분에 불과할 때도 있으니 기차를 놓치지 않도록 주의해야한다.

대도시에서 전국 음식을 맛보자. 여행 기간이 짧아 여러 지방을 다

닐 수 없다고 해도 실망할 필요는 없다. 일정에 델리, 뭄바이, 첸나이, 꼴까따 등 대도시 한 군데는 반드시 포함될 테니 그곳에서 아쉬움을 달래보자. 대도시에는 까쉬미르에서부터 일곱 자매주에 이르기까지 인도 전역에서 이주해온 다양한 사람들이 살고 있으므로, 이들의 음식을 파는 식당이 얼마든지 있다. 북인도에서도 남인도 탈리를 맛볼 수 있고, 남인도에서도 벵갈 음식을 한 상 차려 먹을 수 있다.

더욱이 델리는 수도인 만큼 29개 지방자치주 정부의 사무소가 위치해 있는데, 이들 캔틴(구내식당)에서는 그 지방 고유의 음식을 내놓는다. 그중 10여 곳에서는 직원 외에 외부인 출입을 허용하고 있거나 지역 홍보 차원에서 따로 가게를 마련해 운영하고 있어 여행자도 찾아가서 먹을 수 있다. 저렴한 데다 맛있기로 유명해 찾는 사람이 많다. 여기에 3곳을 소개해둔다.

1) 안드라 바완Andhra Bhawan의 구내식당
델리에서 가장 맛있는 안드라 채식 탈리를 내놓는다는 평을 받고 있다. 쌀밥과 뿌리에 달, 세 가지 섭지, 삼발, 라삼, 요거트, 빠빠드, 그리고 스위트가 나온다. 머튼·치킨·새우 커리는 별도로 판매하니 추가해서 먹어보자. 일요일마다 하이데라바디 비리야니를 특별 메뉴로 선보인다.
주소: 1, Ashoka Road, Connaught Place, New Delhi
영업시간: 월-일 8am~10:30am, 12pm~3pm, 7:30pm~10pm

2) 고아 니와스Goa Niwas의 구내식당

: 비바 오 비바Viva O Viva

델리에서 정통 고아 요리를 먹을 수 있는 식당으로, 음식에 대한 평도 좋다. 꼰깐식 해산물 요리에서부터 빈달루, 샤꾸띠 등도 맛볼 수 있다. 탈리는 평일 점심시간에만 제공된다.

주소: 14, Goa Niwas, Bir Tikendrajit Marg, Chanakyapuri, New
   Delhi

영업시간: 월-일 12:30pm~3:30pm, 7:30pm~10:30pm

3) 까르나따까 상가Karnataka Sangha의 구내식당

: 까르나따까 푸드 센터Karnataka Food Centre

20여 가지 도사, 와다, 이들리, 우따빰 등의 스낵 메뉴로 유명하며, 까르나따까 채식 탈리를 맛볼 수 있다. 그 밖에도 비시 벨레 밧이나 타마린드즙을 넣어 볶은 뿔리요가레 라이스, 레몬 라이스 등 매일 다른 까르나따까 쌀 요리를 한 가지씩 선보인다.

주소: Ground Floor, Delhi Karnataka Sangha, Sector 12, RK
   Puram, Rao Tula Ram Marg, New Delhi

영업시간: 월-일 8am~11pm

16

인도의 서부,
북에서 남으로

: 라자스탄주에서부터 께랄라주까지

라자스탄

타르Thar 대사막 위에 자리 잡은 라자스탄은 북인도 여행에서 아그라만큼이나 필수 코스다. 황토색 사막이 끝없이 펼쳐진 가운데 거대한 모래 절벽 같은 힌두 라즈뿟 왕국의 성채가 놓여 있고, 그 주변을 일군의 주택이 빼곡하게 메우고 있다. 건물을 온통 분홍색과 노란색으로 칠한 핑크시티 자이뿌르, 힌두 신 비슈누를 상징하는 파란색으로 칠한 주택들로 가득한 블루시티 조드뿌르,³⁾ 황금색 모래와 사암으로 지은 건물들로 가득한 골든시티 자이살메르Jaisalmer는 그야말로 포토제닉한 광경을 선사한다. 하지만 실제로 사막에서 살아간다는 것은 어떠할까?

이곳 자연은 풍요로움은커녕 키 작고 잎 작은 관목만이 자란다. 물이 부족하니 쌀과 채소, 과일을 기대하기 어렵고 가축도 살기 힘들다. 생존 자체가 싸움이었던 라자스탄의 음식에는 이러한 환경의 영향이 고스란히 묻어 있다. 이곳 요리사들은 음식에 부족한 색감과 깊이, 뉘앙스를 설탕으로 살렸다. 때문에 라자스탄 음식은 달다는 인식이 퍼져 있기도 하다. 또 넉넉지 못한 물을 보충하고자 기와 오일을 많이 넣어 조리하기 때문에 다소 묵직한 느낌을 주는데, 여기에 균형을 이루기 위해 소화를 돕는 아사페티다, 생강, 아주와인 등의 향신료를 다량 넣는다. 국물의 베이스로 버터밀크와 요거트를 사용하기도 한다(혹은 이들을 요리에 곁들여 먹는다).

---

3) 여기에는 여러 설이 있다. 흰개미가 워낙 들끓어 방제액을 인디고(푸른색을 내는 천연염료)에 섞어서 칠했다거나, 조드뿌르를 세운 라오 조다Rao Jodha의 명령에 따라 파랗게 칠했다고도 한다. 브라만들이 자신의 집을 파랗게 칠했다는 설도 있는데 실제로는 브라만이 아닌 이들이 사는 집도 많다. 어쨌든 이 이야기에서 파란색이 브라만과 연관되는 이유도 파란색이 힌두 신을 상징하기 때문이다.

라자스탄은 인도에서 채식주의자가 가장 많은 곳이기도 하다. 이곳 면적의 3분의 1을 차지하는 말와르 지방 사람들, 즉 말와리는 앞서 까초리 편에서 이야기했다시피 사업가 커뮤니티인 동시에 대표적인 채식주의 커뮤니티이기도 하다. 이 두 가지 성격은 대도시 곳곳에 말와리 음식점을 만들어냈는데, 이곳에서 파는 라자스탄 음식 또한 전부 채식 메뉴다. 사막 기후에서 살아가야 했던 이들의 삶이 반영된 대표적인 음식이 달-바띠-추르마dal-baati-churma다. 다섯 가지 콩을 넣어 끓인 빤츠멜 달에, 물을 적게 넣고 반죽해 딱딱하게 구운 통밀빵 바띠, 그리고 기에 튀긴 바띠 반죽을 작게 부숴 재거리와 섞은 달콤한 추르마를 함께 먹는 음식이다. 여기서 추르마는 식후에 먹는 디저트가 아니라 식사 처음에든 중간에든 곁들여 먹는 일종의 반찬이다. 라자스탄 탈리에는 이 같은 단 반찬이 유난히 많다.

이곳 사람들에게 사막 기후에서도 비교적 잘 자라며 보관이 용이한 콩은 중요한 식재료다. 이들은 콩을 십분 활용해 일반적인 달(커리)은 물론 앞서 나온 까초리, 병아리콩 가루와 요거트를 섞어서 끓인 까디, 또 병아리콩 가루 반죽을 가래떡처럼 빚어 굵직하게 썰어 데친 것(가따)을 넣고 같은 이름의 커리인 가따gatta를 끓여 먹기도 한다. 다양한 콩으로 빠빠드도 만들어 먹는데, 다른 지역에서처럼 단지 식사에 바삭한 식감을 더하기 위해 먹는 것이 아니라 이를 주재료로 하여 커리를 만든다. 요거트를 기본으로 한 국물에 빠빠드를 넣어 자작하게 끓인 '빠빠드 끼 섭지papad ki subzi'가 그것으로, 이름은 '섭지'지만 꼭 커리 국물에 끓인 수제비 같다.

매운 고추를 넣어 끓이는 라자스탄의
머튼 커리, 랄 마스.

콩뿐만 아니라 옥수수와 진주조로 만든 로띠도 일상적으로 먹는다. 여기에 사막 기후에서 얻을 수 있는 야생의 검은 열매인 께르ker와 가느다란 껍질콩인 상그리sangri로 섭지(께르 상그리) 혹은 아짤을 만들어 먹는다.

라자스탄 음식을 특징짓는 또 하나의 중요한 커뮤니티는 라즈뿟이다. 힌두 라즈뿟 왕국의 왕과 귀족들은 예로부터 사냥 문화를 바탕으로 육식을 즐겨왔다. 전통적으로는 사냥해서 잡은 고기를 먹었지만, 오늘날에는 사육된 염소, 닭, 오리 등을 먹는다. 이들의 대표적인 음식인 랄 마스lal maas는 직역하면 '붉은 고기'인데, 여기서 '붉은' 것은 고기가 아니라 소스다. 마타니아mathania라는 매운 고추를 듬뿍 넣어 끓이기 때문이다. 정반대로 '하얀 고기'라는 뜻을 가진 사페드 마스safed maas라는 요리도 있다. 머튼 토막을 뼈째로 넣어 푹 끓인 뒤, 캐슈넛을 곱게 갈아 만든 페이스트와 요거트, 크림을 넣어 만든다.

대표적인 라자스탄 스위트는 게와르ghevar다. 기, 설탕, 사프론으로 색을 낸 우유를 넣은 밀가루 반죽을 튀긴 것이다. 반죽에 수분이 많아 기름이 격렬하게 끓는데, 이로 인해 게와르 특유의 벌집 같은 조직이 만들어진다. 바삭바삭한 이 과자 위에 카다멈 가루, 피스타치오, 아몬드를 올려 장식하며 라브리를 얹어 먹는다. 인접한 구자라뜨주, 하리야나주, 우따르 쁘라데쉬주 등에서도 상당히 인기 있는 스위트여서 특별한 명절이 다가오면 스위트 가게마다 크고 작은 게와르가 가득 쌓여 있는 모습을 볼 수 있다.

한국 여행객이 가장 많이 찾는 도시 자이뿌르에는 라자스탄 채식 탈리를 내놓는 식당이 많다. 하와 마할과 시티 팰리스로부터 차로 약 15분 거리에 있는 **라왓 미쉬탄 반달**Rawat Mishthan Bhandar에 들러보자. 세 가지 바띠가 나오는 달-바띠-추르마도 인기 있지만, 다른 무엇보다도 이 집을 유명하게 만든 **뻬야즈 까초리**pyaz kachori(양파를 넣은 까초리)와 게와르를 꼭 먹어보자.

주소: opp. Polovictory Cinema, Station Road, Sindhi Camp, Jaipur
영업시간: 월-일 6am~10:30pm

라자스탄 지역 별미를 단품으로 맛볼 수 있는 **스파이스 코트**Spice Court도 추천한다. 빠빠드 끼 섭지, 가따로 끓인 두 가지 커리, 께르 상그리를 비롯해 랄 마스, 사페드 마스를 내놓고 있다. 특히 곱게 간 머튼을 넣어 만든 '끼마 바띠'는 이 집의 특별 메뉴다.

주소: Hari Bhawan, Achrol House, Jacob Road, Civil Line, Jaipur
영업시간: 월-일 12pm~10:30pm

구자라뜨

구자라뜨는 아라비아해를 향해 갈고리처럼 튀어나온 까티아와르Kathiawar 반도가 대부분을 차지하는 북서부 해안 주州로, 구자라뜨어를 쓴다. 한때 작은 제후 자치령의 집합지였던 이곳은 다양한 지형과 천연자원, 장구한 역사에 수준 높은 예술, 공예, 건축, 그리고 음식 문화를 지니고 있다. 마하뜨마 간디가 이곳의 한 해안 도시에서 태어났으며, 구자라띠 사업가들 역시 두드러진 활동으로 명성이 자자하다.

까티아와르는 '기르 국립공원 및 야생동물 보호구역Gir Forest

National Park and Wildlife Sanctuary'으로 잘 알려져 있어 정글이나 푸르게 우거진 숲을 연상시키지만 오히려 불모지에 가깝다. 파키스탄과 접한 까티아와르 북부 및 서부에는 황량한 소금사막 '란 오브 꿋츠'가 펼쳐져 있다. 반면 인도 대륙에 붙어 있는 동부 구자라뜨는 푸르른 녹지대다. 이곳에서 생산되는 풍부한 유제품은 인도 최초의 국영 유제품 회사이자 버터의 대명사인 아뮬Amul을 탄생시켰다. 쌀과 밀, 메밀, 수수 등의 곡물, 풍성한 채소며 과일이 구자라띠들의 훌륭한 미적 감각과 만난 구자라띠 탈리는 맛도 있으면서 보기에도 예술적이다.

한데 1,600km에 달하는 긴 해안선을 가졌음에도 구자라뜨 인구 대다수는 채식주의자다. 이는 종교적인 배경 때문인데, 구자라뜨는 불교가 우세했던 지역일뿐더러 (불교가 탄생한 것과 비슷한 시기인) 기원전 5세기에 자인교가 탄생한 곳이기도 하다(그 뿌리는 훨씬 오래됐다고 한다). 아힘사ahimsa, 즉 비폭력을 강조하면서 모든 생명체의 살아 있을 권리를 존중하는 자인교도는 극단적이라고 할 만큼 절제하는 생활 방식을 고수해왔다. 개미 한 마리라도 밟아 죽이지 않기 위해 엄청난 주의를 기울여 걷는다든지, 아주 작은 날벌레라도 삼키지 않기 위해 코와 입을 얇은 천으로 동여맨다.

하지만 이는 수행자들의 방식으로, 보통의 자인교도는 돈을 벌고 가정을 꾸리는 등 다른 이들과 마찬가지로 살아간다. 다만 음식에서만큼은 엄격한 채식주의를 고수하며 감자, 무, 당근, 양파, 마늘, 생강, 강황 등을 먹지 않는다. 캐낼 때 땅속 벌레들을 해칠 수 있기 때문이다. 무화과나 가지처럼 생명을 잉태할 수 있는 씨앗을 지니고 있는 것도 먹지 않는다. 꿀을 따는 과정에서 벌이

구자라뜨 탈리

01. 갖가지 로띠
02. 세 가지 튀김
03. 도끌라. 병아리콩 가루가 아닌 쌀과
    검은 렌틸로 만들어 흰색을 띠는데,
    녹색 부분은 하리 쩌뜨니를 넣은
    것이다.
04. 뚜리야 빠뜨라turya patra. 어린
    뚜라이(수세미)와 토란 잎을 섞어서
    만든 섭지로, 구자라뜨에서 즐겨
    먹는다.
05. 빠니르 빠싼드
06. 로끼 끼 섭지(호리병박으로 만든 섭지)
07. 빨락 뭉 달(시금치와 녹두로 끓인 달)
08. 바따따 수키 바하지batata sukhi
    bhaji(국물 없이 만든 감자 섭지)
09. 두 가지 까디
10. 그린 파파야와 석류 샐러드, 생오이
11. 갖가지 쩌뜨니
12. 달−바띠. 라자스탄주의 영향으로
    구자라뜨에서도 즐겨 먹는다.
13. 말라이 참참malai chamcham
    (체나로 만든 벵갈 스위트)
14. 잘레비
15. 키르(현지에서는 바순디basundi라
    한다)
16. 쌀밥
17. 버터밀크. 버터밀크는 마지막에 내준다.

죽기 때문에 꿀 역시 금기 식품이며, 얇은 식용 은박이 붙은 스위트나 음식도 먹지 않는다. 동물 가죽 사이에 은 조각을 끼워 두드리는 작업을 통해 얇게 만든 것이기 때문이다. 구자라뜨를 비롯해 자인교도가 많이 사는 대도시에서 볼 수 있는 자인 레스토랑에서는 이러한 섭식 원칙을 준수한 자인 탈리Jain thali 등을 내놓는다.

물론 구자라뜨 인구 대다수는 힌두교도다. 그중에서도 비슈누신을 숭배하는 바이슈나브Vaishnav들인데, 이들 역시 비폭력과 순수한 섭식을 강조한다. 이는 브라만 계층일수록 엄격해서 심지어 피를 연상시키는 붉은색을 띤 토마토나 붉은 렌틸도 먹지 않는다고 한다. 또한 구자라뜨는 마하라슈뜨라와 더불어 소 도축을 금지하는 주다. 즉, 늙거나 병든 소일지라도 자연사만 허용하고 있다. 하지만 오늘날 다른 지역과 마찬가지로 구자라띠 힌두들의 섭식 문화도 점차 채식을 벗어나는 쪽으로 변화하고 있다.

구자라띠 채식 탈리를 먹을 수 있는 식당은 많다. 만일 구자라뜨 중심 도시인 아메다바드Ahmedabad를 여행한다면, **아가쉬예**Agashiye라는 식당을 추천한다. 1인당 1,000루피 정도로 저렴하지는 않지만 매일 신선한 재료로 아름다운 탈리를 선보인다. 구자라뜨 고유의 아짤 대여섯 가지와 쩌뜨니, 네댓 가지의 채소 요리, 콩 요리, 팔산farsan(스낵), 로뜰리rotli(로띠), 빠빠드, 스위트가 한 쟁반 가득 차려 나오는 탈리를 앞에 놓으면 마치 왕이 된 듯한 느낌이 든다. 유적지로 지정되어 있는 레스토랑 건물도 매우 아름답다. 맞은편에는 창이 특히 아름다운 시디 새야드 모스끄Sidi Saiyad Mosque가 있으니 식사를 마치고 들러도 좋겠다.

주소: The House of MG, sidi saiyed Jali, Lal Darwaja, Ahmedabad
영업시간: 월─일 12pm~3:30pm, 7pm~11pm

마하라슈뜨라

인도에서 세 번째로 넓은 주州인 마하라슈뜨라는 대부분의 땅이 데칸고원 위에 걸쳐져 있는데, 내륙으로 들어갈수록 황량하고 건조하다. 서쪽에 척추처럼 놓인 웨스턴 가츠 산줄기를 넘어가면서 해발고도가 급격하게 낮아져 아라비아해와 만난다. 마라트어를 쓰는 다양한 커뮤니티가 모여 살아온 이곳 음식은 그들 수만큼이나 다양하지만, 크게는 내륙 지방 요리와 해안 지방 요리로 구분할 수 있다. 생선 및 육류 요리가 주를 이루는 해안 지방 요리(해안 이름을 따 '꼰깐 요리'라고 한다)는 따로 소개하기로 하고, 여기서는 채식을 위주로 하는 내륙 지방 요리를 만나보자.

먼저 이들의 주식은 쌀밥인 밧bhaat과 로띠로, 이 두 가지를 늘 함께 먹는다. 특히 이곳의 전통적인 로띠는 바끄리bhakri다. 수수나 조, 굵게 빻은 통밀가루로 만든다. 쌀과 밀, 아마란스 섞은 것을 향신료로 양념해 빈대떡처럼 부쳐낸 탈리삐트thalipeeth나 도사인 암볼리amboli 역시 즐겨 먹는다. 채식 식사에는 이들 주식에 몇 가지 섭지, 달, 아짤, 쩌뜨니가 곁들여진다.[4] 앞서 렌틸 편에서 소개한 마하라슈뜨라의 별미, 우살도 기억하자. 싹 틔운 콩으로

---

[4] 마하라슈뜨라 지방에서는 섭지를 바하지bhaji, 국물 있게 끓인 커리는 라싸rassa, 달은 와란varan, 빠꼬라는 바지야bhajiya, 라삼은 사르saar라고 한다. 또한 샐러드, 라이따는 똑같이 꼬심비르koshimbir라고 부른다.

마하라슈뜨라의 비채
식 탈리.

만든 커리다. 내륙으로 들어올수록 생코코넛보다는 말린 코코넛
을 많이 사용하며, 특히 땅콩을 다채롭게 활용하는 모습이 눈에
띈다. 같은 채소 반찬이라도 코코넛과 땅콩 덕에 훨씬 고소한 맛
을 내는데, 무엇보다도 이들을 마하라슈뜨라 음식답게 만들어주
는 것은 '깔라 마살라'다.

　이들은 집에서도 탈리(접시)에 음식을 담아 먹는데, 음식을 놓
는 자리도 정해져 있다. 12시 방향에 소금을 놓는 것을 시작으로
왼쪽으로는 쩌뜨니, 가루 쩌뜨니, 라임 조각, 아짤, 샐러드, 라이
따, 요거트, 오른쪽으로는 섭지 두어 가지, 우살, 달이 놓인다. 가
운데에는 밥, 로띠, 빠빠드, 각종 와다 또는 빠꼬라가 놓인다. 때
때로 달을 쌀밥 위에 끼얹어 내기도 하는데(이는 와란 밧varan bhaat

이라고 따로 부른다), 여기에 기를 듬뿍 섞어 먹는 것으로 식사를 시작하며 마무리할 때에는 요거트에 쌀밥을 섞어 먹는다.

스위트는 2부에서 소개한 쉬르칸드에서부터 라브리, 라두 등 여러 가지를 맛볼 수 있지만 다음 네 가지를 추가하면 웬만한 마하라슈뜨라 스위트는 섭렵하는 셈이다. 납작한 밀가루 빵 속에 재거리, 병아리콩, 카다멈, 기를 반죽해 넣은 다음 굽거나 튀긴 뿌란 뽈리puran poli, 쌀가루와 재거리, 기를 반죽하여 둥글게 빚은 다음 포피시드를 묻혀 기에 튀긴 아나르사anarsa, 잘 익은 망고 과육을 곱게 갈고 카다멈 가루로 향을 더한 암 라스aam ras, 부드러운 우유 푸딩인 카르와스kharvas가 그것이다.

우리가 인도를 여행할 때 마하라슈뜨라에 가는 경우는 보통 뭄바이를 가기 위해서거나, 엘로라 석굴과 아잔따 석굴을 보기 위해 뿌네pune를 거쳐 아우랑가바드Aurangabad로 가기 위해서다. 뭄바이는 최근 해산물 요리의 인기가 압도적이어서 마하라슈뜨라 전통 음식을 파는 곳이 많지 않다. 뿌네에서는 훨씬 더 많은 식당을 찾아볼 수 있지만, 오랜 전통을 자랑하는 식당들은 간판이나 메뉴에 영어를 표기한 경우가 드물다. 하지만 누구나 탈리를 먹고 있으니 같은 걸 주문하면 된다. 이 두 도시에서 마하라슈뜨라 채식 탈리를 먹을 만한 곳을 한 군데씩 추천하자면,

1) 뭄바이에서는 **디바 마하라슈뜨라차**Diva Maharashtracha를 들러보자. 무려 네 개나 되는 메뉴판에 당황스럽겠지만, 마하라슈뜨라 메뉴를 선택하자. 여러 가지 우살이며 섭지, 달, 샐러드, 라이따 등이

길게 이어진다. 이에 더해 삶아서 으깬 감자를 동그랗게 반죽해 튀긴 바따따 와다batata vada, 라삼, 땅콩으로 만든 가루 쩌뜨니인 셍가 테차shenga thecha 등 이 지역 별미를 맛보는 것도 잊지 말자. 일일이 고르는 것이 번거롭다면 전통적인 마하라슈뜨라 탈리를 주문하면 된다. 탈리 가격은 1인당 약 600~700루피다.

주소: Lalita Giridhar Tower, Takandas Kataria Marg., Kataria
　　　Colony, Shivaji Park, Mumbai

영업시간: 월－일 12:30pm~4pm, 7pm~12:30am

2) 뿌네에서는 3대에 걸쳐 60년 동안 영업해온 **아샤 다이닝 홀**Asha Dining Hall에 가보자. 노포老鋪에서 탈리를 먹는 것은 더없이 좋은 경험이다. 메뉴판은 다행히 영어로 표기되어 있지만 파는 음식은 탈리를 뜻하는 '밀meal' 하나뿐이다. 세 가지 섭지, 달, 샐러드, 라이따, 라삼, 쩌뜨니, 요거트, 바끄리, 쌀밥, 빠빠드가 나온다. 반찬은 매일 달라지며, 메뉴판에 추가 요금을 내야 한다고 쓰여 있는 몇 가지를 제외한 모든 반찬과 밥은 얼마든지 더 먹을 수 있다. 가격은 150루피다.

주소: 1224, Dhanraj Apartment, Apte Road, Deccan Gymkhana,
　　　Pune

영업시간: 월－일 11:30am~2:30pm, 7:30pm~10pm

꼰깐 해안, 말바니 요리

꼰깐 요리는 마하라슈뜨라주에서부터 까르나따까주까지 아라비아해와 만나는 약 1,000km 해안선을 가진 꼰깐 해안 지방의 요리를 통칭한다. 여기서는 꼰깐 요리를 대표하는 '말바니 요리'를 만나보자.

마하라슈뜨라 서부 해안 도시 말반Malvan에서 유래한 말바니 요리는 코코넛, 타마린드, 꼬꿈, 풋망고를 쓰는 등 남인도 요리의 특징을 공유하고 있다. 이에 더해 말바니 요리의 독특함은 **말바니 마살라**malvani masala에서 비롯되는데, 이 마살라를 넣은 국물 요리는 진한 주홍빛에 무게감 있는 톤, 복합적인 매콤한 맛을 낸다. 간단히 설명하자면 말바니 마살라는 (마하라슈뜨라 지방에서 쓰는) 깔라 마살라에 말린 고추와 강황을 다량 추가한 것이다. 깔라 마살라가 가람 마살라에 말린 이끼류를 더한 것임을 생각하면, 결국 말바니 요리는 남인도 요리(코코넛, 꼬꿈 등)와 북인도 요리(가람 마살라를 넣은 묵직한 맛)의 특징이 절묘하게 어우러진 독특한 개성을 지녔다고 할 수 있다.

또한 해안가에서 유래한 만큼 생선 요리가 주를 이룬다. 고등어, 삼치, 병어, 봄베이 덕bombay duck 등에 말바니 마살라를 묻혀 바삭하게 튀긴 생선 튀김을 비롯해 양념한 봄베이 덕을 바싹 튀긴 수카 봄빌sukha bombil이 별미다. 특히 삼치를 넣어 끓인 생선 커리가 유명하며 상어 살코기를 넣은 매콤한 커리도 인기 있다.[5]

말반식 탈리는 생선 튀김과 생선 커리를 위주로 구성되는데, 생선 대신 말바니 치킨 커리나 머튼 커리에 와다(와데)를 곁들여 먹는 탈리(현지어로는 꼼브디 와데kombdi vade라고 한다)도 즐겨 먹는다.

---

[5] 각각을 주문할 때 전자는 '말바니 피시 커리'를, 후자는 '모리 암밧mori ambat'을 달라고 말하면 된다. 더불어 생선 이름을 알아두자. 봄베이 덕(봄빌), 삼치(수르마이), 연어(라와스), 고등어(방다), 병어(빠빨렛), 조개(띠르시야) 새우(프론), 게(크랩) 등이다.

병어(오른쪽)를 주재료로 한 말바니 탈리(왼쪽). 병어 튀김, 병어 커리에 섭지, 솔 까디, 로띠가 곁들여진 차림이다.

코코넛 밀크에 꼬꿈 우런 물과 향신료를 섞어 만든 '솔 까디sol kadhi'라는 분홍빛 음료도 말반식 식사에 빠지지 않는다. 말반 사람들은 이를 식전이나 식후에 즐겨 마신다.

채소 요리 중에서는 잭프루트로 만든 섭지인 판사치 바하지 phansachi bhaji를 꼭 먹어보자. 잭프루트는 생김새나 맛, 향이 두리안을 닮은 과일로, 어린 잭프루트는 채소로 먹는다. 이를 조리하면 보드랍고 쫄깃한 살코기를 씹는 듯한 식감이 일품이다.

말바니 요리는 말반을 비롯한 꼰깐 해안가 마을에서 쉽게 맛볼 수 있다. 특히 꼰깐 지역에서 가장 큰 도시인 뭄바이에는 말바니 요리를 내놓는 식당이 제법 많다. 작지만 현지인에게 인기 있는 **짜이딴야**Chaitanya가 그중 한 곳이다. 줄 서서 기다려야 할 수도 있지만 합리적인 가격에 맛있는 현지 음식을 맛볼 수 있다. 개별 요리로도 주문할 수 있지만 탈리를 먹어보자. 먼저 주재료로 생선, 치킨, 머튼 중 하나를 택한다. 주재료로 만든 튀김, 국물 있는 커리, 국물 없이 조린 음식 중 두 가지 또는 세 가지 모두가 나온다. 여기에 쌀밥, 빵, 솔 까디, 생양파, 라임이 따라오는데 빵은 와다, 짜빠띠, 로띠(바끄리), 도사(암볼리) 중에서 선택할 수 있다. 가격은 1인당 550루피 선이다.

주소 : 3, SK Bole Road, Dadar West, Mumbai

영업시간 : 수-일 11:00am~4:00pm, 7:00pm~10:30pm

뭄바이, 빠르시 요리

국제도시인 뭄바이에는 각국 별미가 총집합해 있다. 현대에 드리워진 이 한 겹 베일을 들춰내고 보면 뭄바이 요리에는 꼰깐 요리 및 마하라슈뜨라 요리를 기본으로, 구자라뜨에서 빠르시를 비롯한 많은 사람이 이주해 옴으로써 더해진 구자라뜨 요리에 근대 영국이 미친 영향까지 어우러져 있다. 여기서는 빠르시 커뮤니티의 요리에 초점을 맞춰보자. 빠르시 요리는 2부에서도 몇 가지 소개했는데, 이를 가장 제대로 맛볼 수 있는 곳이 바로 뭄바이다.

빠르시 커뮤니티의 조상은 약 8~10세기 페르시아로부터 인도로 이주해 온 조로아스터교 신자들이다.[6] 오랜 기간 조로아스터교를 신봉하는 페르시아 왕국들에 통치됐던 페르시아는, 7세기

---

6) 이들이 페르시아를 떠난 시기에 관해서는 여러 논란이 있다. 이슬람화된 아랍이 페르시아를 점령한 직후인 8세기라는 주장도 있고, 한 세기 반 동안 페르시아에 머무르다 10세기경에 떠났다는 주장도 있다.

도시락 배달부인 답바왈라dabbawala는 오늘날 뭄바이의 명물이다. 이들은 집에서 만든 따뜻한 도시락
을 점심시간 전에 회사로 배달한다. 배달 사고가 극히 드물어 국제 경영학계의 연구 대상이 되기도 했다.

에 이슬람화된 아랍에 점령당했다. 이후 개종을 거부하며 자신들의 신념을 고수했던 이들, 그렇지만 처형을 피해 페르시아를 떠나야 했던 이들, 즉 빠르시들은 배 일곱 척에 나누어 탄 채 인도로 향하는 항해길에 올랐다. 페르시아인에게 인도는 오랜 무역으로 익히 알려져 있는 곳이었다.

항해 끝에 이들이 당도한 곳은 인도 북서부 구자라뜨주에 위치한 항구도시, 디우Diu였다. 이들은 세 명의 다스투르dastur(성직자)를 이곳 왕에게 보내 자신들이 정착해도 될지 허락을 구하게 했다. 페르시아 성직자들을 맞은 왕 자이디 라나Jaidi Rana는 무례하게 거절하는 대신, 그릇에 넘치기 직전까지 부은 우유를 보여주었다. 왕국은 이미 가득 차 있으므로 이방인들을 위한 자리가 없다는 메시지였다. 그러자 다스투르의 수장은 우유에 설탕 한 줌을 뿌려 넣고는 이렇게 말했다. "왕이시여, 이제 우유는 달콤해졌습니다. 하지만 넘치지는 않습니다." 이에 탄복한 힌두 왕은 이들에게 정착해도 좋다는 허락을 내렸는데, 단 이 지역의 문화적 규범에 따라야 한다는 조건을 내걸었다. 예컨대 구자라뜨어로 말할 것, 여성들은 사리를 입을 것, 그들 종교를 현지인에게 강요하지 않을 것 등이었다.

이렇게 탄생한 빠르시는 800여 년간 농업으로 생계를 꾸려가는 작은 커뮤니티였다. 그러다 영국 동인도회사가 수랏에 정착하면서 관련 사업에 진출하기 시작했는데, 후에 이들이 뭄바이로 대거 이주한 것도 동인도회사가 거점을 수랏에서 뭄바이로 옮겼기 때문이다. 오늘날에도 빠르시 커뮤니티는 뭄바이에 가장 많이 거주한다. 그럼에도 이들은 여전히 구자라뜨어로 대화를 나누며 조상 대대로 오랫동안 살았던 구자라뜨 지방의 풍습을 간직하고 있다.

2부 11장에서 말했듯, 이들은 금기시하는 음식이 없고 식사에 술을 곁들이는 등 자유로운 식습관을 가졌지만 쇠고기를 먹는 일만은 가급적 자제한다. 이는 처음에 조로아스터 피난민들에게 쉼터를 제공해준 힌두 왕국에 경의를 표하는 의미로서, 지금까지도 지켜지는 전통이다.

그리하여 빠르시 요리에는 구자라뜨 요리와 페르시아 요리, 훗날 뭄바이에 정착하면서 가미된 남인도스러움이 독특하게 어우러져 있는데, 여기에 19세기 말 또 한 번 일어난 조로아스터교 탄압을 피해 이주해 온 이란인들이 더해지면서[7] 옛 페르시아의 영향이 조금 더 진해졌다. 그 자취는 그들이 만드는 뿔라우에 여전히 남아 있다. 아래에 소개할 빠르시 식당 브리타니아의 유명 메뉴인 베리 뿔라우는 이란에서 바베리를 들여와 만든다. 무굴 황제 자항기르가 특히 좋아했던 음료이자 오늘날 뭄바이를 비롯한 대도시에서 인기리에 팔리는 음료 팔루다falooda 또한 페르시아에서 유래했다. 차가운 우유, 장미 시럽, 얼린 옥수수 국수, 물에 불려 쌀알만 하게 부푼 바질 씨앗이 담긴 길쭉한 유리잔에 아이스크림이 얹어져 나온다. 달걀 푸딩인 라간 누 커스터드lagan nu custard부터 마살라가 들어간 스크램블 에그인 아꾸리akuri 등 달걀을 이용한 음식이 많은 것도 눈에 띄는데, 이는 영국인들에게

---

7) 페르시아에 남은 조로아스터교도들은 무슬림 왕조하에서 계속된 박해와 개종 압박에 시달렸다. 19세기 후반 이란의 프랑스 대사는 "한때 세계를 호령하던 이들의 후손이 이제 겨우 6,000명 남았다. 그나마 기적만이 이들을 구할 것"이라고 썼는데, 이들은 결국 자신들이 살던 마을에 행해진 무자비한 살육을 피해 인도행 배에 올라탔다.

서 받은 영향으로 보인다.

유명한 빠르시 요리 중 하나인 빠뜨라 니 마치patra ni macchi는 생선에 생코코넛과 청고추 섞은 양념을 바른 뒤 바나나 잎에 싸서 쪄낸 것으로, 뭄바이에 정착한 빠르시들 주방에 고아 요리사가 들어가면서 탄생한 음식이다. 이처럼 빠르시 요리는 코코넛, 꼬꿈 등을 광범위하게 쓰면서 점차 남인도스러움을 풍기게 된다.

뭄바이에서 빠르시 식당이며 베이커리, 카페는 주로 포트Fort 지역에 몰려 있다. 이 지역에 주둔했던 영국인 관료들이 주 고객이었기 때문이다. 이곳의 오래된 빠르시 식당인 **브리타니아**Britannia & Co.는 1923년에 문을 열었다. 그 초창기 모습을 상상하기란 별로 어렵지 않은데 폴란드에서 들여왔던 나무 의자도, 이란식 카페의 전형적인 체크무늬 식탁보도 그대로이기 때문이다. 3대째 이어져 내려오는 이 가게에서는 빠르시의 대표 요리인 베리 뿔라우, 단삭, 살리 보띠, 빠뜨라 니 마치 등을 먹을 수 있다. 하루에 단 4시간만 영업한다.

주소: Wakefield House, 11 Sport Road, 16 Ballard Estate, Fort, Mumbai

영업시간: 월-토 11:30am~4pm

마찬가지로 포트에 위치한 이란식 카페인 **아이디얼 코너**Ideal Corner도 가볼 만하다. 단삭과 살리 보띠, 빠뜨라 니 마치 외에도 금요일마다 자르달루 마르기를 특선 메뉴로 내놓는다. 아꾸리를 비롯해 아꾸리에 견과류, 건과일을 넣은 바루치 아꾸리bharuchi akuri, 무엇보다 유명한 빠르시 디저트인 라간 누 커스터드도 맛볼 수 있다.

식당 브리타니아에는 이야깃거리가 많다. 90대 노익장을 과시하는 식당 주인, 식당의 심벌이 된 수탉, 오랜 역사, 그리고 이곳 음식 맛에 대해서도 말이다(왼쪽). 오른쪽 사진은 왼쪽부터 짜빠띠, 머튼 커리 위에 감자칩을 얹은 살리 보띠, 닭고기를 넣은 베리 뿔라우다.

주소: 12 F/G, Hornby View, Gunbow Street, Fort, Mumbai

영업시간: 화−일 12pm~4pm, 7pm~10:45pm

고아

고아 요리의 흐름은 크게 두 가지다. 하나는 포르투갈의 영향을
받은 고아 크리스천들의 요리, 다른 하나는 포르투갈의 영향에
저항하면서 힌두 및 무슬림 문화의 전통을 지키며 살아온 이들
의 꼰깐 요리다. 물론 이 둘이 분명하게 경계를 긋고 있는 것은
아니어서 모호한 영역도 존재한다. 예를 들어 크리스천을 포함
해 고아 사람들에게 가장 일상적인 식사인 쌀밥과 생선 요리는
꼰깐 방식 그대로이며 포르투갈의 영향을 받은 힌두교도의 채식
요리도 존재한다.

전자(고아 크리스천 요리)에 관해서는 2부에서 대략 살펴보았다. 여기에 달콤한 케이크 한 조각을 더하자. 고아 크리스천들은 오래전부터 유럽의 케이크, 커스터드, 푸딩을 자신들의 방식으로 재해석해 만들었다. 여기에 코코넛에 대한 애정이 더해져 탄생한 것이 베빈카bebinca다. 결혼식과 크리스마스는 물론, 정찬에 반드시 등장하는 케이크다. 독특하게도 서양식 케이크처럼 한 번에 굽는 것이 아니라 여러 번 구워 만드는데, 먼저 코코넛 밀크, 기, 설탕, 약간의 밀가루, 달걀노른자로 만든 반죽으로 한 층을 먼저 구운 뒤, 그 위에 기를 바르고 다시 반죽을 부어 굽는다. 원하는 두께가 될 때까지 이 과정을 반복한다.

고아에서는 어느 식당을 가든 꼰깐 요리나 크리스천 요리를 몇 가지씩 찾아볼 수 있을 테지만, 그래도 고아 크리스천 요리를 맛볼 식당을 꼽으라면 **비바 빤짐**Viva Panjim을 추천한다. 포르투갈 양식이 섞인 주택 **폰탠하**Fontainha가 줄지어 들어선 좁은 골목에 위치해 있다. 이곳 역시 150년 된 폰탠하를 식당으로 개조한 것인데, 좌석이 그리 많지 않아 잠시 기다려야 할 수도 있다. 여기서는 2부에 소개된 고아 요리들, 즉 빈달루, 소뽀뗄, 초리조 칠리 프라이, 페이주아다를 비롯해 (소개되지는 않았지만) 실란트로, 청고추를 갈아 넣고 끓인 치킨 카프릴chicken cafreal 등 이름에서부터 포르투갈 향이 물씬 나는 음식들을 모두 맛볼 수 있다. 보통 쌀밥이나 뽀이poi라고 하는 흰 빵을 곁들여 먹는다. 마무리로는 베빈카나 캐러멜 푸딩, 혹은 두 가지 모두는 어떨까?

주소: 178, 31st January Road, Fontainhas, Panaji

어느 고아 크리스천 가정집의 풍경. 안주인인 리나 페르난데스가 만들어준, 초리조 프라이를 빵 사이에 끼운 포켓 샌드위치는 정말로 맛있었다.

영업시간: 월—일 11:30am~3:30pm, 7pm~11pm (단, 일요일에는 저
  녁시간만 영업한다)

꼰깐식 해산물 요리는 어렵지 않게 먹을 수 있다. 현지인이 많이
찾는 식당으로는 **릿츠 클래식**Ritz Classic이 있다. 걸어서 20분 거리에
분점을 낼 만큼 손님이 많은데, 이곳에서는 플래터platter라는 이름
의 탈리를 먹어보자. 생선 커리, 생선 튀김, 솔 까디, 여기에 갖가
지 섭지가 풍성한 식사를 즐길 수 있다. 생선 튀김 이름에 라와rava
가 붙은 것은 세몰리나 가루를 묻혀 튀긴다는 뜻이다. 꼰깐 지역
사람들이 좋아하는 상어 커리인 샤크 암보틱shark ambotik도 있다. 쌀
밥과 곁들여 먹어보자.

주소(본점): 1st Floor, Vagle Vision, 18th June Road, Panaji, Goa

영업시간: 월—일 12pm~3pm, 7pm~11pm

주소(분점): 234 Ground Floor, Gera Imperium II, Patto Plaza,
  Panaji

영업시간: 월—일 11am~3:30pm, 7pm~11pm

까르나따까

인도 최대 IT 업체인 인포시스Infosys의 본사가 있는 곳, 옛 마이
소르 왕국, 쿠르그와 마이소르 산자락에서 생산되는 커피, 그리
고 유네스코 세계문화유산으로 지정된 1,500년 전의 유적지를
가진 도시 함삐Hampi가 있는 주, 까르나따까는 오랜 역사를 지닌
곳이다. 고대 및 중세에 강력한 왕조가 이곳에 세워졌고, 문화 예
술에 대한 후원을 아끼지 않았던 왕들 덕분에 많은 유적지가 남

아 있으며, 인도 고전 음악의 바탕을 이룬 곳이기도 하다. 이곳 지형도 마하라슈뜨라와 비슷하게 해안가를 따라 웨스턴 가츠가 놓여 있는데 그 동쪽으로는 데칸고원이, 서쪽으로는 아라비아해가 놓여 있다.

까르나따까 요리 역시 오랜 역사를 지니고 있다. 크게 북부, 남부, 해안 지역 요리로 나눌 수 있는데 좀 더 가까이 들여다보면 까르나따까와 경계를 맞대고 있는 여섯 개 주의 요리와도 많은 부분을 공유하고 있음을 알 수 있다. 가령 마하라슈뜨라와 붙어 있는 북부는 땅콩과 참깨에 대한 애정을 공유하며, 남부에서는 께랄라·따밀나두의 도사와 이들리가 일상적인 식사다. 코코넛을 다양하게 활용하는 모습도 닮았다. 해안에서는 꼰깐 지역과 마찬가지로 해산물 요리를 즐겨 먹는데, 여기에 크리스천 요리, 육식을 하는 힌두 커뮤니티의 식문화가 섞여 '망갈로르 요리'라는 이름으로 자리 잡았다. 까르나따까 음식만 따로 떼어놓고 보면 인근 지역 음식과 별다를 바 없게 느껴질 수 있지만, 또 이를 빼놓고 보면 마하라슈뜨라 음식과 남인도 음식은 상당히 동떨어져 보인다. 까르나따까 요리는 그 사이에서 마치 그라데이션을 이루듯 아름다운 색채를 선보인다.[8]

강우량이 적고 건조한 북부에서는 수수가 많이 재배된다. 수수 가루로 만든 졸라다 로띠jolada rotti와 쌀밥이 주식으로, 이 로

---

8) 까르나따까에도 이곳 언어(깐나다어)가 있다. 쌀밥은 밧bhaat, 섭지는 빨리야palya, 달은 비얄리byali, 벨레bele 또는 빨레palle라고 하는데, 이곳에서는 독특하게도 달에 콩뿐만 아니라 페누그릭 잎, 시금치 등 잎채소를 넣어 만든다. 샐러드는 꼬삼비kosambhi, 라이따는 라이타raitha나 모사루바지mosarubaji 또는 빠차디pachadi라고 하며, 라삼과 같은 국물 음식인 사루saaru와 삼발인 훌리huli을 곁들인다. 요거트는 모사루mosaru, 커드 라이스는 모사루 안나mosaru anna, 버터밀크는 맛타mattha, 튀김은 바지bajji라고 부른다.

띠가 나오는 탈리는 '졸라다 로띠 밀'이라고 따로 부른다. 도사도
일상적으로 먹는다. 특히 버터를 넣고 구워 버터 특유의 고소한
향과 바삭함이 더해진 벤네 도사benne dosa를 즐겨 먹는데, 다반게
레Davangere라는 중부 도시에서 만들어졌다고 하여 앞에 지명을
붙여 부르기도 한다.

채소 요리 중에 북부 지역 고유의 별미로 다음 세 가지를 소개
한다. 첫 번째는 엔네가이 빨리야ennegai palya다. 십자로 가른 가
지에 땅콩, 참깨, 코코넛, 렌틸, 향신료, 말린 고추를 갈아 만든 양
념을 채운 다음 양파, 커리 잎, 타마린드, 재거리 소스에 끓인 음
식으로, 하이데라바드의 바가라 뱅간을 닮았다. 밀가루와 수수
가루로 빚은 납작한 새알심을 데친 다음 페누그릭 잎, 양파, 향신
료에 볶은 멘테 까두부menthe kadubu도 빠질 수 없는 별미다. 고춧
가루, 향신료, 양파를 볶아 끓인 양념에 병아리콩 가루를 섞어 뻑
뻑하게 만든 음식 중까jhunka(또는 삐뜰라pitla라고도 한다)도 식탁에
자주 오른다. 북부 까르나따까 음식은 전반적으로 맛이 순하다.

비자뿌르Bijapur나 벨가움Belgaum, 함삐 등 북부 도시에 가게 된다면
졸라다 로띠 밀 또는 가장 일반적인 밀을 먹어보자. 현지인들에게
물어보면 쉽게 맛볼 수 있다. 까르나따까 주도인 뱅갈루루Bengaluru
에서는 **호텔 날라빠까** Hotel Nalapaka를 추천한다. 단출하지만 깔끔한
실내에, 가격도 200루피 이하로 저렴하다. 이곳의 대표적인 메뉴
는 바나나 잎 위에 차려지는 졸라다 로띠 밀이다. 단골들 사이에서
맛있다고 소문 난 로띠에 엔네가이 빨리야, 달, 섭지, 샐러드, 요거
트, 버터밀크 등이 나오며, 로띠와 쌀밥은 계속 리필된다. 메뉴판

은 현지어뿐만 아니라 영어로도 표기되어 있다.

주소: 28, 12th Main, 1st Block, Rajajinagar, Bengaluru

영업시간: 월-일 (스낵) 7:30 am ~11:30 am, 5 pm ~8 pm

(밀) 11:30 am ~3:30 pm, 7 pm ~10:30 pm

남부 까르나따까 음식은 훨씬 생기 넘친다. 보통 '까르나따까 음식'이라고 하면 마이소르(현재 공식 명칭은 마이수루Mysuru다)를 위시한 남부 음식을 떠올리는데, 특징이라면 붉은 좁쌀인 라기를 많이 쓴다는 것이다. 로띠로 구워 먹거나 라기 가루 반죽을 공처럼 빚어 찐 라기 뭇데ragi mudde를 주식으로 먹는다. 무엇보다 남부 까르나따까에서는 비시 벨레 밧, 마살라 도사, 마이소르 팍mysore pak과 같은 전설적인 음식들이 탄생했다. 가지, 생코코넛, 커리 잎을 넣어 지은 밥인 왕기 밧vangi bath이나 땅콩, 향신료, 라임즙을 넣고 볶은 레몬 라이스(치뜨라 안나chitra anna)[9] 등 다양한 쌀 요리도 인기 있다.

남부 까르나따까의 전통 탈리는 깐나디가 우따kannadiga oota라고 한다. 바나나 잎 위에 차려지는데, 음식이 놓이는 자리며 순서가 정해져 있다. 바나나 잎 심을 기준으로 윗줄 왼쪽에 소금을 놓고 그 옆으로 아짤, 쩌뜨니, 두 가지 샐러드, 두 가지 섭지를 놓는다. 아랫줄에는 두 종류의 특별한 밥, 흰쌀밥, 삼발, 라삼, 라이따, 후식, 버터밀크가 온다. 마지막으로 기가 놓이는데 이는 음식이

---

9) 비프가 종종 쇠고기가 아닌 버팔로 고기를 가리키듯, 또 머튼이 양고기가 아닌 염소 고기를 가리키듯, 인도에서는 라임을 레몬이라 부른다. 라임즙을 넣었으니 라임 라이스라고 이름 붙여야 할 것 같지만, '레몬 라이스'라고 부른다.

졸라다 로띠 밀, 라삼, 삼발, 섭지, 달,
요거트, 아짤, 빠빠드 등이 나온다.

다 나왔으니 이제 식사를 시작하라는 신호다.

흰밥에 가루 쩌뜨니와 기를 고루 섞어 먹는 것으로 식사를 시작한다. 다음으로는 크게 세 단계로 나누어 먹는데, 먼저 밥(볶음밥이나 흰쌀밥)과 삼발을 먹는다. 이어 밥과 라삼을 먹으면서 윗줄에 놓인 음식들을 반찬 삼아 곁들인다. 마지막으로 커드 라이스를 (혹은 요거트에 밥을 섞어서) 먹는다. 그러고 나면 버터밀크를 마시면서 스위트를 먹는 일이 남는다.

벵갈루루의 **마왈리 티핀 룸**Mavalli Tiffin Room, 소위 MTR이라고 불리는 식당은 현지인들 사이에서 인기가 높다. 이곳에서 비시 벨레 밧이나 마살라 도사, 밀을 먹어보자. 바나나 잎이 아니라 탈리(접시)에 나오지만 맛은 제대로다.

주소: 14, Lalbagh Road, Mavalli, Basavanagudi, Bengaluru (분점도 있는데 이곳이 본점이다)

영업시간: 화-일 6:30am~11am, 12:30pm~2pm, 3:30pm~8:30pm

(주말은 9:30pm까지 한다)

께랄라

께랄라는 서방세계로부터 접근이 용이한 탓에 오랜 무역 역사를 지니고 있으며 그로 인해 다양한 인종, 종교, 문화가 섞여 있는 흥미로운 곳이다. 크게 북부, 중부, 남부로 나눌 수 있는데, 저마다 색채가 뚜렷해 개성 강한 음식들이 만들어진다. 지금부터 세 커뮤니티의 삼색 요리를 만나볼 텐데, 그 색깔들은 분명한 공통점을 갖고 있다. 이들 음식 모두 남인도 맛내기 삼총사를 쓴다는 것, 해안 지역이라는 데서 오는 공통적인 성격을 갖고 있다는 것, '께랄라스러움'을 지니고 있다는 것이다. 이 '께랄라스러움'이란 아주 세세한 부분을 공유함으로써 나타나는 성격을 말한다.

가령 께랄라 어디서나 눈에 띄는 것은 가게마다 송이째 매달린 바나나인데, 자세히 들여다보면 그 종류가 다 다르다. 께랄라 요리에서 바나나는 단순한 과일이 아니라 코코넛만큼이나 기본적인 식재료로, 우리에게는 다 비슷해 보이지만 이곳 사람들은 음식마다 적합한 바나나를 선택하는 데 까다로운 기준을 갖고 있다. 또한 이들은 마따 쌀로 짓는 밥에 대한 애정을 공유하고 있다. 이 쌀은 수확 후 이틀간 물에 불려놓았다가 말린다든가, 밥을 지을 때에도 충분히 불렸다가 끓인 후 식혀서 다시 끓이는 등 상당히 번거로운 과정을 거쳐야 하지만(이렇게 지은 밥을 참빠champa라

마따 쌀로 만든 참빠(왼쪽), 바스마띠 쌀로 만든 일반 쌀밥(오른쪽).

한다) 통통한 쌀알을 씹는 질감도 좋고 견과류를 연상시키는 고소한 맛도 일품이다.

먼저 께랄라 북부로 가보자. 께랄라 북부 인구 중 대다수가 무슬림 커뮤니티인 모쁠라라는 사실은 앞서 언급했다. 이는 께랄라 현지어인 말리얄람어로 새신랑을 뜻하는 '마하삘라이'에서 유래한 단어로, 7세기부터 말라바 해안에서 무역을 해온 아랍 상인들이 현지 여성들과 결혼해 새신랑이 됨으로써 형성된 커뮤니티였다. 이러한 혼인관계는 일시적이어서 아랍인들이 다시 항해에 나서 고향으로 돌아가면 무효가 되곤 했지만, 이들 사이에서 태어나 무슬림이 된 아이와 부인은 힌두 세계로 다시 편입되지 않았다. 종교는 이슬람교에, 언어는 말리얄람어를 구사하며, 서구적인 생김새를 가진 독특한 커뮤니티인 모쁠라의 요리는 다른 께랄라 요리와 상당한 차이를 보인다. 무슬림 커뮤니티인 만큼 육류 요리가 주를 이루는데, 조리 과정이 복잡하고 정교한 음식이 많으며, 남인도 음식임에도 진한 맛을 낸다는 특징이 있다.

앞서 살펴본 모쁠라 요리를 떠올려보자. 생선 요리 편에서 소개했던 깔룸막까야 프라이와 피시 비리야니, 도사 편에서 소개했던 낀나타빰과 무따말라가 이들의 음식이다. 그 밖에도 쌀가루를 코코넛 밀크에 반죽해 얇게 부친 빠티리pathiri를 즐겨 먹는데, 켜켜이 쇠고기나 새우볶음을 넣어 고기 파이처럼 만들기도 한다. 운나까야unnakaya는 삶은 플랜틴을 으깨어 반죽처럼 만든 다음, 볶은 코코넛, 튀긴 캐슈넛, 아몬드, 건포도, 스크램블 에그를 속에 채워 넣고 동그랗게 빚어 튀긴 것이다.

무엇보다도 유명한 것은 말라바리 비리야니Malabari biryani다. 북인도 비리야니와 다른 맛을 내는 요인은 크게 세 가지다. 첫째는 묵직한 톤에 화한 향을 내는 향신료 메이스, 넛멕, 팔각[10]을 넣는다는 것이며, 둘째는 코코넛 오일을 쓴다는 것, 셋째는 바스마띠가 아니라 이 지역 토종 쌀인 가늘고 짧은 까이마kaima를 쓴다는 것이다. 까이마 쌀은 특유의 향과 풍미가 좋아 말라바리 비리야니를 맛있게 만드는 가장 큰 요인이라고 하는데, 이를 이해하려면 역시 직접 먹어볼 수밖에 없는 듯하다. 오랫동안 볶은 양파에 향신료와 주재료를 넣어 익히기 때문에 완성된 비리야니는 갈색을 띤다. 주로 머튼이나 닭고기를 넣어 만들지만, 삼치를 넣은 피시 비리야니도 별미다.

북부 께랄라 중심 도시인 꼬리꼬드에서는 이들 께랄라 요리를 맛보기 쉽다. 모쁠라 요리를 내놓는 식당이 여러 곳 있으며, 비리야니로 유명한 가게도 있다. 그중에서도 모쁠라 여성이 운영하는 작은 식당인 **자인스 호텔**Zains Hotel을 추천한다. 여성이 집 밖에서 일하지 않는 관습을 깨고 당당하게 가게를 꾸려온 주인은 모쁠라 고유의 음식들을 내놓고 있어 위에 소개한 음식 대부분을 맛볼 수 있다. 무엇을 먹든 마지막에는 술래마니 짜이[11]를 잊지 말자.

주소: Convent Cross Road, South Beach, Calicut HO, Kozhikode
운영시간: 월 – 일 7am ~ 11pm (식사는 12pm ~ 10pm)

---

10) 스타아니스Star Anise라고도 한다. 중국이 원산지인 향신료로 달콤한 향이 강하며, 약간의 쓴맛과 떫은맛을 낸다.
11) 모쁠라들이 즐겨 마시는 전통적인 홍차다. 카다멈, 클로브, 인도 월계수 잎 등 통향신료를 넣고 끓인 홍차에 설탕과 라임즙을 넣어 마시며, 우유나 크림은 넣지 않는다.

께랄라 중부 인구를 주로 구성하는 것은 크리스천 커뮤니티다. 1세기경 인도 말라바 해안에서 선교 활동을 하다 순교한 사도 성 토마스로부터 시작됐다고 하는 시리안 크리스천Syrian Christian, 현지어로는 나스라니Nasrani라고 불리는 커뮤니티다.[12]

앞서 이들의 쇠고기 요리를 살펴봤는데(308쪽 참조), 돼지고기 요리 또한 유명하다. 그중에서도 까빠 빤니kappa panni 커리(말리얄람어로 '카사바와 돼지고기'를 뜻한다)는 청고추와 고춧가루를 넣어 매콤하게 끓인 돼지고기 커리에 삶은 카사바를 곁들인 것이다. 뿌리 작물인 카사바는 께랄라에서 쌀만큼이나 일상적인 주식으로, 감자 같은 맛에 식감은 (섬유질이 있어) 고구마와 유사하다.

이 밖에도 고기나 생선에 감자, 당근, 카사바, 껍질콩, 완두콩 등을 넣고 끓인 이쉬뚜ishtoo나 덕 로스트duck roast 같은 오리 요리를 즐겨 먹는다. 마지막으로 한 가지 더 소개할 음식은 에그 커리인 무따 로스트mutta roast다. 양파, 토마토, 코코넛을 진하게 끓인 커리에 통째로 들어 있는 삶은 달걀을 으깨서 잘 섞은 다음, 부드러운 아빰이나 바삭한 빠로따에 얹어 먹는다.

시리안 크리스천의 음식을 내놓는 식당 중에서는 퓨전 베이Fusion Bay를 추천한다. 이곳에서는 시리안 가정식 탈리를 비프 커리, 생선 커리, 민 마빠스 등 여러 가지 메뉴 중에 선택해서 먹을 수 있다.

12) 본래 서기 1세기, 예수의 12사도 중 한 사람인 성 토마스St Thomas the Apostle에 의해 개종된 기독교인들이라고 이야기된다. 성 토마스 사후 수백 년이 흘러 께랄라에 새로이 개종 흐름이 일었는데, 시리아인이자 기독교도였던 상인 토마스 카나Thomas Cana가 고향 사람들을 말라바 지역으로 이끈 데서 비롯됐다. 시리아에서 건너온 이들과 현지에서 개종한 께랄라인들은 고대 시리아어로 쓰인 성경을 읽었고, 예배도 시리아식으로 올렸다. 오늘날 께랄라 인구 중 20%를 차지하는 크리스천 중에는 이들 시리안 외에도 16세기 포르투갈에 의해 개종된 라틴 가톨릭이 포함된다.

머드 크랩. 바다를 끼고 있는 만큼 께랄라에서는 해산물을 즐겨 먹는다.

코코넛과 커리 잎으로 맛을 낸 채소 볶음(이를 '토란thoran'이라고 한다)
과 카사바, 쩌뜨니, 빠빠드, 참빠 등이 곁들여진다. 아빰을 추가해
서 먹어보자.

주소: KB Jacob Road, near Santa Cruz Basilica Church, Fort
        Kochi, Kochi

영업시간: 월−일 12pm~10pm

께랄라 가장 남쪽은 옛 힌두 왕국 뜨라반코르Travancore가 자리했
던 곳으로, 지금도 힌두가 인구의 주를 이룬다. 이곳 브라만인 남
부디리Namboodiri 커뮤니티는 채식을 준수하지만 다른 힌두교도
들은 생선이나 육류 요리를 먹는다. 이들이 일상적으로 즐기는
생선 커리, 생선 튀김을 비롯해 민 뽈리짜투는 2부 12장에서 살
펴봤다. 그 밖에 새우(쳄민), 오징어(꾼탈), 게(난두)를 주재료로 한
요리도 있다. 고춧가루, 후추, 샬롯, 커리 잎을 넣은 매콤한 오징
어 볶음인 꾼탈 로스트koonthal roast나 새우에 드럼스틱을 넣고 끓
인 쳄민 모링가 커리chemmeen moringa curry, 매콤하고 걸쭉한 국물
에 게를 넣고 끓인 난두 커리njandu curry 등 해산물 요리도 꼭 먹
어보자.

  평소에 해산물이나 육식을 즐기는 힌두일지라도 추수감사절,
결혼식 같은 특별한 날에 먹는 정찬 '사디야'는 언제나 완전 채식
요리로 차려진다. 바나나 잎 위에 바나나칩인 우뻬리, 재거리에
버무린 바나나 튀김, 키르(빠야삼), 빠빠드, 아짤, 라이따, 채소 볶
음, 아비얄을 비롯해 삼발, 라삼, 박 등의 덩어리 채소를 코코넛
밀크에 끓인 올란olan 등 힌두 가정에서 먹는 채식 요리 20여 가

지가 놓인다. 이어 참빠나 흰쌀밥이 놓이고 달을 부어주면 식사
를 시작한다.[13]

께랄라 힌두의 완전 채식을 즐길 수 있는 곳으로는 께랄라 주도인 뜨
리반드룸Trivandrum의 **마더스 베지 플라자**Mothers Veg Plaza를 추천한다.
사디야가 저렴하면서도 맛이 좋아 현지인들 사이에 인기가 높다.

주소: Bakery Junction, near Russian Culture Centre, Trivandrum

영업시간: 월-일 7am~11pm (사디야는 12:30pm~3:30pm에 주문 가능)

께랄라에 해산물 요리를 먹을 수 있는 곳은 많다. 만약 코친에 있
다면 현지 분위기가 물씬 풍기는 **샤뿌 까리**shappu curry를 추천한다.
냉장고를 전혀 사용하지 않고 그날 사온 재료로 점심식사 한 끼만
만들어 내놓는 것으로 유명하다. 샤뿌는 흔히 토디(코코넛 수액을 발효
시킨 술)를 파는 술집을 일컫지만, 술은 전혀 팔지 않는다. 민 커리(민
물라껏따루, 민 마빠스 등)나 피시 프라이, 까리민 뽈리짜투 등 주요리를
시키면 바나나 잎 위에 쌀밥, 아짤, 채소 볶음, 작은 조갯살을 코코
넛과 함께 바싹 볶은 깍까 이라치kakka irachi 등이 기본으로 차려지
는데, 이는 얼마든지 더 먹을 수 있다.

주소: TD Road, behind Maharajas College, Marine Drive,
        Ernakulam, Kochi

영업시간: 월-토 11:30am~3pm (2시 이전에 가는 것이 좋다)

13) 께랄라 현지어(말리얄람어)로 달은 빠리뿌parippu, 빠빠드는 빠빠담papadam, 채소 볶음은 토
란thoran, 쩌뜨니는 참만티chammanthi, 라이따는 빠차디pachadi, 버터밀크는 모루moru라고
한다.

께랄라의 사디야

01. 키르(빠야삼)
02. 삼발
03. 라삼
04. 버터밀크
05. 라이따(빠차디)
06. 와라이뿌 토란(바나나 꽃 볶음)
07. 아비얄
08. 올란
09. 소금

10. 아짤
11. 타이르 물라꾸thyre mulaku. 요거트와 소금에
    절인 청고추를 말려서 튀긴 것이다.
12. 꾸르마kurma(국물이 약간 있도록 끓인 섭지)
13. 로띠
14. 빠빠드(현지에서는 빠빠담papadam이라 한다)
15. 참빠. 위에 끼얹은 것은 뭉 달(녹두로 만든 달,
    현지에서는 뭉 빠리뿌라 한다)이다.

17

〰〰〰

벵골만 바다를 따라,
남에서 북으로

: 따밀나두주에서 웨스트벵갈주까지

꼴까다
Kolkata

부바네스와르
Bhubaneswar

뿌리
Puri

하이데라바드
Hyderabad

첸나이
Chennai

뽄디체리
Pondicherry

마두라이
Madurai

따밀나두

따밀나두로 접어들면, 땅 끝 마을 깐야꾸마리Kanyakumari에서부터 바다는 벵골만으로 바뀐다. 동남아시아를 향해 열려 있는 벵골만 해안은 유럽 열강들이 특히 눈독 들였던 전략적 요충지였다. 과거 마드라스라고 불렸던 첸나이는 영국 동인도회사의 주요한 거점 역할을 했고, 뿐디체리는 근래까지 프랑스 영토였으며, 여러 항구 도시에는 영국과 덴마크가 지은 요새가 여전히 남아 있다. 하지만 무엇보다 흥미로운 것은, 이 땅에 신석기 시대부터 무려 4,000년 동안이나 살아온 따밀인이다.

따밀인은 고대부터 상감Sangam이라 불리는 문학[14]을 비롯해 고유한 음악, 미술, 건축을 발전시켜왔다. 여러 힌두 왕국이 세운 사원이나 궁전은 그 역사도 유구하지만 독특한 건축 양식으로 많은 관광객이며 순례자를 끌어들인다. 부와 높은 문화 수준을 바탕으로 고대 그리스, 로마, 이집트, 아랍, 페르시아 등과 빈번히 교류했고 한때 동남아시아 일대를 장악하면서 많은 영향을 주고받았을 따밀인의 음식은 과연 어떠할까? 따밀나두 편에서는 오랜 채식 전통을 지켜온 따밀 브라만 커뮤니티의 요리, 이와는 대조적으로 무역에 종사하면서 외부로부터 다양한 영향을 흡수해 온 체띠얄 커뮤니티의 요리를 만나본다.[15]

---

14) 상감 시대(기원전 3세기~기원후 3세기)에 따밀어로 쓰인 문학을 말한다. 인간의 감정과 세속의 삶을 표현한 2,000여 편의 시가 전해지고 있으며, 당대 생활을 엿볼 수 있을 뿐 아니라 따밀인들의 높은 문화 수준을 보여주는 사료로 평가된다.

15) 복잡하겠지만, 따밀나두에도 고유한 언어가 있다. 따밀어로 채소 볶음은 뽀리얄poriyal이라 한다. 채소, 콩, 코코넛을 끓여 만든 국물 음식은 꾸뚜kootu, 삶은 콩을 코코넛과 향신료에 볶은 것은 순달sundal이라 한다. 국물이 자작하게 끓인 음식은 꾸람부kuzhambu 또는 꾸르마kurma, 쩌뜨니는 토가얄thogayal, 라이따는 빠차디pachadi, 빠빠드는 아빨람apalam이라고 한다. 와루왈varuval은 국물 없이 바싹 조리거나 볶은 음식을 말하며 추까chukka도 마찬가지다. 이 밖에도 삼발, 라삼, 아비얄, 도사, 이들리, 우따빰, 빠니야람, 이디야빰, 뿌뚜 등을 일상적으로 먹는다.

북인도에 무슬림 왕조가 세워지면서 힌두교도, 특히 브라만 계층 사람들은 개종 압박을 피해 남인도로 대거 이주했는데, 특히 많은 수가 따밀나두에 정착했다. 줄여서 '땀브람Tambram'이라고도 불리는 따밀 브라만들은 힌두 경전에서 강조하는 규율을 철저히 따라 조리한다. 일상적인 식사도 신에게 먼저 일부를 봉헌한 뒤에 먹기 때문에, 이들에게 조리는 곧 신에게 바칠 음식을 만드는 것이었다. 따라서 아침에는 목욕재계를 하고 기도를 올린 뒤에 부엌으로 들어가며, 식재료는 흠이 없고 신선한 것을 사용한다. 조리 도중에 맛을 보는 일조차 하지 않는다.

인도 힌두 사회에서는 브라만의 손이 가장 순수하다고 여겼기 때문에 전통적으로 결혼식 연회나 사원의 음식은 전부 브라만 계급이 만들었다. 실제로 이러한 연유로 땀브람 중에는 요식업계에 종사하는 이들이 많다(간을 보지 않고도 훌륭한 맛을 만들어내는 이들의 실력은 전설처럼 회자된다). 이들이 순한 맛의 채식 식단(메뉴 자체는 남인도 다른 지역과 비슷하다)을 준수하는 것은 당연해 보인다. 오히려 특징적인 점은 짜이가 아닌 커피를 마신다는 점이다. 식사 후에는 물론 오후 서너 시가 되면 이들리, 도사, 와다 등 간단한 스낵을 곁들여 커피를 마신다. 따밀나두를 여행한다면 땀브람식 오후 '커피 타임'도 즐겨보자.

첸나이 까빨리쉬와라 템플Kapaleeshwara Temple 근처에는 1950년에 문을 연 **까르빠감발 메스**Karpagambal Mess가 있다. 마치 힌두 사원에 온 듯한 느낌을 주는 이곳에서는 전통적인 따밀 브라만의 커피 타임 스낵을 내놓는다. 난감하게도 메뉴판에는 따밀어만 표기되어 있지

만 종류는 크게 도사, 와다, 이들리 세 가지다.

이들리는 한 가지, 도사는 기본적인 니르 도사에서부터 가루 쩌뜨니를 뿌린 것(뽀디 도사), 시금치를 섞은 것(까라이 도사), 세몰리나로 만든 것(라와 도사), 마살라 도사가 있다. 또 이곳에서는 하루에 다섯 차례, 각기 다른 종류의 와다를 튀겨내니 기본적인 메두 와다와 때에 따라 달라지는 특별한 와다를 먹어보자. 커피를 곁들여서 말이다.

주소: 20, East Mada Street, Mylopore, Chennai

영업시간: 월-일 7am~10pm

첸나이에서 따밀나두 정찬을 먹기 좋은 곳으로는 **마쁠라이**Maplai가 있다. 점심시간에는 20가지 음식이 나오는 채식 또는 비채식 탈리(남인도 식당이지만 메뉴에는 '밀'이 아니라 '탈리'라고 쓰여 있다. 가게 주인 마음이다)를 먹을 수 있다. 요리가 좋아서 셰프가 됐다는 주인의 열정이 가득한 곳으로, (이 책에서는 일일이 다루지 못한) 따밀나두주 여러 지역의 별미를 내놓고 있으니 추천을 받아 시도해봐도 좋겠다.

주소: 14, Sterling Avenue, Nungambakkam, Chennai

영업시간: 월-일 12pm~3pm, 7pm~11pm

땀브람과는 대조적으로 고기, 생선, 매콤한 음식을 사랑하는 체띠얄 커뮤니티의 남다른 음식 역사는 고대로 거슬러 올라간다. 남인도 촐라Chola 왕조 시대에 코로만델 해안가에 살며 쌀·소금을 무역하거나 항해 물품을 파는 선구상船具商으로 일했던 체띠얄들은 8세기 거대한 쓰나미에 많은 것을 잃고 바다를 떠나 메마른 남부 내륙인 까라이꾸디Karaikudi로 대거 이주했다(지금도 이 지역에는 75개의 체띠알 집성촌이 있으며, 저마다 대가족을 이루고 산다). 이들은 여기서 대금업자로 일했는데, 당시 첸나이에 거점을 마련했던 영국 동인도회사와 관계를 맺게 되면서 인근의 실론, 미얀마를 비롯해 서로는 아프리카, 동으로는 극동 지역에까지 사업을 확장했다.

체띠알 요리는 이러한 삶의 궤적을 고스란히 드러낸다. 민 꾸람부-meen kuzhambu(생선 커리)에서부터 게 커리, 새우 커리, 샥스핀 커리, 바나나 잎에 싸서 구운 생선[16] 등 많은 해산물 요리는 이들이 바닷가에 살았던 시기의 유산이다. 척박한 땅으로 이주해 건조한 기후에서 살아가면서부터는 메추라기, 토끼, 멧비둘기, 칠면조 등 야생 가금류와 고기를 조리해 먹기 시작했고, 고기를 말리거나 채소를 절이는 등 저장법이 발달했다. 외국과의 빈번한 교류로 외래 식재료, 향신료, 조리법 등이 더해지면서 식단은 더욱 풍성해졌다. 시나몬과 유사한 향이 나는 깔빠시kalpasi, 검은색을 띤 길쭉한 모양새에 후추와 머스터드를 섞어놓은 듯 매콤한 향을 내는 마라티 모구marathi moggu, 말린 생강인 수꾸sukku, 스리랑카산 시나몬 등 이국적인 향신료에 더해 후추, 카다멈, 넛멕, 팔각, 청고추와 고춧가루를 넉넉히 넣는 체띠나드 요리는 상당히 맵고 독특한 풍미를 갖는다.

마두라이를 여행한다면 차로 2시간 거리에 있는 체띠알 도시, 까라이꾸디에도 들러보자. 헤리티지 호텔로 개조된 궁정식 맨션에서의

---

16) 게 커리는 난두 마살라nandu masala, 새우 커리는 에럴 마살라eral masala, 샥스핀 커리는 수라 뿌뚜sura puttu, 바나나 잎에 싸서 구운 생선은 왈라이 얠레이 민vaalai yaley meen이라고 한다.

숙박도 색다른 경험이 될 것이다. 까라이꾸디 중심가에는 체띠얄의 비채식 식사를 내놓는 식당이 여럿 있다. 그중에서도 **프렌즈 패밀리 레스토랑**Friends Family Restaurant을 추천한다. 밀을 시키면 바나나 잎 위에 쌀밥, 두 가지 채소 볶음, 생선·치킨·머튼 커리가 그릇에 조금씩 담겨 나온다. 여기에 한 가지 요리를 추가할 수 있는데, 정통 체띠나드 치킨이나 까다이 프라이kadai fry(메추라기를 양념해 통째로 튀긴 것), 크랩 마살라, 프론 마살라, 피시 프라이 중에 선택해서 먹어보자.

주소: 100 Feet Road, TT Nagar, Karaikudi

영업시간: 월-금 11:30am~2:30pm, 6pm~10pm

　　　　　토-일 11:30am~10pm

하이데라바드와 안드라

안드라 쁘라데쉬와 최근에 여기서 주州로 독립해 나간 뗼랑가나를 통틀어 '안드라' 지방이라 한다. 안드라 쁘라데쉬주 주도인 하이데라바드의 요리가 워낙 독특한 탓에(1부 비리야니 편에서 이야기했다시피 하이데라바드 요리는 주변 지역 음식과는 완연히 다르다), 일반적인 안드라 요리는 잘 드러나지 않는다. 하이데라바드를 여행하게 된다면 먹거리 1순위는 당연히 비리야니다. 할림과 달차dalcha가 그 뒤를 기다리고 있다. 달차는 고기를 넣은 달이라고 할 수 있다. 토막 낸 머튼을 푹 끓여 국물을 진하게 우려내는 것이 특징이다. 비리야니, 할림, 달차 모두 하이데라바드 니잠 왕조 때 발달하여 대표적인 먹거리로 자리 잡았다. 다진 머튼과 렌틸로 만든 반죽을 둥글납작하게 빚어 굽는 샤미 께밥은 니잠 왕조를 거치면서 그 속에 빠니르로 만든 소를 도톰하게 채워 넣어 더욱 고급스러

안드라 채식 탈리

01. 세 가지 뽀디. 밥에 비벼 먹는 반찬으로, 따밀나두주에서 먹는 '까리 뽀디'(여러 가지 향신료, 말린 고추, 렌틸, 커리 잎을 볶아서 가루로 빻은 것)를 안드라 지방에서도 먹는다.
02. 비라까야 빠뿌beerakaya pappu. 어린 뚜라이(수세미)를 넣어 끓인 달이다.
03. 세 가지 쌀밥
04. 까까라까야 웨뿌두kakarakaya vepudu(여주 볶음)
05. 굴랍 자문
06. 라이따(빠차디)
07. 라삼(차루)
08. 삼발
09. 두 가지 튀김. 왼쪽은 양파, 오른쪽은 빠르왈(박)을 튀긴 것이다.
10. 알루 따마따르 꾸라aloo tamatar koora (감자, 토마토로 만든 섭지)
11. 요거트(뻐루구)
12. 쩌뜨니(빠차디)
13. 라기 상가띠
14. 흰쌀밥 위에 뽀디를 뿌린 것이다.
15. 아짤
16. 빠빠드(현지에서는 뽀빠담poppadam이라 한다)
17. 조나 로띠jonna roti(수수로 만든 로띠)

운 쉬깜뿌리 께밥shikampuri kebab으로 재탄생했는데, 이 또한 먹어 볼 만하다. 유명한 하이데라바드 스위트는 튀긴 식빵을 장미 시럽에 적신 샤히 뚜끄라shahi tukra, 건살구를 설탕물에 넣고 조린 뒤 생크림을 올려 먹는 쿠바니 까 미타khubani ka meetha다.

하이데라바드의 차르미나르Charminar 근처에는 니잠식 무굴 요리를 파는 '전설적인' 식당들이 있다. 그중 하나가 **호텔 샤답**Hotel Shadab이다. 메뉴판을 펼치면 치킨과 머튼으로 이렇게 다양한 음식을 만들수 있다는 사실에 눈이 휘둥그레질 것이다. 뻔자비 딴두르 요리를비롯해 거의 모든 무굴식 요리를 먹을 수 있지만, 비리야니를 주문해 먹어보자. 머튼과 치킨 모두 인기 있다.

주소: 21, opp. Madina Building, High Court Road, Ghansi Bazar, Hyderabad

영업시간: 월-일 5am~12am

삐스따 하우스 Pista House는 하이데라바디 할림으로 엄청나게 유명하다. 미국과 아랍에미리트 등지에 분점을 냈을 정도다. 다만 라마단 기간에만 만든다(정확한 날짜는 해마다 달라지며 보통 5~6월 사이에 한 달 동안 이어진다). 스위트 가게도 겸하고 있어 앞서 언급한 쿠바니 까 미타를 비롯해 다양한 스위트를 맛볼 수 있다.

주소: opp. Princess Esra Hospital, Charminar Road, Shalibanda, Hyderabad

영업시간: 월-일 11am~11:30pm

안드라 지방 요리는 크게 둘로 나눌 수 있다. 해안 지역에서는 쌀밥, 렌틸에 해산물과 육류를 먹는 한편, 내륙 지역에서는 쌀, 수수, 조 등을 주식으로 콩과 채소가 반찬으로 올라오는 채식 식사를 한다. 하지만 비채식 인구도 적지 않으며, 이들은 머튼과 닭고기로 자신들만의 커리와 뿔라우를 만든다. 이들 지역의 요리는 향신료를 쓰는 방법이나 선호하는 기름, 단맛을 가미하는 성향 등의 차이로 맛이 조금씩 다르지만, 여기서는 하이데라바드와 대조를 이루는 선상에서 하나로 뭉뚱그려 '안드라 요리'[17]라는 이름으로 살펴보자.

공통적인 특징은 향신료를 인도에서 가장 넉넉하게 넣는다는 점, 고추가 많이 재배되는 지역답게 청고추, 홍고추, 말린 고추, 고춧가루 등을 풍부하게 쓴다는 점이다. 매운 요리로 정평이 나, 맵기를 조절해서 주문할 수 있는 식당도 있다. 풋고추 튀김도 흔히 볼 수 있으며 말린 고추를 튀겨서 식사에 곁들여 먹기도 한다. 또한 콩을 다채롭게 활용하는데, 독특한 콩 요리 중 하나가 빠똘리patoli다. 간 병아리콩을 양파와 함께 푸슬푸슬하게 볶아낸 것으로, 감칠맛과 고소함, 청고추가 내는 매콤함이 매력적이어서 어떤 것에 곁들여 먹어도 맛있다.

---

17) 안드라 쁘라데쉬, 뗄랑가나에서는 뗄루구어를 쓴다. 뗄루구어로 커리처럼 국물 있게 끓인 음식은 꾸라koora, 섭지나 채소 볶음은 웨뿌두vepudu, 타마린드를 넣어 새콤하게 끓인 커리는 뿔루수pulusu, 달은 빠뿌pappu, 국물이 거의 없게 만든 커리는 이구루iguru, 튀김은 바지bajji, 라삼은 차루charu, 쩌뜨니와 라이따는 똑같이 빠차디pachadi라고 하며, 요거트는 뻬루구perugu, 버터밀크는 마지가majjiga라고 한다.
식재료 이름도 알아두자. 닭고기는 꼬디kodi, 머튼은 맘삼mamsam, 달걀은 굿두guddu, 생선은 체빨라chepala, 새우는 로얄라royyala, 감자는 알루갓다alugadda, 가지는 완까야vankaya, 오크라는 벤다까야bendakaya, 양파는 울리굿다vulligudda, 시금치는 빨라꾸라palakura, 실란트로는 꼬티미라kothimeera, 청고추는 빠치 밀치pachi mirchi라고 한다.

주식은 안남annam이라고 부르는 쌀밥과 수수, 라기로 만든 로
띠와 상가띠sangati다. 상가띠는 물에 쌀을 넣어 끓이다가 수수 가
루나 라기 가루를 넣고 약불에서 계속 저어주면서 익힌 것이다.
따밀나두에 인접한 영향으로 이들리와 도사도 즐겨 먹는다. 특
히 녹두로 만들어 녹색을 띠는 뻬사라뚜 도사pesarattu dosa는 이곳
에서만 볼 수 있다. 여기에 코코넛 쩌뜨니나 생강 쩌뜨니를 곁들
여 먹는다.

안드라 지방은 인도 대륙에서 공구라gongura[18]라는 독특한 채
소를 활용한 음식을 맛볼 수 있는 유일한 곳이기도 하다. 공구라
로 만든 쩌뜨니, 공구라를 넣어 끓인 머튼 커리(공구라 맘삼gongura
mamsam)가 유명하다.

안드라 지방 스위트는 다른 곳과 명칭은 다르지만 생김새는
비슷하다. 라두, 키르에서부터 밀가루 반죽에 병아리콩, 재거리,
코코넛 섞은 것을 채워 넣고 얄팍하게 민 다음 구워낸 박샬루
bhakshalu,[19] 쌀 반죽에 재거리, 렌틸, 견과류를 채워 넣고 동그랗
게 빚어 기에 튀겨낸 뿌르날루poornalu 등이 대표적이다.

자, 드디어 먹으러 갈 시간이다. **라얄라시마 루출루**Rayalaseema Ruchulu
는 이제 10년이 조금 넘은 가게지만, 비리야니와 할림에 대한 열
정으로 가득 찬 하이데라바드에서 곳곳이 정통 안드라 요리를 선

---

18) 영어로는 로젤roselle이라고 하는 식물의 잎을 말한다. 줄기며 꽃, 열매 전부 새빨간데, 꽃받침
은 말려서 차로 마신다.
19) 구자라뜨와 마하라슈뜨라에서는 뿌란 뽈리puran poli, 까르나따까에서는 홀리게holige 또는 오
바뚜obbattu, 께랄라와 따밀나두에서는 볼리boli라고 부르는 달콤한 로띠다. 티타임 간식으로
많이 먹는다.

공구라를 넣어 끓인 머
튼 커리, 공구라 맘삼.

보이고 있다. 이곳에서 꼭 먹어봐야 할 것은 라얄라시마 탈리 Rayalaseema thali다.[20] 채식, 육류, 해산물 중 하나를 택할 수 있다.

개별 메뉴 중에서는 공구라 맘삼, 시골풍 치킨 커리(나뚜 꼬디 뿔루수 natu kodi pulusu), 타마린드와 토마토 소스에 끓인 생선 커리(넬로르 체빨라 뿔루수Nellore chepala pulusu), 매콤하게 끓인 게 커리(삐딸라 이구루 peetala iguru), 양념을 채운 작은 가지를 매콤 새콤한 소스에 끓인 요리(구띠 완까야 꾸라gutti vankaya koora) 등을 흰쌀밥이나 로띠와 함께 먹어도 좋겠다.

주소: opp SVM Mall, near Peddamma Gudi Temple, 36th Square, Level 5, Road 36, Jubilee Hills, Hyderabad

영업시간: 월-일 11:30 am ~4 pm, 7 pm ~11:30 pm

오디샤

안드라 쁘라데쉬에서 북으로 올라가면 벵골만에 접한 오디샤와 만난다. 힌두들의 거대한 순례 행렬인 라트 야뜨라Rath Yatra의 종착지 중 하나인 뿌리Puri의 자간나트 사원Jagannath Temple과 관광 명소인 꼬낙Konark의 태양 사원Sun Temple이 이곳을 상징하는 이미지다.

전설에 따르면, 비슈누 신은 인도의 네 곳에서 각각 목욕을 하고, 명상하고, 식사를 하고, 잠에 들었는데, 그중 식사를 한 곳이 바로 자간나트 사원이다. 그리하여 사원 주방에서는 매일 신에게 올릴 음식을 만드는데 그 종류가 무려 56가지에 달해 '위대

---

20) 라얄라시마는 남부 내륙을 가리키는 말이지만, 여기서는 안드라 요리를 대표하는 이름으로 쓰였다고 할 수 있다. 해안 지역과 뗄랑가나(북부 내륙) 지역 요리까지 섞여 있기 때문이다.

한'이라는 접두어를 붙여 마하쁘라사드mahaprasad라고 부른다. 이는 뿌자(힌두교 기도 의식)를 거친 뒤 신도들에게 유료 대중공양 형식으로 제공되는데, 매일 10만 명이 넘는 신도가 몰려든다. 음식은 수천 년 전해 내려온 전통 조리법을 철저히 지키면서 만들어진다. 요리사 400명 모두 브라만 계층이며 장작불을 때고 토기 냄비를 사용한다. 또한 예부터 그 땅에서 난 채식 재료만 쓰기 때문에 감자, 토마토, 콜리플라워, 고추 등 외래 식재료는 찾아볼 수 없다. 사원에는 힌두교도만 출입할 수 있어 외국인인 우리는 마하쁘라사드를 맛볼 기회가 없다. 하지만 인구 대부분이 힌두교도인 오디샤의 오디야Odiya 요리에는 힌두 사원의 오랜 조리 전통이 깊이 배어 있어, 결혼식이나 명절 음식은 마하쁘라사드 형식을 따라 만들어진다.

웨스트벵갈과 가까운 북부에서는 벵갈처럼 머스터드 간 것, 포피시드 간 것, 머스터드 오일을 양념으로 쓰며, 안드라와 인접한 남부에서는 커리 잎, 타마린드를 많이 쓴다. 전반적으로는 빤츠 포란과 말린 풋망고 가루(암불리ambuli), 요거트를 요리에 빈번히 사용하는 것이 특징이다.

오디샤 역시 500km에 달하는 해안선을 갖고 있는 만큼 해안 지역에서는 생선(마차), 게(깐까다) 등의 해산물, 치킨이나 머튼(망쇼)도 식단에 오른다. 생선을 요거트 국물에 끓인 다히 마차dahi machha, 새우에 뽀이poi,[21] 토란, 호박 등을 넣고 끓인 뽀이 칭그

---

21) 뽀이는 잎이 두툼하고 둥글며 잎자루가 짤막한 잎채소다. 뽀이의 매력을 가장 잘 드러내는 조리법은 새우나 작은 생선을 넣어 끓이는 것인데, 이렇게 하면 감칠맛이 배가될 뿐만 아니라 뽀이의 연한 줄기가 아스파라거스 같은 아삭한 식감을 낸다.

리poi chinguri가 별미다. 채소 요리에는 어린 잭프루트, 플랜틴, 바나나 꽃과 줄기, 그린 파파야, 박을 풍성하게 사용한다. 바나나 나무 줄기를 곱게 간 머스터드와 포피시드, 요거트에 끓인 만자 라이manja rai, 잭프루트 커리인 빠나샤까타 라싸panashakatha rassa가 대표적인 요리이며, 특히 여러 가지 채소를 잘게 다져 콩과 함께 끓인 음식(달마dalma)을 즐겨 먹는다.[22]

이곳에서는 흰쌀밥 말고도 빠칼 밧pakhal bhat을 주식으로 하는데, 오디샤 지역 별미로도 유명하다. 커드 라이스를 아주 묽게 만든 것으로 더운 날씨에 술술 넘어갈뿐더러 먹은 뒤에도 속이 편안하다. 쌀로 만든 빵(삐타pitha) 또한 즐겨 먹는다. 쌀가루, 검은 렌틸 간 것을 반죽해 우따빰처럼 구운 차꿀리 삐타chakuli pitha는 이들의 전통적인 아침식사다. 달콤하게 만든 삐타의 가짓수도 다양한데, 쌀가루에 재거리, 기, 시나몬 가루를 섞어 익반죽한 뒤 코코넛과 참깨를 볶아 반죽에 넣고 둥글게 빚어 튀겨낸 아리사 삐타arisa pitha가 대표적이다. 벵갈 스위트로 유명해진 라스굴라는 사실 오디샤가 원조라는 주장도 팽팽한데, 오디샤의 라스굴라는 갈색에 단단한 식감을 갖고 있어서 벵갈식 촉촉한 라스굴라를 생각했다면 실망할 수도 있다. 다른 지방과 마찬가지로 다양한 스위트를 즐기지만, 오디샤만의 스위트는 체나 뽀다chhena poda다. 체나를 설탕 시럽에 담갔다가 겉이 노릇해지도록 구운 것인데, 꼭 먹어볼 만하다.

22) 오디샤 현지어인 오디아어Odia로 섭지나 채소 볶음은 따르까리tarkari, 달은 달리dali, 튀김은 바자bhaja, 채소 커리는 라이rai 또는 라싸rassa, 생선 커리는 졸jhol, 치킨이나 머튼으로 끓인 커리는 까싸kassa라고 부른다.

오디샤 주도인 부바네스와르Bhubaneswar에 오디야 탈리를 먹을 만한 식당이 두 군데 있다. **오디샤 호텔**Odisha Hotel과 **달마**Dalma다. 빠칼 밧을 주식으로 한 빠칼 밀을 오디샤 호텔에서는 여름철 특별 메뉴로, 달마에서는 항상 맛볼 수 있다. 탈리는 채식과 비채식 중 고를 수 있다. 기본적인 채식 탈리에 칠리까 호수에서 잡힌 게로 만든 커리(칠리까 크랩chilika crab)나 머스터드 소스에 끓인 생선 커리인 마차 베사르 쫄macha besar jhol, 머튼 또는 치킨으로 만든 커리를 한두 가지 곁들여 먹어보자.

주소(오디샤 호텔): F19, Infocity Road, Chandrasekharpur, Bhubaneshwar
영업시간: 월-일 12:15~4:15pm, 7:15pm~11:15pm
주소(달마): 157, Madhusudan Nagar, Old Ag Colony, Unit 4,
　　　　　Bhubaneswar
영업시간: 월-일 11:30am~3:30pm, 7pm~10:30pm

벵갈

2부에서는 벵갈의 생선 요리를 집중적으로 살펴봤다. 벵갈 요리에서 생선이 큰 비중을 차지하고 있기도 하지만, 종교적인 채식 운동이 일었던 역사를 거치면서 채식 요리도 생선 요리 못지않게 무척 다양해졌으며, 달걀, 치킨, 머튼 요리 또한 일상적으로 먹는다. 여기에 영국, 포르투갈, 네덜란드 등 유럽의 영향도 더해져 이들 식단의 스펙트럼은 상당히 광범위하다. 이제 인도 영토에는 웨스트벵갈이라는 절반의 땅만 남아 있지만, 이들 요리의 성격은 변함없다.

　전통적으로 벵갈에서는 한 끼 식사에 단맛, 신맛, 짠맛, 쓴맛,

매운맛, 떫은맛을 조화롭게 내는 것을 중시하며, 언제나 쓴맛을 내는 음식으로 시작해 떫은맛을 내는 빤으로 마무리한다. 벵갈식 식사의 또 다른 특징은, 반찬을 먹는 순서가 정해져 있다는 것이다. 채소 요리를 가장 먼저 먹은 다음에 생선 요리를, 마지막으로 치킨이나 머튼 요리를 먹는다. 이는 결혼식 연회에서든 일상적인 식사에서든 지키는 원칙이다.

벵갈에서 주로 사용하는 양념이며 향신료, 스위트, 길거리 음식인 찻까지 이미 다루었기에, 여기서는 벵갈 식단에서 많은 부분을 차지하는 채소·육류·쌀 요리를 간단히 살펴보자. 조리법의 세밀한 차이에 따라 각기 다른 이름으로 불리기 때문에 우리로서는 상당히 복잡하게 느껴진다.[23]

튀김은 바자, 증기로 찐 요리는 바빠bhapa, 타마린드즙이나 풋망고, 아믈리(인도 구스베리) 등을 넣어 새콤하게 만든 국물 음식은 암볼ambol 또는 똑tok이라 한다. 생선 요리에 자주 등장하는 이름인 졸jhol과 잘jhal은 둘 다 조림 요리로서, 차이점이라면 졸은 묽은 국물에 양념을 가볍게 쓰는 반면, 잘은 걸쭉한 국물에 훨씬 맵고 진한 맛을 낸다. 바나나 잎에 싸서 구운 생선을 먹고 싶다면 빠뚜리paturi를 주문하자. 깔리아kalia는 기름을 많이 쓰는 국물 요리다. 기나 머스터드 오일에 다진 양파와 생강을 오랫동안 볶은 다음 주재료와 향신료를 넣고 진하게 끓인다. 보통의 고기 커리

---

23) 가령 벵갈에서는 채소를 어떻게 썰었느냐에 따라서도 명칭이 달라진다. 가늘게 채 썬 채소나 잎채소 줄기를 볶은 요리는 초초리chorchori, 깍뚝썰기한 채소로 만든 음식은 차까chhakka, 채 썰거나 잘게 다진 채소에 향신료(통으로도 넣고 가루로도 넣는다), 기를 넣어 만든 섭지는 곤또ghonto, 뿌리 채소를 삶아서 으깬 다음 향신료 따드까를 부은 음식은 보르따bhorta라고 한다. 또 여러 가지 채소로 끓인 커리를 뭉뚱그려서 또까리tokari라고 부르는데, 그중에서도 가루 마살라와 기를 넣어 걸쭉하게 끓인 경우에는 달나dalna라고 한다.

는 꼬샤kosha, 고기를 묽은 요거트 국물에 끓인 것은 레잘라rezala
라고 한다. 비리야니도 인기 있다. 특히 꼴까따 비리야니는 고기
외에도 감자를 큼직하게 넣는 것이 특징이다. 밥을 지을 때 뿌리
채소를 넣어서 만든 것을 바떼bhate라고 하는데, 감자밥이라고 할
수 있는 알루 바떼 밧alu bhate bhat을 즐겨 먹곤 한다. 튀긴 빵 중
뿌리는 벵갈에 전해지면서 순백색 루치luchi가 됐는데, 백밀가루
로 만들며 튀길 때에도 노릇해지지 않도록 낮은 온도에서 재빨
리 튀겨낸다. 북인도에서 많이 먹는 빠라타와 까초리 역시 벵갈
에서는 뽀로타porotha와 꼬추리kochuri라 불린다.

웨스트벵갈 주도인 꼴까따에는 정통 벵갈식 요리를 내놓는 식당이
꽤 여러 곳 있다. 그중에서도 내가 좋아하는 식당 두 곳은 각각 유
명한 스위트 가게가 가까이 있어 한 번에 둘 모두를 찾아가는 재미
가 있다.

먼저 소개할 곳은 **큐피스**Kewpie's다. 실제 주택을 개조해, 작지만 마
치 어느 가정에 초대받아 식사하는 느낌을 받을 수 있다. 음식
을 토기 그릇에 담아주며 벵갈 고유의 쌀인 고빈다보그Gobindabhog
로 지은 밥을 낸다. 가장 기본적인 가정식을 재현한 샤다론 탈라
shadaron thala에서부터 생선과 머튼 요리를 망라하고 있는 아미쉬 탈
라amish thala까지 총 다섯 가지의 탈리를 내놓고 있다. 어떤 탈리를
먹든 후식으로는 아무리 먹어도 질리지 않는 미슈띠 도이가 나온다.
주소: 2, Elgin Lane, near Netaji Bhawan, Elgin, Kolkata
영업시간: 화−일 12:30 pm～3 pm, 7:30 pm～10:30 pm

빠브다 졸. 빠브다는 벵
갈에서 먹는 민물생선
으로, 살이 쫀득하고
달콤하다.

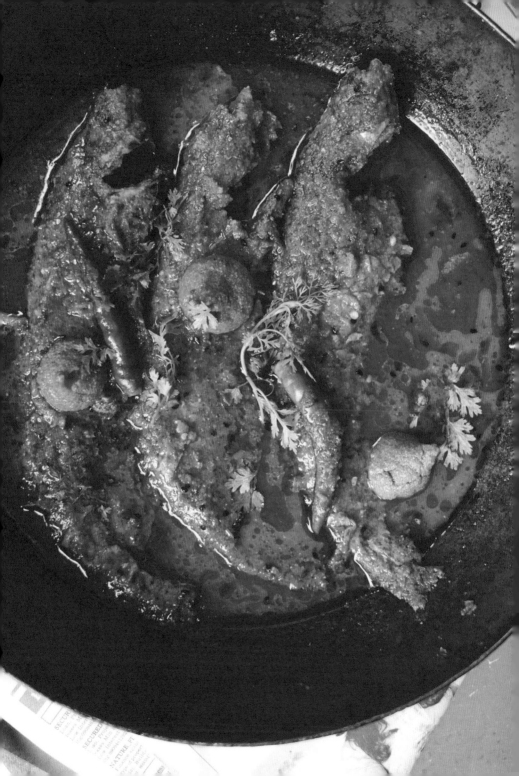

큐피스에서 식사를 했다면 걸어서 10분 거리에 있는 이 스위트 가게에 꼭 들러보자. 이름이 조금 길다. **발라람 물릭 앤드 라다라만 물릭 스위츠**Balaram Mullick & Radharaman Mullick Sweets. 꼴까따에만 다섯 곳의 분점이 있고, 이곳이 1885년에 문을 연 본점이다. 전부 맛있지만 벵갈에서만 맛볼 수 있는 산데쉬, 라스말라이, 미슈띠 도이를 먹어보자.

주소: 2, Paddapukur Road, Jadubabur Bazar, Bhawanipur, Kolkata
영업시간: 월-일 7am~11pm

두 번째 식당은 **보조호리 만나**Bhojohori Manna다. 탈리가 없고 개별 메뉴로 주문해야 해서 조금 난이도가 있다. 꼴까따에만 총 열한 곳의 분점이 있을뿐더러 뭄바이에도 진출했지만, 여전히 손으로 쓴 메뉴판을 고수한다. 그날그날 싱싱한 생선으로 조리한다는 자부심 때문이다. 쌀밥에 슉또 또는 덤 알루를 시작으로 마체르 졸, 마체르 소르셰 졸을 생선 종류를 골라 시켜보자. 새우 요리인 칭그리 말라이까리와 답 칭그리도 있어 어떤 것을 골라야 할지 즐거운 고민을 하게 만든다(벵갈 생선 요리는 324쪽을 참조하자).

주소: 79/3/4, Bidhan Sarani, near Star Theatre, Hatibagan, Kolkata
영업시간: 월-일 12pm~10:30pm

스타시어터 바로 옆에 있는 이 보조호리 만나 분점에서 10분쯤 걸으면 꼴까따 스위트의 전설, **기리쉬 찬드라 데이 앤드 나꾸르 찬드라 난디**Girish Chandra Dey & Nakur Chandra Nandy가 나온다. 1844년에 문을 연 이곳은 산데쉬의 역사와 함께했다고 해도 과언이 아니다. 실로 엄청나게 많은 종류의 산데쉬가 있다. 둥그스름한 것, 망고를 넣은 것(망고 산데쉬), 우유를 굳힌 말라이 속에 견과류와 산데쉬를 넣어 돌돌 만 것(말라이 롤), 넓고 평평하게 만든 두 층의 산데쉬 사이에 초콜릿을 넣은 것까지, 그 형태도 색깔도 다양하다. 다만 이름표가 붙어 있지 않아 난감한데, 영어로 된 메뉴판을 보고 고르는 것도 한 방법이다. 메뉴판에 적혀 있는 모든 것이 산데쉬 이름이다. 결국 먹어보지 않으면 각각의 맛의 차이를 알 수 없으니, 일단 몇 가지 사 먹어보는 것이 가장 확실하다.

주소: 56, Ramdulal Sarkar Street, Hedua Park, Hatibagan, Kolkata

영업시간: 월-일 7am~10:30pm

미식 여행자들을 위한 사전

- **꼬리 수까**kori sukka: 까르나따까주에서 먹는 닭 볶음 요리. 307
- **꼬프따**kofta: 일종의 '미트볼 커리'다. 완자 자체를 일컫는 말이지만, 완자를 넣어 끓인 커리를 가리키는 말로도 쓰인다. 백색 요거트 소스에 넣어 끓인 것은 구쉬따바gushtaba, 고춧가루와 향신료가 들어간 붉은색 소스에 넣어 끓인 것은 리스따rista라 한다. 55, 80~83, 266, 286, 296
- **꿀짜**kulcha: 양념한 삶은 감자, 양파 등으로 속을 채워 딴두르에 구운 빵. 37, 141, 144~145, 300
- **꿀피**kulfi: 인도 전통 아이스크림. 192, 368, 371
- **낀나타빰**kinnathappam: 달걀흰자와 코코넛 밀크를 넣어 쪄낸 쌀케이크. 151, 428

ㄴ

- **나단 비프 커리**naadan beef curry: 께랄라의 쇠고기 커리. 310
- **나하리**nahari, **니하리**nihari: 염소 족발, 힘줄, 도가니 등을 푹 곤 국물에 향신료를 넣은 것으로, '인도식 곰탕'이라고 하면 알맞겠다. 176, 299~300

ㄷ

- **다히**dahi: 요거트. 흔히 영단어를 써 '커드'라고도 한다. 192, 342
- **단삭**dhansak: 빠르시 커뮤니티의 머튼 요리로, 코레쉬에 콩과 채소가 더해져 변형된 음식이다. 299, 304, 413
- **달마**dalma: 여러 가지 채소를 넣어 끓인 달. 457
- **달차**dalcha: 고기를 넣어 끓인 달. 445
- **답 칭그리**daab chingri: 머스터드, 생코코넛, 코코넛 밀크에 끓인 새우 커리다. 327, 462
- **덤 알루**dum aloo: 통감자나 알감자를 튀겨서 조린 섭지. 259, 462
- **덤**dum: 김이 빠져나가지 않도록 뚜껑을 단단히 닫은 채 재료 자체의 수분만으로 맛이 어우러지게 하면서 익히는 조리법을 가리킨다. 167, 176, 181~182, 304
- **도 삐야자**do pyaza: 2개(혹은 2배)의 양파를 뜻하는 이름대로, 양파의 개성을 살린 꼬르마다. 양파를 많이 넣고, 고명으로 튀긴 양파를 얹는다. 75~76
- **도 클레**doh khleh: 훈연한 돼지고기로 만든 일종의 냉채. 315
- **도끌라**dhokla: 병아리콩 가루로 만든 찜케이크. 286
- **도사**dosa: 쌀과 검은 렌틸을 곱게 간 다음 하룻밤 동안 숙성시킨 반죽으로 만든 빵. 120, 147~148, 152, 154, 244, 278, 283, 389, 407, 419, 421, 424, 426, 428, 439, 441, 443, 452

코넛 밀크를 추가해 끓인다. 323, 430, 435

- **민 물라낏따투**meen mulakittathu: 샬롯, 커리 잎, 타마린드즙, 고춧가루, 강황 가루로 개운하게 끓인 께랄라 생선 커리. 323, 435
- **밀치 까 살란**mirch ka salan: 하이데라바디 비리야니에 곁들여지는 국물 음식이다. 182

ㅂ

- **바가라 뺑간**baghara baingan: 튀긴 가지를 땅콩, 코코넛, 참깨로 만든 소스에 끓인 것이다. 264, 421
- **바뚜라**bhatura: 튀긴 밀가루 빵. 튀긴 빵 중에서는 가장 크다. 136, 140~141
- **바띠**baati: 딱딱하게 구운 작고 둥근 통밀빵. 393, 396
- **뺑간 까 바르따**baingan ka bharta: 구운 가지의 속살로 만든 요리. 264
- **버터 치킨, 무르그 마카니**murgh makhani: '치킨 마카니'라고도 한다. 구운 닭고기를 작게 잘라 토마토, 버터, 생크림, 향신료 소스에 넣고 끓인 음식이다. 26, 28, 43, 45~46, 50, 54, 72, 210, 282, 304, 329
- **벌피**burfi: 견과류를 갈아 만든 스위트다. 363, 366
- **베드미**bedmi: 통밀가루로 만든 까초리. 136, 138, 140
- **벨 뿌리**bhel puri, **잘 무리**jhal muri: 찻의 일종으로, 간단하게 말해 튀밥을 양념한 음식이다. 115
- **본다**bonda: 공 모양으로 빚은 삶은 감자나 삶은 달걀에 튀김옷을 입혀 튀긴 남인도 간식거리다. 291
- **비시 벨레 밧**bisi bele bhat: 까르나따까에서 유래한 키츠리다. 185, 389, 424, 426
- **빠꼬라**pakora: 튀김을 말한다. 갖가지 채소, 달걀, 치킨 등 다양한 재료로 만들지만 우리나라 인도 음식점에서 파는 빠꼬라는 대개 채소 튀김이다. 우리의 '야채 튀김'과 비슷하게 생겼지만, 물론 맛은 다르다. 튀김에도 향신료가 들어가니 말이다. 289, 401~402
- **빠니르 띠까**paneer tikka: 띠까는 작은 조각을 가리키는데, 빠니르·양파·파프리카 등을 작게 썰어 꼬챙이에 줄줄이 꿰어 구운 요리. 94
- **빠니르 잘프레지**paneer jalfrezi: 양파, 토마토, 고춧가루, 식초로 만든 소스에 구운 빠니르를 넣고 걸쭉하게 끓인 커리다. 95
- **빠라타**paratha: 호떡처럼 소를 넣고서 기름 두른 팬에 구운 빵이다. 114~115, 130, 132~133, 135, 144, 259, 263, 343, 460
- **빠로따**parota: 남인도에서 먹는 납작한 빵으로, 여러 겹의 켜를 갖는 것이 특징이다. 135~136, 430

- **빠빠드papad**: 대개 콩으로 만든 반죽을 얇게 밀어 햇빛에 말린 것으로, 직화로 굽거나 기름에 튀겨 먹는다. 115, 132, 334, 344~345, 388, 393, 400, 402, 404, 434~435, 439
- **빠싼드pasand**: 염소 다릿살을 요거트나 크림, 코코넛 밀크, 간 아몬드로 만든 페이스트에 넣고 끓여 만든 음식이다. 297
- **빠오 바하지pao bhaji**: 뭄바이에서 유명한 먹거리로, 여러 가지 채소로 걸쭉하게 끓여 만든 매콤한 커리에 빵(빠오)을 곁들여 먹는다. 115
- **빤paan**: 인도인들은 식후에 입가심을 하거나 소화를 돕기 위해 무언가를 씹는데, 그중 하나가 빤이다. 아레카 너트 조각을 베텔 잎에 싼 것으로, 자세한 것은 2부 13장을 참조하자. 334, 345, 348, 459
- **빤츠 포란panch phoran**: 벵갈 지방에서 쓰는 마살라로, 페누그릭·펜넬·나이젤라·머스터드·커민 등 다섯 가지 통향신료를 같은 비율로 배합한 것이다. 252, 274, 324, 455
- **빤츠멜 달panchmel dal**: 다섯 가지 콩(녹두, 검은 렌틸, 병아리콩, 뚜바르 달, 나방콩)을 섞어 만든 달이다. 282, 393
- **빨락 빠니르palak paneer**: 시금치(빨락)와 빠니르로 만든 커리. 92, 94~95, 262
- **뿌뚜puttu**: 쌀가루를 대나무 같은 긴 원통형 찜기에 담아 쪄낸 것인데, 백설기와 흡사하다. 157, 439
- **뿌란 뽈리puran poli**: 마하라슈뜨라 스위트로, 납작한 밀가루 빵 속에 재거리, 병아리콩, 카다멈, 기를 반죽해 넣은 다음 굽거나 튀긴 것이다. 안드라 지방에서는 박샬루bhaksalu라고 한다. 403, 452
- **뿌리puri**: 튀긴 빵 중에서도 가장 기본적인 것이다. 찻의 일종인 빠니 뿌리pani puri는 탁구공만 한 작은 뿌리에 삶은 감자, 타마린드즙을 담아 내준다. 114, 136, 138, 140, 388, 460
- **뿔라우pulao, 비리야니biryani**: 언뜻 보기에는 볶음밥처럼 생겼지만, '고기와 향신료를 넣고 지은 밥'에 가깝다. '뿔라우'와 '비리야니'라는 이름을 두고 벌어진 분분한 논쟁에서부터 인도 3대 비리야니까지 두 음식을 둘러싼 흥미진진한 이야기가 궁금하다면 1부 6장을 참조하자. 48, 68, 159, 162~165, 167~170, 172~177, 180~182, 219, 233, 296, 300, 315, 343, 388, 412~413, 428~429, 445, 448~449, 452, 460

ㅅ

- **사모사samosa**: 쉽게 말하면 '튀김 만두'다. 다만 우리가 흔히 먹는 반달형이 아니라 삼각형 만두다. 속재료로 채소를 넣은 베지 사모사veg samosa, 머튼과 채소를 넣은 끼마 사모사keema samosa 등이 있다. 26, 102~103, 105, 107~109,

112~114, 138, 140, 176, 363, 385

- **사페드 마스**safed maas: 캐슈넛, 요거트, 크림으로 만든 백색 소스에 끓인 라자스탄의 머튼 커리. 395~396
- **산데쉬**sandesh: 체나로 만든 벵갈 스위트다. 97~98, 462~463
- **살리 보띠**sali boti: 빠르시 커뮤니티의 머튼 요리. 299, 413
- **살손 까 사그**sarson ka saag: 머스터드 잎 혹은 머스터드 잎으로 만든 음식을 가리킨다. 233~234
- **삼발**sambhar: 남인도식 달로. 생김새로 보자면 렌틸을 넣은 묽은 채소 커리다. 147, 154, 273, 283, 289, 388, 419, 424, 426, 434, 439
- **상가띠**sangati: 쌀과 곡물 가루(붉은 좁쌀, 수수 등)를 죽처럼 쑨 것. 매우 되직해서 덩어리로 뭉쳐지는데, 이를 주식으로 먹는다. 452
- **샤미 께밥**shami kebab: 머튼과 삶은 병아리콩 반죽을 둥글납작하게 빚어 구운 께밥 65, 445
- **샤꾸띠**xacuti: 고아식 쇠고기 커리 중 하나다. 311, 389
- **섭지**subzi: 북인도에서 가장 기본적인 채소 요리인 '섭지'는 채소를 가리키는 일반명사이자 '채소로 만든 음식'이라는 의미도 갖는다. '채소 반찬' 하면 특정 음식을 가리키는 것이 아니라 나물 무침에서부터 가지 볶음, 감자조림 등을 포괄하듯이 '섭지' 역시 여러 채소 반찬을 통칭하는 단어다. 133, 136, 138, 140, 258~259, 266, 269, 272~273, 284, 388, 393, 395, 401~404, 406, 418~419, 421, 424, 449, 459
- **소뽀뗄**sorpotel: 고아식 돼지고기 요리 중 하나다. 312, 416
- **솔 까디**sol kadhi: 코코넛 밀크에 꼬꿈(열대과일 껍질을 말린 것으로 신맛을 낸다)즙을 넣은 분홍빛 음료. 406~407, 418
- **순달**sundal: 삶은 콩을 머스터드 씨, 생코코넛, 커리 잎과 함께 노릇하게 볶은 음식이다. 주로 남인도에서 먹는다. 284, 439
- **술래마니 짜이**sulaimani chai: 께랄라 무슬림들이 즐겨 마시는 차로, 카다멈·클로브·인도 월계수 잎 등의 통향신료를 넣고 끓인 홍차에 설탕과 라임즙을 넣어 마신다. 193, 429
- **술레**sule: 힌두 라즈뿟 커뮤니티가 예부터 사냥감으로 만들어 먹던 께밥의 일종. 60
- **쉬르말**sheermal: 딴두르에서 구워 만드는 빵으로, 우유를 넣어 반죽한다. 141, 144, 146
- **쉬르칸드**shirkhand: 모슬린 천에 싼 요거트를 몇 시간 동안 매달아두면 크림치즈처럼 진하고 되직한 요거트가 만들어지는데, 이를 쉬르칸드라 한다. 스위트

로 먹는다. 362, 403
- **슉또**shukto: 벵갈의 모둠 채소 요리. 274, 462

ㅇ

- **아비얄**avial: 께랄라주에서 먹는 모둠 채소 요리. 273, 276~277, 434, 439
- **아빰**appam: 쌀에 생코코넛이나 코코넛 밀크를 넣고 갈아 만든 반죽으로 구운 빵 120, 147~148, 151~152, 154, 272, 430, 434
- **아사페티다**asafoetida: 외국인으로서는 익숙해지기 어려운 향신료다. 소위 '썩은 달걀 냄새'라고 하는 유황 냄새가 심한 탓이다. 그렇지만 열을 가하면 양파와 마늘을 볶는 진한 향을 내며 푹 끓이는 요리에 감칠맛을 더해준다. 115, 233, 235~236, 251, 263, 319, 391
- **아짤**achar: 쉽게 말해 '인도식 장아찌(내지 피클)'다. 보통은 풋망고, 라임으로 담그지만 거의 모든 과일·채소류로 만들 수 있다. 자세한 것은 2부 6장을 참고하자. 133, 229, 334~335, 337~338, 345, 395, 400~402, 424, 434~435
- **알레띠 빨레띠**aleti paleti: 인도식 닭똥집 요리. 305
- **암릿사리 마치**Amritsari machhi: 뻰잡의 생선 튀김. 329
- **와다**vada: 콩 반죽으로 만든 튀김 도넛으로, 가장 기본적인 것은 '메두 와다 medu vada'다. 별다른 수식어 없이 '와다'라고 하면 보통 메두 와다를 가리킨다. 287, 289, 291, 85, 389, 402, 404~405, 407, 441, 443
- **와디**wadi: 병아리콩이나 렌틸을 갈아 만든 반죽을 작게 떼어내 햇빛에 말린 것. 서양의 '크루통'과 비슷한 역할을 한다. 274, 287
- **와라이뿌**vazhaipoo: 바나나 꽃으로, 모차르mochar라고도 한다(바나나 줄기는 토드thod라고 한다). 바나나 꽃 섭지는 지역에 따라 모차르 곤또mochar ghonto, 와라이뿌 토란vazhaipoo thoran, 와라이뿌 뽀리얄vazhaipoo poriyal 등으로 불린다. 269
- **우따빰**uttappam: 도사 반죽을 걸쭉하게 만들어 훨씬 두툼하게 구운 빵이다. 148, 152, 389, 439, 457
- **우살**usal: 싹 틔운 콩으로 만든 커리. 282, 401~403
- **운디유**undhiyu: 구자라뜨의 모둠 채소 요리. 274, 276
- **이들리**idli: 대표적인 남인도 쌀빵이다. 손바닥만 한 크기에 새하얀 색이 앙증맞은데, 보통 코코넛 쩌뜨니와 삼발이 곁들여진다. 154, 156, 283, 389, 419, 439, 441, 443, 452

ㅈ

- **자도**jadoh: 돼지고기를 넣은 뿔라우로, 북동부 메갈라야주에서 먹는 음식이다. 315

- **자르달루 마르기**jardaalu marghi: 건살구를 넣은 치킨 커리. 304, 413
- **잘레비**jalebi: 모기향처럼 돌돌 말린 모양에 선명한 주홍빛이나 황금빛을 띤 달 짝지근한 먹거리로. 인도를 여행한다면 길거리에서 수없이 맞닥뜨릴 것이다. 26, 109, 111~114, 136, 354, 260
- **재거리**jaggery: 대추야자나무 수액으로 만든 비정제 설탕이다. 힌디어로는 구 르gur라고 한다. 132, 152, 154, 182, 255, 257, 272~273, 339, 342, 356, 363, 367, 371, 384, 393, 403, 421, 434, 452, 457
- **짜빠띠**chapatti: 인도에서 가장 기본적인 빵으로, 통밀가루로 만들어 색이 누 르스름하다. 기름 없이 팬에 구워 만든다. 32, 92, 120, 123, 126~130, 144, 146~147, 210, 264, 335, 381, 407
- **쩌뜨니**chutney: 쩌뜨니는 따로 주문하는 것이 아니라 음식에 곁들여져 나오는 데, 음식을 찍어 먹는 소스라고도 할 수 있고 잼이라고도 할 수 있으며, 한편 으로는 밥에 비벼 먹는 양념이기도 하다. 쩌뜨니가 더 궁금하다면 2부 13장을 참조하자. 94, 114, 133, 140, 147, 153~154, 289, 329, 334, 338~339, 342, 345, 400~402, 404, 424, 426, 434~435, 439, 443, 449, 452

ㅊ
- **참빠**champa: 마따 쌀(쌀알이 붉고 통통한 품종이다)로 지은 밥 427, 434~435
- **찻 마살라**chaat masala: 찻 위에 뿌리는 마살라다. 114~115, 329, 339
- **찻**chaat: 짭짤하고 매콤한 먹을거리를 총칭하는 일반명사다. 더 궁금하다면 1 부 4장을 참조하자. 114~115, 260, 345, 459
- **체나**chhena: 웨스트벵갈 및 오디샤에서는 유청을 적당히 제거한 코티지 치즈 를 반죽하듯 손으로 치대 스펀지처럼 푹신하게 만드는데, 이를 체나라 한다. 자 세한 것은 1부 3장을 참조하자. 86~87, 90, 92, 95, 97, 99, 112, 257, 457
- **체띠나드 치킨**chettinad chicken: 체띠얄 커뮤니티의 요리로, 후추가 많이 들어 가 매콤한 닭고기 요리다. 305
- **촐레**chhole: 병아리콩으로 만든 섭지다. 차나(병아리콩을 뜻한다) 또는 차나 마 살라라고도 한다. 94, 136, 140~141, 144, 284
- **치끼**chikki: 견과류와 재거리로 만드는 스위트로, 우리의 강정과 거의 똑같다. 367
- **치뜨라 안나**chitra anna: 까르나따까주에서 먹는 레몬 라이스. 424
- **치킨 65**: 요약하자면 '남인도식 양념 치킨'이다. 양념 치킨을 연상시키는 맛 때 문인지 한국의 인도 레스토랑에서도 파는 경우가 더러 있다. 307
- **치킨 띠까 마살라**chicken tikka masala: 간단히 말하면 '딴두리 치킨을 토마토 크림소스에 넣고 다시 한 번 끓여 만든 커리'로, 인도의 버터 치킨이 영국의 입

맛과 상황에 맞게 변화한 음식으로 보인다. 1부 1장을 참조하자. 28, 46, 94
- **칭그리 말라이까리**chingri malaikari: 벵갈식 새우 커리 중 하나다. 327, 462

ㅋ

- **칸드비**khandvi: 구자라뜨에서 병아리콩으로 만드는 간식거리. 286
- **코레쉬**khoresh: 토막 낸 고기를 양념과 함께 뭉근하게 끓인 페르시아 음식이다. 이 음식이 인도에 전해져 꼬르마로 변형, 정착된 것으로 보인다. 72, 299
- **코야**khoya: 우유를 오래 끓여 만든 고형 덩어리. 이 코야에 설탕을 넣고 반죽해 둥글납작한 모양으로 빚은 스위트를 '뻬다peda'라 한다. 97, 103, 132, 358, 362~363, 385
- **쿨찬**khurchan: 우유를 끓일 때 응고되어 냄비에 달라붙는 단백질 덩어리를 모아 만든 스위트다. 358
- **키르**kheer: 우유에 쌀을 넣고 끓여 만든 스위트다. 357~358, 434, 452
- **키츠리**khichri: 간단히 말해 인도식 죽이다. 보통 '죽' 하면 쌀죽이나 야채죽을 떠올리듯이, 키츠리는 (재료나 양념을 달리할 수 있지만) 기본적으로 쌀에 녹두나 렌틸 등을 넣고 끓인 음식을 가리킨다. 182~186, 278, 383

ㅌ

- **타마린드**tamarind: 새콤한 맛을 내는 데 쓰이는 열매다. 114~115, 153~154, 182, 185, 203, 239~240, 267, 273, 277, 283, 289, 312, 319, 323, 339, 342, 405, 421, 449, 454~455, 459

ㅍ

- **팔루다**falooda: 인도식 밀크셰이크라고 할 수 있다. 길쭉한 유리잔에 차가운 우유, 장미시럽, 얼린 옥수수 국수, 바질시드가 든 음료로, 위에는 라브리나 아이스크림을 얹는다. 358, 412
- **페이주아다**feijoada: 돼지고기나 초리조를 강낭콩과 함께 끓인 음식이다. 314, 416
- **포크 빈달루**pork vindaloo: 식초를 넣어 만든 돼지고기 커리로, 마늘이 압도적으로 많이 들어간다. 311~312
- **피시 몰리**fish molee: 민어, 병어 등 흰살생선으로 순하게 끓인 커리다. 323

ㅎ

- **하리얄리 무르그**hariyali murgh: 녹색 채소들을 갈아 만든 페이스트에 끓인 치킨 커리다. 305
- **할림**haleem: 콩, 채소 등을 넣어 만든 (죽과 유사한) 음식이 키츠리라면, 할림은 고기를 넣은 죽이다. 185~187, 445, 448, 452
- **할와**halwa: 스위트의 일종이다. 136, 366, 368, 385